黄建峰 李珺 史延枫 / 编著

SolidWorks 2022
完全实战技术手册

清華大學出版社

北京

内 容 简 介

　　SolidWorks 2022版本在设计创新、易学易用性和提高整体性能等方面都得到了显著加强，包括增强了大装配处理能力、复杂曲面设计能力，以及专门为中国市场的需要而进一步增强的国标内容等。

　　本书从软件的基本应用及行业知识入手，以SolidWorks 2022软件的模块和插件程序的应用为主线，以实例为引导，按照由浅入深、循序渐进的方式，讲解软件的新特性和操作方法，使读者能够快速掌握SolidWorks软件的设计技巧。

　　对于SolidWorks软件的基础应用，本书内容讲解详细。通过实例和方法的有机统一，使本书内容既有操作上的针对性，也有方法上的普遍性。本书图文并茂，讲解深入浅出、贴近工程，把众多专业和软件知识点有机地融合到每章的具体内容中。本书结构合理，内容编排张弛有度，案例实用，能够开拓读者思路，提高读者阅读兴趣，使其掌握方法，提高对知识综合运用的能力。通过本书内容的学习、理解和练习，读者可真正具备SolidWork设计者的水平和素质。

　　本书可以作为院校机械CAD、模具设计、数控加工、产品设计等专业的教材，也可以作为对制造行业有浓厚兴趣的读者自学的教程。

图书在版编目(CIP)数据

　　SolidWorks 2022 完全实战技术手册 / 黄建峰，李珺，史延枫编著 . —北京：清华大学出版社，2022.8（2024.4重印）
　　ISBN 978-7-302-61408-1

　　Ⅰ . ① S… 　Ⅱ .①黄… ②李… ③史… 　Ⅲ .①计算机辅助设计－应用软件－教材 　Ⅳ .① TP391.72

　　中国版本图书馆 CIP 数据核字 (2022) 第 136051 号

责任编辑：陈绿春
封面设计：潘国文
版式设计：方加青
责任校对：胡伟民
责任印制：杨　艳

出版发行：清华大学出版社
　　　　网　　　址：https://www.tup.com.cn，https://www.wqxuetang.com
　　　　地　　　址：北京清华大学学研大厦 A 座　　　　　　邮　　编：100084
　　　　社 总 机：010-83470000　　　　　　　　　　　邮　　购：010-62786544
　　　　投稿与读者服务：010-62776969，c-service@tup.tsinghua.edu.cn
　　　　质 量 反 馈：010-62772015，zhiliang@tup.tsinghua.edu.cn
印 装 者：大厂回族自治县彩虹印刷有限公司
经　　销：全国新华书店
开　　本：188mm×260mm　　　印　　张：26.5　　　字　　数：855 千字
版　　次：2022 年 10 月第 1 版　　　印　　次：2024 年 4 月第 7 次印刷
定　　价：99.00 元

产品编号：094650-01

前言

SolidWorks三维设计软件是法国达索公司的旗舰产品。自它问世以来，以其优异的性能、易用性和创新性，极大地提高了机械工程师的设计效率，在与同类软件的激烈竞争中确立了其市场地位，成为三维机械设计软件的标准，其应用范围涉及机械、航空航天、汽车、造船、通用机械、医疗器械和电子等诸多领域。

本书内容

本书是以SolidWorks 2022为基础，向读者详细介绍SolidWorks软件的功能指令及其他模块功能的实战应用。

全书共14章，各章内容介绍如下。

- 第1章：主要介绍最新版SolidWorks 2022软件的基本概况、对象的选择方法、模型视图用键鼠的操控方法、参考几何体的创建等入门基础内容。
- 第2章：主要介绍SolidWorks草图曲线的绘制，包括草图环境的设置、如何绘制基本草图曲线及如何绘制高级草图曲线等。
- 第3章：主要介绍SolidWorks草图图形的编辑与变换操作。这些编辑功能和变换工具在用户绘制复杂图形时非常有用，主要内容有常见草图的编辑工具、草图变换工具、实体与草图曲线的转换等。
- 第4章：主要介绍关于SolidWorks草图中的约束。施加草图约束是为了限制草图图元在平面中的自由度，施加尺寸约束或几何约束可以将未定义的草图完全定义。SolidWorks的草图约束包括尺寸约束和几何约束。
- 第5章：主要介绍SolidWorks的3D草图曲线和建模曲线工具。这两种曲线工具主要用于构建三维模型（特别是曲面模型）中的骨架，属于空间曲线范畴。前面学习的草图曲线是二维平面曲线。
- 第6章：主要介绍SolidWorks的基本实体特征工具。所谓"基本"，也就是建立主体模型，包括拉伸凸台、旋转凸台、扫描凸台、放样凸台及边界凸台等特征。
- 第7章：主要介绍SolidWorks的高级实体特征工具。也就是常见的变形特征工具和扣合特征工具，利用这些高级实体特征工具可用创建结构和外形极为复杂的三维实体模型。
- 第8章：主要介绍SolidWorks的工程特征。工程特征也就是附着在主体特征上的附加特征，也是在实际机械设计和维修工作中常见的机械零件附加结构，包括倒圆角、倒斜角、孔、螺纹、抽壳、拔模、加强筋等。
- 第9章：主要介绍SolidWorks软件的曲面设计功能指令，包括基本曲面的建立、高级曲面的构建方法及曲面的编辑、操作等内容。
- 第10章：主要介绍在SolidWorks中从建立装配体、零部件压缩与轻化、装配体的干涉检测、控制装配体的显示、其他装配体技术直到装配体爆炸视图的完整设计。
- 第11章：主要介绍SolidWorks的工程图功能。工程图包含由模型建立的几个视图、尺寸、注解、标题栏、材料明细表等内容。

- 第12章：主要介绍SolidWorks的运动算例简介、装配体爆炸动画、旋转动画、视像属性动画、距离和角度配合动画以及物理模拟动画。动画是用连续的图片来表述物体的运动，给人的感觉更直观和清晰。
- 第13章：主要介绍SolidWorks的Simulation有限元分析模块的实战应用。Simulation是一款基于有限元（即FEA数值）技术的分析软件，通过与SolidWorks的无缝集成，在工程实践中发挥了越来越大的作用。
- 第14章：本章以多个实战案例的操作详解，将各个SolidWorks功能模块结合起来，完成工程应用。

说明：在本书部分章节中出现的"镜向"一词，均来自于SolidWorks 2022软件的【镜向】按钮文本注释，"镜向"的原意为"镜像"，为了方便读者们的学习，在表述时仍然使用"镜向"一词。

本书特色

本书从软件的基本应用及行业知识入手，以SolidWorks 2022软件的模块和插件程序的应用为主线，以实例为引导，按照由浅入深、循序渐进的方式，讲解软件的新特性和软件操作方法，使读者能快速掌握SolidWork的软件设计技巧。

本书的内容也是按照行业应用进行划分的，基本囊括了现今热门的设计与制造行业，可读性很强。让不同专业的读者学习到相同的知识，确实不可多得。

本书既可以作为院校机械CAD、产品设计等专业的教材，也可以作为对制造行业有浓厚兴趣的读者自学的教程。

网盘下载

下载百度网盘文件的方法如下。

（1）下载并安装百度云管家客户端（如果是手机，请下载安卓版或苹果版；如果是计算机，请下载Windows版）。

（2）新用户需注册一个账号，然后登录到百度网盘客户端中。

（3）用微信扫描下面的二维码，可进入网盘文件外链地址中，将配套素材和视频教学文件转存到自己的百度网盘中或下载到自己的计算机中。

作者信息

本书由成都大学黄建峰、李珺和史延枫老师共同编写。另外，感谢设计之门的同仁为编写本书提供了必要的帮助。

感谢您选择了本书，如果有技术性问题，请扫描下面的二维码，联系相关技术人员解决。

配套素材

教学视频

技术支持

编者
2022年8月

目录

第1章 SolidWorks 2022软件操作入门

第2章 基本草图的绘制

第3章 草图编辑与变换操作

第4章　草图约束

第5章　3D草图与空间曲线

V

第9章 创建曲面特征

第10章 零件装配设计

第11章 机械工程图设计

第1章 SolidWorks 2022软件操作入门

学习本教程，首先要了解一些关于SolidWorks 2022软件的基本操作技能。这些技能包括SolidWorks文件管理、对象的选择、键鼠应用、参考几何体等。读者可通过入门知识的学习，对SolidWorks 2022软件有个初识印象，并为后续的课程打下良好基础。

1.1 SolidWorks 2022概述

SolidWorks软件是法国达索公司旗下的一款世界上第一个基于Windows开发的三维CAD系统。

1.1.1 SolidWorks 2022 新增功能介绍

SolidWorks 2022的新增功能较多，下面仅介绍部分常用的新增功能。

● 作为方向参考的线性草图实体：对于线性阵列中的方向参考，用户可以从包含要阵列实体的同一草图中选择一条直线。以前旧版本中，所选直线成为要阵列实体的一部分，而不是方向参考，如图1-1所示。

● 在草图中阵列和复制文字：在线性阵列中，可选择文字作为要阵列的实体。可以使用实体来复制文字，如图1-2所示。

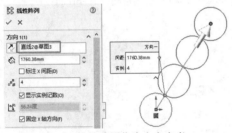
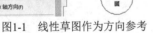

图1-1 线性草图作为方向参考

图1-2 文字可复制或阵列

● 使用数值定义坐标系：在进行零件设计和装配体设计时，可以利用数值和方向来定义坐标系的位置与旋转，如图1-3所示。

● 坐标系的选择：在旧版本中，坐标系仅作为位置参考，不能作为轴、平面及点参考。在SolidWorks 2022中，新的坐标系可以选择坐标系的轴、原点和坐标平面作为建模参考，如图1-4所示。

图1-3 使用数值定义坐标系

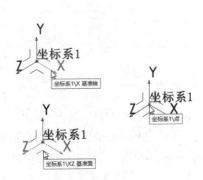

图1-4 坐标系的选择

- 绕两个基准面镜向：在新版本中，用户可以选择两个基准面来镜向对象，如图1-5所示。但在之前的旧版本中只能选择一个镜向平面。
- 厚度分析分辨率：要优化厚度分析的结果，可指定分辨率，而不用考虑模型大小，如图1-6所示。旧版本中的分辨率取决于模型大小。启用SOLIDWORKS Utilities插件。在菜单栏中执行【工具】|【厚度分析】命令，在属性面板中弹出【厚度分析】面板，在【性能/精度】选项组下，为分辨率选择低、中或高选项。在镶嵌大小下，值会更新以反映建议的值。要自定义分辨率，请输入自定义值。考虑为具有较大边界框的模型使用自定义值或定义特定分辨率。

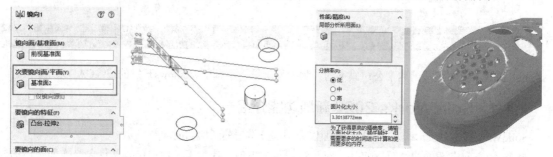

图1-5　绕两个基准面镜向　　　　　　　　　　　　　图1-6　厚度分析分辨率

1.1.2　SolidWorks 2022 用户界面

初次启动SolidWorks 2022软件，会弹出欢迎界面。在欢迎界面中用户可以选择SolidWorks文件创建类型或打开已有的SolidWorks文件，即可进入SolidWorks 2022软件用户界面中。如图1-7所示为欢迎界面。

图1-7　欢迎界面

SolidWorks 2022用户界面极大地利用了空间。虽然部分功能只是增强，但整体界面并没有多大变化，基本上与SolidWorks 2021的用户界面保持一致。如图1-8所示为SolidWorks 2022的用户界面。

SolidWorks 2022用户界面中包括菜单栏、功能区、快速访问工具栏、设计树、过滤器、图形区、状态栏、前导工具栏、任务窗格及弹出式帮助菜单等内容。

图1-8　SolidWorks 2022用户界面

1.1.3　SolidWorks 2022 文件管理

管理文件是设计者进入软件建模界面、保存模型文件及关闭模型文件的重要工作。下面介绍SolidWorks 2022的管理文件的几个重要内容，如新建文件、打开文件、保存文件和关闭文件。

启动SolidWorks 2022，弹出欢迎界面，如图1-9所示。欢迎界面中可以通过在顶部的标准选项卡中执行相应的命令来管理文件，还可以在界面右侧的【SOLIDWORKS资源】管理面板中来管理文件。

图1-9　SolidWorks 2022欢迎界面

1.新建文件

01_ 在SolidWorks 2022的欢迎界面中单击标准工具栏中的【新建】按钮，或者在菜单栏中执行【文件】|【新建】命令，或者在任务窗格的【SOLIDWORKS资源】属性面板【开始】选项区中选择【新建文档】命令，将弹出【新建SOLIDWORKS文件】对话框，如图1-10所示。

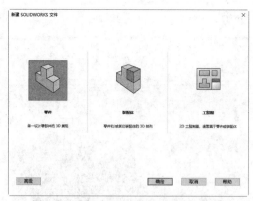

图1-10 【新建SolidWorks文件】对话框

 在SolidWorks 2022界面顶部通过单击右三角按钮 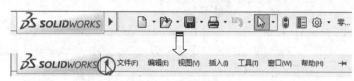，便可展开菜单栏，如图1-11所示。

图1-11 展开菜单栏

02 【新建SOLIDWORKS文件】对话框中包含零件、装配体和工程图模板文件。

03 单击对话框左下角的【高级】按钮，用户可以在随后弹出的【模板】标签和【Tutorial】标签中选择GB标准或ISO标准的模板。

● 【模板】标签：其中显示的是具有GB标准的模板，如图1-12所示。

● 【Tutorial】标签：其中显示的是具有ISO标准的通用模板文件，如图1-13所示。

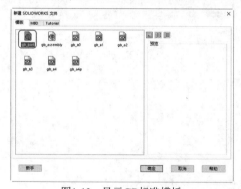

图1-12 显示GB标准模板

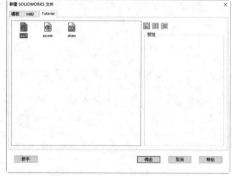

图1-13 显示ISO标准的模板

04 选择一个GB标准模板后，单击【确定】按钮即可进入相应的设计环境。如果选择【零件】模板，将进入到SolidWorks零件设计环境中；若选择【装配】模板，将创建装配体文件并进入到装配设计环境中；若选择【工程图】模板将创建工程图文件并进入到工程制图设计环境中。

 除了使用SolidWorks提供的标准模板，用户还可以通过系统选项设置来定义模板，并将设置后的模板另存为零件模板（.prtdot）、装配模板（.asmdot）或工程图模板（.drwdot）。

2.打开文件

打开文件的方式有以下几种。

● 直接双击打开SolidWorks文件（包括零件文件、装配文件和工程图文件）。

- 在SolidWorks工作界面中，在菜单栏执行【文件】|【打开】命令，弹出【打开】对话框。通过该对话框打开SolidWorks文件。
- 在标准选项卡中单击【打开】按钮，弹出【打开】对话框。在对话框中勾选【缩略图】复选框，并找到文件所在的文件夹，通过预览功能选择要打开的文件，然后单击【打开】按钮，即可打开文件，如图1-14所示。

> **技术要点**　SolidWorks可以打开属性为"只读"的文件，也可将"只读"文件插入到装配体中并建立几何关系，但不能保存"只读"文件。

若要打开最近查看过的文档，则可在标准工具栏中选择【浏览最近文档】选项，随后弹出【欢迎-SOLIDWORKS】对话框，在该对话框的【最近】页面的【文件】标签下，用户可以选择最近打开过的文档，如图1-15所示。用户也可以在菜单栏【文件】下拉菜单中直接选择先前打开过的文档。

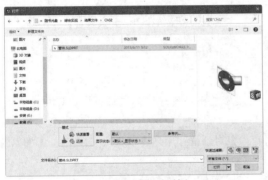

图1-14　【打开】对话框

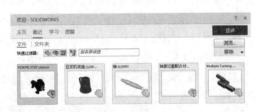

图1-15　【最近文档】属性面板

从SolidWorks中可以打开其他软件格式的文件，如UG、CATIA、Pro/E、CREO、RHINO、STL、DWG等，如图1-16所示。

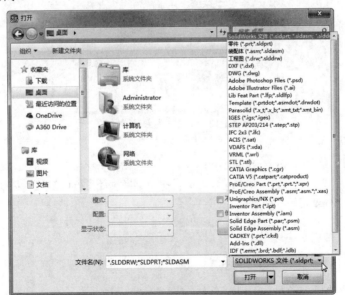

图1-16　打开其他软件格式的文件

> **技术要点**　SolidWorks有修复其他软件格式文件的功能。通常，不同格式的文件在转换时可能会因公差的不同产生模型的修复问题。如图1-17所示，打开CATIA格式的文件后，SolidWorks将自动修复。

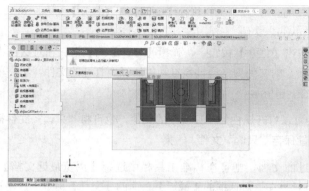

图1-17　打开CATIA格式文件后的诊断与修复

3.保存文件

SolidWorks提供了4种文件保存方法：保存、另存为、全部保存和出版eDrawings文件。

● 保存：将修改的文档保存在当前文件夹中。

● 另存为：将文档作为备份，另存在其他文件夹中。

● 全部保存：将SolidWorks图形区中存在的多个文档修改后全部保存在各自文件夹中。

● 出版eDrawings文件：eDrawings是SolidWorks集成的出版程序，通过该程序可以将文件保存为.eprt文件。

初次保存文件，程序会弹出如图1-18所示的【另存为】对话框。用户可以更改文件名，也可以沿用原有名称。

图1-18　【另存为】对话框

4.关闭文件

要退出（或关闭）单个文件，在SolidWorks设计窗口（也称工作区域）的右上方单击【关闭】按钮图即可，如图1-19所示。要同时关闭多个文件，可以在菜单栏执行【窗口】|【关闭所有】命令。关闭文件后，将退回到SolidWorks初始界面状态。

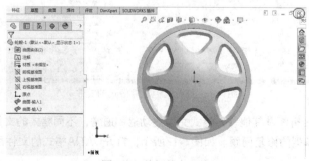

图1-19　关闭单个文件

SolidWorks软件界面右上方的【关闭】按钮⊠，是控制关闭软件界面的命令按钮。

1.2　选择对象

在默认情况下，退出命令后SolidWorks中的箭头光标始终处于选择激活状态。当选择模式被激活时，可使用光标在图形区域或在FeatureManager（特征管理器）设计树中选择图形元素。

1.2.1　选中并显示对象

图形区域中的模型或单个特征在用户进行选取时，或者将光标移到特征上面时，动态高亮显示。

用户可以通过在菜单栏执行【工具】|【选项】命令，在弹出的【系统选项】对话框中选择"颜色"选项来设置高亮显示。

1. 动态高亮显示对象

将光标移动到某个边线或面上时，边线则以粗实线高亮显示，面的边线以细实线高亮显示，如图1-20所示。

在工程图设计模式中，边线以细实线动态高亮显示，如图1-21所示。而面的边线则以细虚线动态高亮显示。

面的边线以细实线高亮显示

边线作为粗实线高亮显示
图1-20　动态高亮显示面/边线

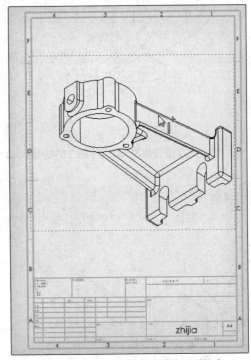
图1-21　工程图模式中边线的显示状态

2. 高亮显示提示

当有端点、中点及顶点之类的几何约束在光标接近时高亮显示，然后将其选择时光标识别出而更改颜色，如图1-22所示。

接近时中点黑色高亮显示　　　　选择时指针识别出中点并橙色显示

图1-22　几何约束的高亮显示提示

1.2.2　对象的选择

随着对SolidWorks环境的熟悉，如何高效率地选择模型对象，将有助于快速设计。SolidWorks提供了多种选择对象的方法，下面进行详解。

1.框选择

"框选择"是将光标从左到右拖动，完全位于矩形框内的独立项目被选择，如图1-23所示。在默认情况下，框选类型只能选择零件模式下的边线、装配体模式下的零部件及工程图模式下的草图实体、尺寸和注解等。

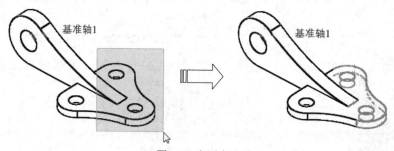

图1-23　框选择方法

　框选择方法仅仅选取框内独立的特征，如点、线及面。非独立的特征不包括在内。

2.交叉选择

"交叉选择"是将光标从右到左拖动，除矩形框内的对象外，穿越框边界的对象也会被选中，如图1-24所示。

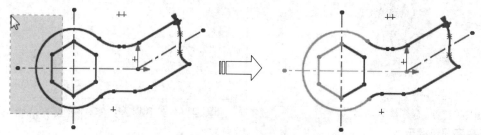

图1-24　交叉选择对象

　当选择工程图中的边线和面时，隐藏的边线和面不被选择。若想选择多个实体，在选择第一个对象后按住Ctrl键即可。

3. 逆转选择（反转选择）

某些情况下，当一个对象内部包含许多元素，且需选择其中大部分元素时，逐一选择会耽误不少操作时间，这时就需要使用"逆转选择"方法。

选择方法如下。

（1）先选择少数不需要的元素。

（2）然后在【选择过滤器】工具栏中单击【逆转选择】按钮。

（3）随后即可将需要选择的多数元素选中，如图1-25所示。

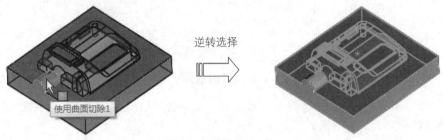

图1-25　逆转选择方法

4. 选择环

使用"选择环"方法可在零件上选择一相连边线环组，隐藏的边线在所有视图模式中都将被选择。如图1-26所示，在一实体边上右击，然后在弹出的快捷菜单中选择【选择环】选项，与之相切或相邻的实体边则被自动选取。

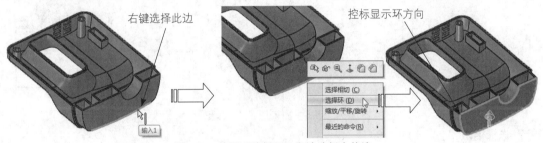

图1-26　使用"选择环"方法选择实体边

技术要点　在模型中选择一条边线，此边线可能涉及几个环的共用，因此需要单击【控标】更改环选择。如图1-27所示，单击【控标】来改变环的高亮选取。

图1-27　更改环选取

5. 选择链

"选择链"方法与"选择环"方法近似，不同的是选择链仅仅针对草图曲线，如图1-28所示。而"选择环"方法仅在模型实体中适用。

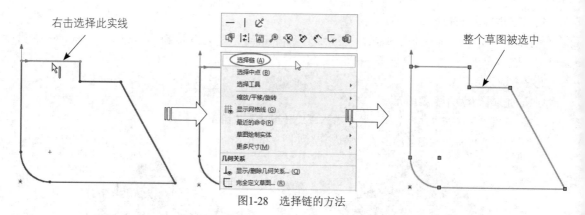

图1-28　选择链的方法

 技术要点　在零件设计模式下使用曲线工具创建的曲线，是不能以选择环与选择链方法来进行选择的。

6. 选择其他

当模型中要进行选择的对象元素被遮挡或隐藏后，可利用"选择其它"方法进行选择。在零件或装配体中，在图形区域中用右击模型，然后在弹出的快捷菜单中选择【选择其它】选项，随后弹出【选择其它】对话框，该对话框中列出模型中光标欲选范围的项目，同时光标由 变成了 （仅当光标在【选择其它】对话框外才显示），如图1-29所示。

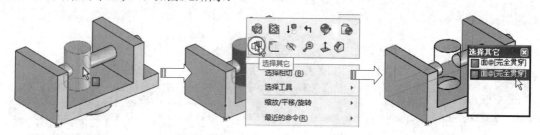

图1-29　利用"选择其它"方法选择对象

7. 选择相切

利用"选择相切"方法，可选择一组相切曲线、边线或面，然后将诸如圆角或倒角之类的特征应用于所选项目，隐藏的边线在所有视图模式中都被选择。

在具有相切连续面的实体中，右击选取边、曲线或面时，在弹出的快捷菜单中选择【选择相切】选项，程序自动将与其相切的边、曲线或面全部选中，如图1-30所示。

图1-30　利用"选择相切"方法选择对象

8. 通过透明度选择

与前面的【选择其它】方法原理相通，"通过透明度选择"方法也是在无法直接选择对象的情况下来进行的。"通过透明度选择"方法是透过透明物体选择非透明对象，包括装配体中通过透明零部件的不透明零部件，以及零件中通过透明面的内部面、边线及顶点等。

　　如图1-31所示，当要选择长方体内的球体时，直接选择是无法完成的，这时就可以右击选取遮蔽球体的长方体面，在弹出的快捷菜单中选择【更改透明度】选项，在修改了遮蔽面的透明度后，就能顺利地选择球体。

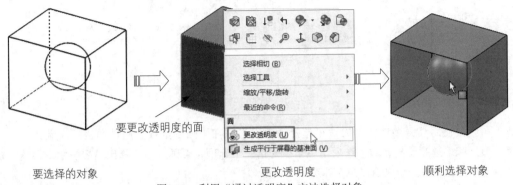

图1-31　利用"通过透明度"方法选择对象

技术要点　　为便于选择，透明度10%以上为透明，具有10%以下透明度的实体被视为不透明。

9. 强劲选择

　　"强劲选择"方法是通过预先设定的选择类型来强制选择对象的。在菜单栏执行【工具】|【强劲选择】命令，或者在SolidWorks界面顶部的标准选项卡中选择【强劲选择】选项，程序将在右侧的任务窗格中显示【强劲选择】属性面板，如图1-32所示。

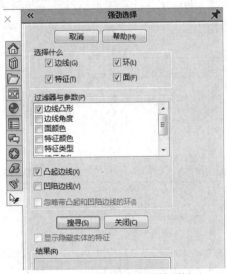

图1-32　【强劲选择】属性面板

　　在【强劲选择】属性面板的【选择什么】选项组中勾选要选择的实体选项，再通过【过滤器与参数】选项列表中的过滤选项，过滤出符合条件的对象。当单击【搜寻】按钮后，程序将自动搜索出的对象列于下面的【结果】选项组中，且【搜寻】按钮变成【新搜索】按钮。如要重新搜索对象，再单击【新搜索】按钮，重新选择实体类型。

　　例如，在勾选【边线】选项和【边线凸形】选项后，单击【搜寻】按钮，在图形区高亮显示所有符合条件的对象，如图1-33所示。

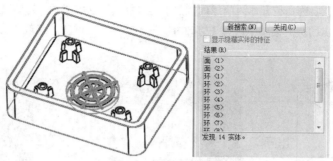

图1-33　强制选择对象

 要使用"强劲选择"方法来选择对象，必须在【强劲选择】属性面板的【选择什么】选项组和【过滤器与参数】选项组中至少勾选一个选项，否则程序会弹出信息提示对话框，提示"请选择至少一个过滤器或实体选项"信息。

1.3　键鼠应用技巧

鼠标和键盘按键在SolidWorks软件中的应用频率非常高，可以用其实现平移、缩放、旋转、绘制几何图素以及创建特征等操作。

1.3.1　键鼠快捷键

基于SolidWorks系统的特点，建议读者使用三键滚轮鼠标，在设计时可以有效地提高设计效率。表1-1列出了三键滚轮鼠标的使用方法。

表1-1　三键滚轮鼠标的使用方法

鼠标按键	作用	操作说明
左键	用于选择命令、按钮和绘制几何图元等	单击或双击左键，可执行不同的命令
中键（滚轮）	放大或缩小视图（相当于🔍）	使用Shift+中键并上下移动光标，可以放大或缩小视图；直接滚动滚轮，也可放大或缩小视图
	平移（相当于✥）	使用Ctrl+中键并移动光标，可将模型按光标移动的方向平移
	旋转（相当于🔄）	按住中键不放并移动光标，即可旋转模型
右键	按住右键不放，可以通过【指南】在零件或装配体模式中设置上视、下视、左视和右视4个基本定向视图	
	按住右键不放，可以通过【指南】在工程图模式中设置8个工程图指导	

1.3.2　鼠标笔势

使用鼠标笔势作为执行命令的一个快捷键，类似于键盘快捷键。按文件模式的不同，按下右键并拖动鼠标可弹出不同的鼠标笔势。

在零件装配体模式中，当用户利用右键拖动鼠标时，会弹出如图1-34所示的包含4种定向视图的笔势指南。当光标移动至一个方向的命令映射时，指南会高亮显示即将选取的命令。

如图1-35所示为在工程图模式中，按下右键并拖动鼠标时弹出的包含4种工程图命令的笔势指南。

图1-34　零件或装配体模式的笔势指南

图1-35　工程图模式下的笔势指南

用户还可以为笔势指南添加其余笔势。通过执行自定义命令，在【自定义】对话框【鼠标笔势】标签【笔势】下拉列表中选择笔势选项即可。例如，选择【4笔势】选项，将显示4笔势的预览，如图1-36所示。

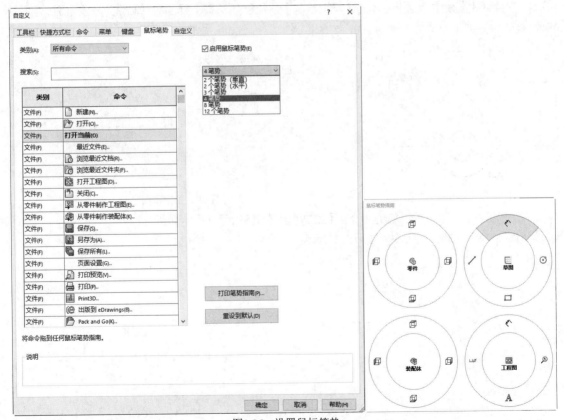

图1-36　设置鼠标笔势

当选择【8笔势】选项后，再在零件模式视图或工程图视图中按下右键并拖动鼠标，则会弹出如图1-37所示的8笔势指南。

零件或装配体模式

工程图模式

图1-37　8笔势的指南

　如果要取消使用鼠标笔势，在鼠标笔势指南中放开鼠标即可。选择一个笔势后，鼠标笔势指南会自动消失。

动手操作——利用鼠标笔势绘制草图

接下来介绍如何利用鼠标笔势的功能来辅助作图。本实训的任务是绘制如图1-38所示的零件草图。

01 新建零件文件。

02 在菜单栏执行【工具】|【自定义】命令，打开【自定义】对话框。在【鼠标笔势】选项卡中设置鼠标笔势为"8笔势"。

03 在功能区【草图】选项卡中单击【草图绘制】按钮，选择上视基准平面作为草图平面，并进入草图模式中，如图1-39所示。

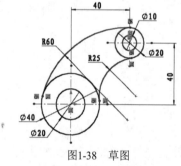
图1-38　草图

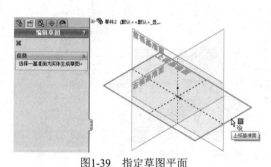
图1-39　指定草图平面

04 在图形区右击，显示鼠标笔势并滑至【绘制直线】笔势上，如图1-40所示。

05 然后绘制草图的定位中心线，如图1-41所示。

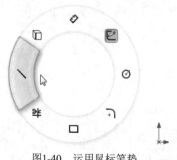
图1-40　运用鼠标笔势

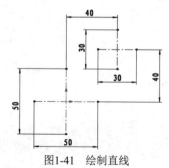
图1-41　绘制直线

06 右击，显示鼠标笔势滑动至【绘制圆】的笔势上，然后绘制如图1-42所示的4个圆。

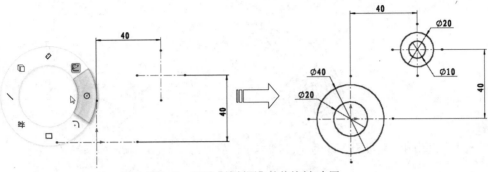

图1-42　运用【绘制圆】笔势绘制4个圆

07＿ 单击【草图】选项卡中的【3点圆弧】按钮 ![icon]，然后在直径40的圆上和直径20的圆上分别取点，绘制半径圆弧，如图1-43所示。

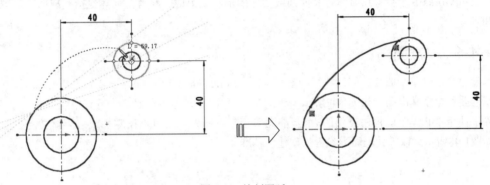

图1-43　绘制圆弧

08＿ 在【草图】选项卡中选择【添加几何关系】选项，打开【添加几何关系】属性面板。选择圆弧和直径40的圆进行几何约束，约束关系为【相切】，如图1-44所示。

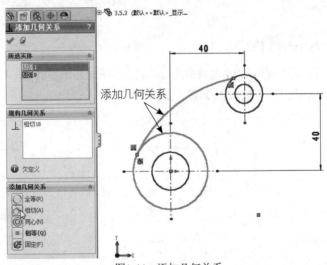

图1-44　添加几何关系

09＿ 同理，将圆弧与直径为20的圆也添加【相切】约束。

10＿ 运用【智能尺寸】笔势，尺寸约束圆弧，半径取值为60，如图1-45所示。

11＿ 同理，绘制另一圆弧，并且进行几何约束和尺寸约束，如图1-46所示。

12＿ 至此，运用鼠标笔势完成了草图的绘制。

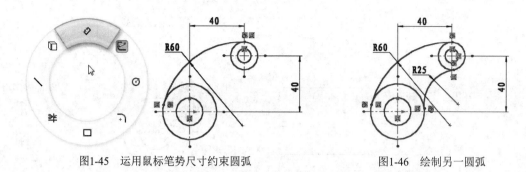

图1-45　运用鼠标笔势尺寸约束圆弧　　　　　　　　图1-46　绘制另一圆弧

1.4 参考几何体

在SolidWorks中，参考几何体定义曲面或实体的形状或组成。参考几何体包括基准面、基准轴、坐标系和点。

1.4.1 基准面

基准面是用于草绘曲线、创建特征的参照平面。SolidWorks向用户提供了3个基准面：前视基准面、右视基准面和上视基准面，如图1-47所示。

除了使用SolidWorks程序提供的3个基准面来绘制草图外，还可以在零件或装配体文档中生成基准面，如图1-48所示为以零件表面为参考来创建的基准面。

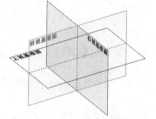
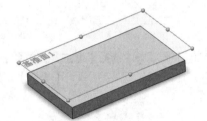

图1-47　SolidWorks的3个基准面　　　　　　图1-48　以零件表面为参考创建的基准面

技术要点　一般情况下，程序提供的3个基准面为隐藏状态。要想显示基准面，右击指定对象，在弹出的快捷菜单中单击【显示】按钮 👁 即可，如图1-49所示。

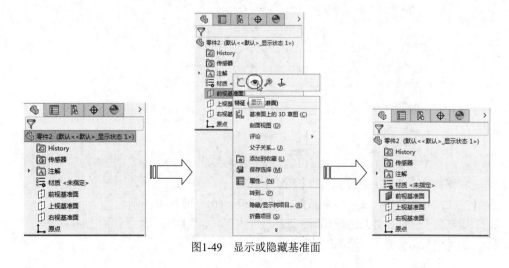

图1-49　显示或隐藏基准面

在【特征】命令功能区的【参考几何体】下拉菜单中选择【基准面】选项，在设计树的属性管理器选项卡中显示【基准面】属性面板，如图1-50所示。

当选定参考为平面时，【第一参考】选项区将显示如图1-51所示的约束选项。当选定参考为实体圆弧表面时，【第一参考】选项区将显示如图1-52所示的约束选项。

图1-50　【基准面】属性面板　　　图1-51　平面参考的约束选项　　　图1-52　圆弧参考的约束选项

【第一参考】选项区中各约束选项的含义如表1-2所示。

表1-2　基准面约束选项含义

图标	说明	图解
第一参考	在图形区中为创建基准面来选择平面参考	第一参考
平行	选择此项，将生成一个与选定参考平面平行的基准面	与参考平行
垂直	选择此项，将生成一个与选定参考垂直的基准面	与参考垂直
重合	选择此项，将生成一个穿过选定参考的基准面	与参考重合

图标	说明	图解
两面夹角 🗋	选择此项，将生成一个通过一条边线、轴线或草图线，并与一个圆柱面或基准面成一定角度的基准面	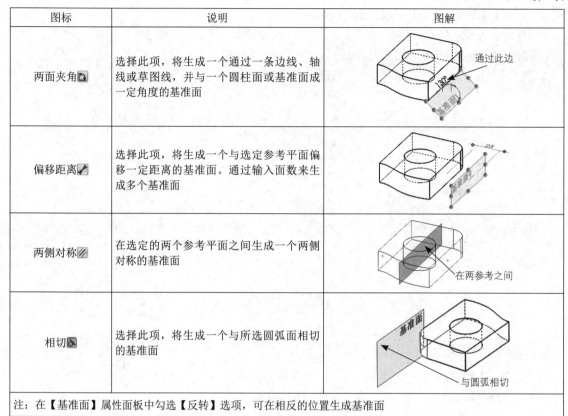
偏移距离 ⬈	选择此项，将生成一个与选定参考平面偏移一定距离的基准面。通过输入面数来生成多个基准面	
两侧对称 ⬚	在选定的两个参考平面之间生成一个两侧对称的基准面	
相切 ◐	选择此项，将生成一个与所选圆弧面相切的基准面	

注：在【基准面】属性面板中勾选【反转】选项，可在相反的位置生成基准面

　　【第二参考】选项区与【第三参考】选项区中包含与【第一参考】选项区中相同的选项，具体情况取决于用户的选择和模型几何体。根据需要设置这两个参考来生成所需的基准面。

▣ 动手操作——创建基准面

01　打开本例网盘文件。

02　在【特征】选项卡的【参考几何体】下拉菜单中选择【基准面】选项，属性管理器显示【基准面】属性面板，如图1-53所示。

03　在图形区中选择如图1-54所示的模型表面作为第一参考。随后面板中显示平面约束选项，如图1-55所示。

图1-53　【基准面】属性面板

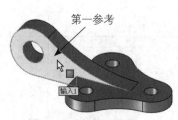

图1-54　选择第一参考

图1-55　显示平面约束选项

04_ 选定参考后，图形区将自动显示基准面的预览，如图1-56所示。

05_ 在【第一参考】选项区的【偏移距离】文本框中输入值"50mm"，然后单击【确定】按钮✓，完成新基准面的创建，如图1-57所示。

基准面预览

图1-56　显示基准面预览

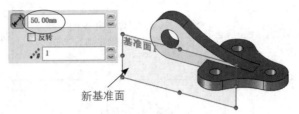

新基准面

图1-57　输入偏移距离并完成基准面的创建

技术要点　**当输入偏移距离值后，可以按Enter键查看基准面的生成预览。**

1.4.2　基准轴

通常在创建几何体或创建阵列特征时会使用基准轴。当用户创建旋转特征或孔特征后，程序会自动在其中心显示临时轴，如图1-58所示。通过在菜单栏执行【视图】｜【临时轴】命令，或者在前导功能区的【隐藏/显示项目】下拉菜单中单击【观阅临时轴】按钮，可以即时显示或隐藏临时轴。

用户还可以创建参考轴（也称构造轴）。在【特征】命令选项卡的【参考几何体】下拉菜单中选择【基准轴】选项，在属性管理器选项卡中显示【基准轴】属性面板，如图1-59所示。

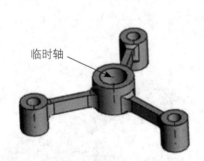

临时轴

图1-58　显示或隐藏临时轴

图1-59　【基准轴】属性面板

【基准轴】属性面板包括5种基准轴定义方式，如表1-3所示。

表1-3　5种基准轴定义方式

图标	说明	图解
一直线/边线/轴	选择一草图直线、边线，或选择视图、临时轴来创建基准轴	边线
两平面	选择两个参考平面，且两平面的相交线将作为轴	面1　轴　面2

图标	说明	图解
两点/顶点	选择两个点（可以是实体上的顶点、中点或任意点）作为确定轴的参考	
圆柱/圆锥面	选择一圆柱或圆锥面，则将该面的圆心线（或旋转中心线）作为轴	
点和面/基准面	选择一曲面或基准面及顶点或中点。所产生的轴通过所选顶点、点或中点而垂直于所选曲面或基准。如果曲面为非平面，则点必须位于曲面上	

▶ 动手操作——创建基准轴

01＿ 在【特征】选项卡的【参考几何体】下拉菜单中选择【基准轴】选项，属性管理器显示【基准轴】属性面板。接着在【选择】选项区中单击【圆柱/圆锥面】按钮 ⊞，如图1-60所示。

02＿ 在图形区中选择如图1-61所示的圆柱孔表面作为参考实体。

图1-60 【基准轴】属性面板

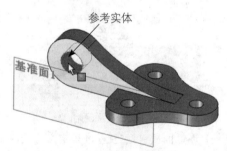

图1-61 选择参考实体

03＿ 随后模型圆柱孔中心显示基准轴预览，如图1-62所示。

04＿ 最后单击【基准轴】属性面板中的【确定】按钮 ✔，完成基准轴的创建，如图1-63所示。

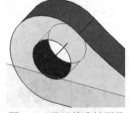

图1-62 显示基准轴预览

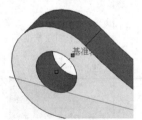

图1-63 创建基准轴

1.4.3　坐标系

在SolidWorks中，坐标系用于确定模型在视图中的位置，以及定义实体的坐标参数。在【特征】选项卡的【参考几何体】下拉菜单中选择【坐标系】选项，在设计树的属性管理器选项卡中显示【坐标系】属性面板，如图1-64所示。默认情况下，坐标系是建立在原点处的，如图1-65所示。

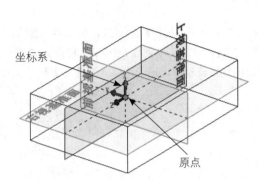

图1-64　【坐标系】属性面板　　　　　　　图1-65　在原点处默认建立的坐标系

▶ 动手操作——创建坐标系

01_ 在【特征】选项卡的【参考几何体】下拉菜单中选择【坐标系】选项，属性管理器显示【坐标系】属性面板。图形区中显示默认的坐标系（即绝对坐标系），如图1-66所示。

02_ 接着在图形区的模型中选择一个点作为坐标系原点，如图1-67所示。

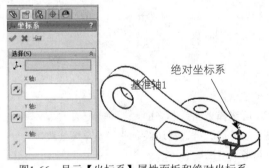

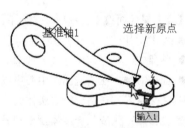

图1-66　显示【坐标系】属性面板和绝对坐标系　　　　　图1-67　选择新坐标系原点

03_ 选择新坐标系原点后。绝对坐标系移动至新原点上，如图1-68所示。接着激活面板中的【X轴方向参考】列表，然后在图形区中选择如图1-69所示的模型边线作为X轴方向参考。

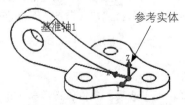

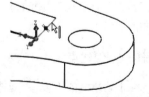

图1-68　绝对坐标系移至新原点　　　　　　图1-69　选择X轴方向参考

04_ 随后新坐标系的X轴与所选边线重合，如图1-70所示。

05_ 最后单击【坐标系】属性面板中的【确定】按钮✅，完成新坐标系的创建，如图1-71所示。

图1-70　X轴与所选边线重合

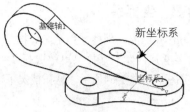

图1-71　创建新坐标系

1.4.4　点

SolidWorks参考点可以用作构造对象，例如用作直线起点、标注参考位置、测量参考位置等。

用户可以通过多种方法来创建点。在【特征】选项卡的【参考几何体】下拉菜单中选择【点】选项，在设计树的属性管理器选项卡中将显示【点】属性面板，如图1-72所示。

图1-72　【点】属性面板

【点】属性面板中各选项含义如下。

● 参考实体⬚：显示用来生成参考点的所选参考。

● 圆弧中心⌒：在所选圆弧或圆的中心生成参考点。

● 面中心⬚：在所选面的中心生成一参考点。可选择平面或非平面。

● 交叉点✗：在两个所选实体的交点处生成一参考点。可选择边线、曲线及草图线段。

● 投影⬚：生成从一实体投影到另一实体的参考点。

● 在点上╱：选择草图中的点来创建参考点。

● 沿曲线距离或多个参考点⬚：沿边线、曲线或草图线段生成一组参考点。可通过"距离""百分比"和"均匀分布"三种方式来放置参考点。其中，"距离"是指按用户设定的距离生成参考点数；"百分比"是指按用户设定的百分比生成参考点数；"均匀分布"是指在实体上均匀分布的参考点数。

📓 动手操作——创建点

01＿ 在【特征】功能区的【参考几何体】下拉菜单中选择【点】选项，属性管理器显示【点】属性面板。然后在面板中单击【圆弧中心】按钮⌒，如图1-73所示。

02＿ 接着在图形区的模型中选择如图1-74所示的孔边线作为参考实体。

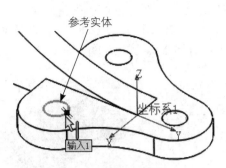

图1-73 显示【点】属性面板并选择参考类型　　　图1-74 选择参考实体

03 再单击【点】属性面板中的【确定】按钮 ✅ ，程序自动完成参考点的创建，如图1-75所示。

04 最后单击【标准】功能区上的【保存】按钮，将本例操作结果保存。

图1-75 完成参考点的创建

1.5 入门案例：阀体零件设计

本例要设计的箱体类零件——阀体，如图1-76所示。

图1-76 阀体零件

01 新建零件文件，进入零件模式。

02 在【特征】选项卡中单击【拉伸凸台/基体】按钮 🖳 ，选择上视基准面作为草绘平面，并绘制出阀体底座的截面草图，如图1-77所示。

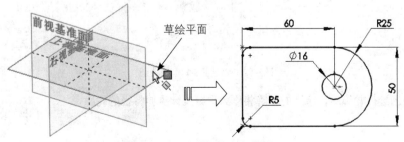

图1-77 绘制阀体底座草图

03__ 退出草图模式后，以默认拉伸方向创建出深度为"12mm"的底座特征（拉伸1），如图1-78所示。

04__ 使用【拉伸凸台/基体】工具，选择底座上表面作为草绘平面，并创建出拉伸深度为"56mm"的阀体支承部分特征（拉伸2），如图1-79所示。

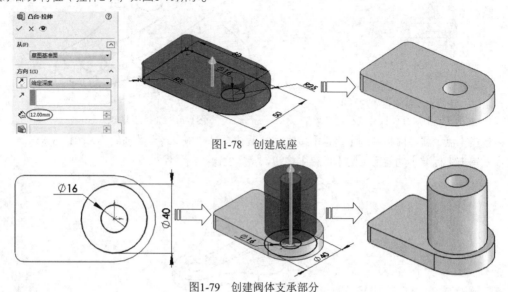

图1-78　创建底座

图1-79　创建阀体支承部分

05__ 使用【拉伸凸台/基体】工具，选择右视基准面作为草绘平面，并绘制出草图曲线，如图1-80所示。退出草图模式后在【拉伸】属性面板的【所选轮廓】列表中移除不需要的草图轮廓，如图1-81所示。

图1-80　绘制草图　　　　　　　　　图1-81　重新选择轮廓

06__ 在【拉伸】属性面板中选择终止条件为【两侧对称】选项，并输入深度为"50mm"，最终创建完成的拉伸特征（拉伸3）如图1-82所示。

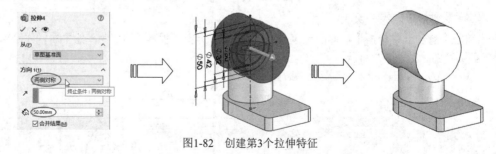

图1-82　创建第3个拉伸特征

技术
要点　　　　　**重新选择轮廓后，余下的轮廓将作为后续设计拉伸特征的轮廓。**

07__ 在特征管理器设计树中将第3个拉伸特征的草图设为"显示"，图形区显示草图3，如图1-83所示。

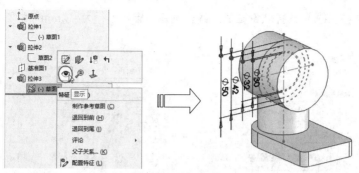

图1-83　显示草图3

08 使用【拉伸凸台/基体】工具，选择草图3中直径为42的圆作为轮廓，然后创建出两侧对称、拉伸深度为"60mm"的第4个拉伸特征，如图1-84所示。

图1-84　创建第4个拉伸特征

09 单击【拉伸切除】按钮 ，选择草图3中直径为30的圆作为轮廓，然后创建出两侧对称、拉伸深度为"60mm"的第1个拉伸切除特征，如图1-85所示。

图1-85　创建第1个拉伸切除特征

10 再使用【拉伸切除】工具，选择草图3中直径为32的圆作为轮廓，然后创建出两侧对称、拉伸深度为"16mm"的第2个拉伸切除特征，如图1-86所示。

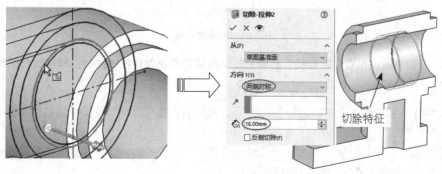

图1-86　创建第2个拉伸切除特征

11— 单击【圆角】按钮![icon]，选择要倒圆的边线，创建出圆角半径为"2mm"的圆角特征，如图1-87所示。

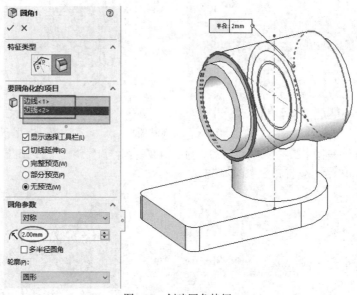

图1-87　创建圆角特征

12— 选择拉伸特征4的端面为草图平面绘制出半径为15的圆（即草图4）。接着在菜单栏执行【插入】|【曲线】|【螺旋线/窝状线】命令，弹出【螺旋线 / 涡状线】属性面板，如图1-88所示进行选项及参数设置并创建出螺旋线。

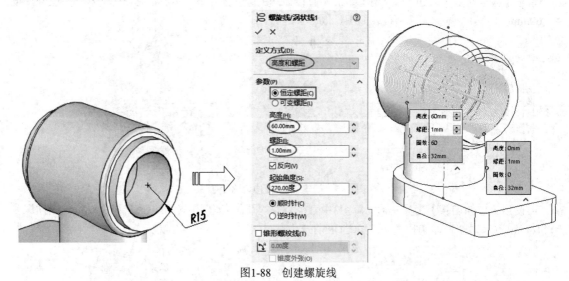

图1-88　创建螺旋线

技术要点　　要创建螺纹扫描切除特征，必须先绘制扫描轮廓及创建扫描路径。螺旋线就是螺纹特征的扫描路径。

13— 在【草图】选项卡单击【草图绘制】按钮![icon]，选择前视基准面作为草绘平面，在螺旋线起点绘制如图1-89所示的草图。

14— 单击【扫描切除】按钮![icon]，选择上步骤绘制草图作为扫描轮廓，选择螺旋线作为扫描路径，并创建出阀体工作部分的螺纹特征，如图1-90所示。

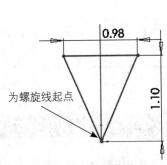

图1-89 绘制草图

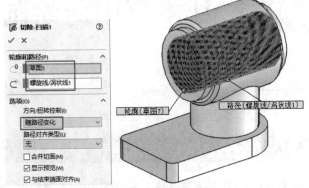

图1-90 创建扫描切除特征

15_ 单击【异形孔向导】按钮 ⊚ ，在阀体底座上创建出如图1-91所示的沉头孔。

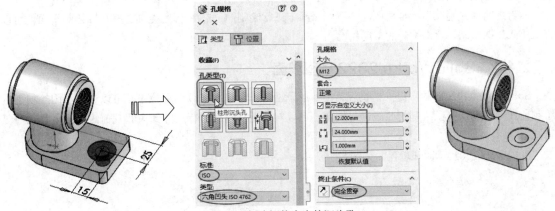

图1-91 创建阀体底座的沉头孔

16_ 至此，阀体零件的创建工作已全部完成。最后单击【保存】按钮 🖫 保存结果。

SolidWorks 2022的草图是模型建立之基础，本章要学习的内容包括草图环境简介、草图基本曲线绘制、高级曲线绘制等。

2.1 SolidWorks 2022草图环境

草图是由直线、圆弧等基本几何元素构成的几何实体，构成了特征的截面轮廓或路径，并由此生成特征。

SolidWorks的草图表现形式有两种：二维草图和3D草图。

两者之间的区别在于二维草图是在草图平面上进行绘制的；3D草图则无须选择草图绘制平面就可以直接进入绘图状态，绘出空间的草图轮廓。

2.1.1 SolidWorks 2022 草图界面

SolidWorks 2022向用户提供了直观、便捷的草图工作环境。在草图环境中，可以使用草图绘制工具绘制曲线；可以选择已绘制的曲线进行编辑；可以对草图几何体进行尺寸约束和几何约束；还可以修复草图。

SolidWorks 2022草图环境界面如图2-1所示。

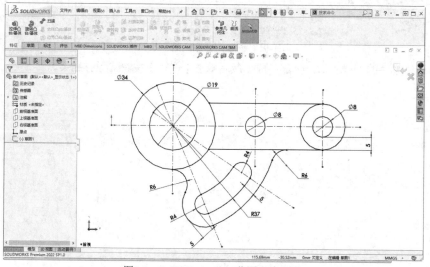

图2-1 SolidWorks 2022草图环境界面

2.1.2 草图绘制方法

在SolidWork中绘制二维草图时通常有两种绘制方法："单击-拖动"方法和"单击-单击"方法。

1."单击-拖动"方法

"单击-拖动"方法适用于单条草图曲线的绘制。例如，绘制直线、圆。在图形区单击一位置作为起点后，在不释放左键的情况下拖动鼠标，直至在直线终点位置释放左键，就会绘制出一条直线，如图2-2所示。

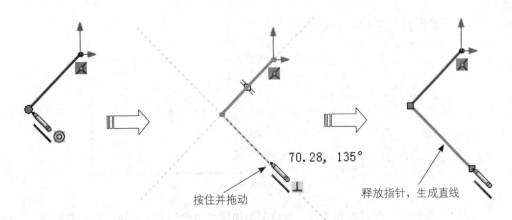

图2-2　使用"单击-拖动"方法绘制直线

 使用"单击-拖动"方法绘制草图后，草图命令仍然处于激活状态，但不会连续绘制。绘制圆时可以采用任意绘制方法。

2."单击-单击"方法

当单击第一个点后释放左键，则是应用了"单击-单击"的绘制方法。当绘制直线和圆弧并处于"单击-单击"模式下时，单击后会生成连续的线段（链）。

例如，绘制两条直线时，在图形区单击一位置作为直线1的起点，释放左键后在另一位置单击（此位置也是第1条直线的起点），完成直线1的绘制。然后在"直线"命令仍然激活的状态下，再在其他位置单击（此位置为第2条直线的终点），以此绘制出第2条直线，如图2-3所示。

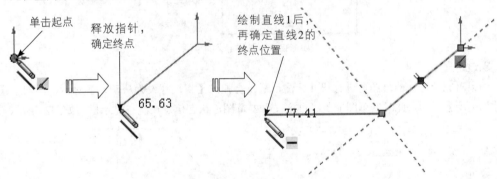

图2-3　使用"单击-单击"方法绘制直线

同理，按此方法可以连续绘制出首尾相连的多条直线。要退出"单击-单击"模式，双击即可。

 当用户使用"单击-单击"方法绘制草图曲线，并在现有草图曲线的端点结束直线或圆弧时，该工具会保持激活状态，但会连续绘制。

2.1.3　草图约束信息

在进入草图模式绘制草图时，可能因操作错误而出现草图约束信息。默认情况下，草图的约束信息显示在属性管理器中，有的也会显示在状态栏中。下面介绍常见的几种草图约束信息。

1.欠定义

草图中有些尺寸"欠定义"，"欠定义"的草图曲线呈蓝色，此时草图的形状会随着光标的拖动而改变，同时属性管理器的面板中显示欠定义符号，如图2-4所示。

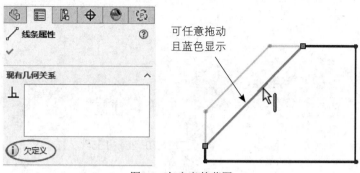

图2-4 欠定义的草图

 解决"欠定义"草图的方法是：为草图添加尺寸约束和几何约束，使草图变为"完全定义"，但不要"过定义"。

2.完全定义

"完全定义"为所有曲线变成黑色，即草图的位置由尺寸和几何关系完全固定，如图2-5所示。

图2-5 完全定义的草图

3.过定义

如果对完全定义的草图再进行尺寸标注，系统会弹出【将尺寸设为从动？】对话框，勾选【保留此尺寸为驱动】选项，此时的草图即是"过定义"的草图，状态信息在状态显示栏，如图2-6所示。

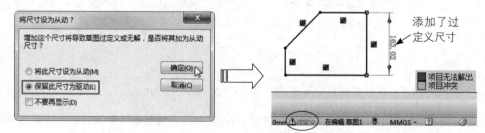

图2-6 过定义的草图

 如果是将图2-6中的尺寸设为"将此尺寸设为从动"，那么就不会过定义。因为此尺寸仅仅作为参考使用，没有起到尺寸约束作用。

4.项目无法解出

"项目无法解出"表示草图项目无法决定一个或多个草图曲线的位置，无法解出的尺寸在图形区中以红色显示（图中的尺寸为80），如图2-7所示。

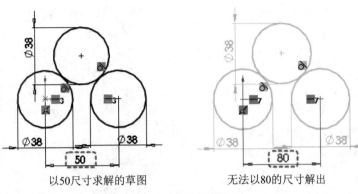

以50尺寸求解的草图　　　　　无法以80的尺寸解出

图2-7　项目无法解出

5.发现无效的解

"发现无效的解"为草图中出现无效的几何体。如0长度直线，0半径圆弧或自相交叉的样条曲线。如图2-8所示为产生自相交的样条曲线。SolidWorks中不允许样条曲线自相交，在绘制样条曲线时系统会自动控制用户不要产生自相交。

当拖动样条曲线的端点意图使其自相交时，就会显示警告信息。

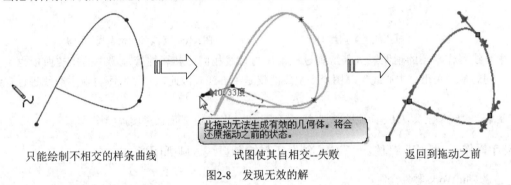

只能绘制不相交的样条曲线　　　　试图使其自相交--失败　　　　返回到拖动之前

图2-8　发现无效的解

 在使用草图生成特征前，可以不需要完全标注或定义草图。但在零件完成之前，应该完全定义草图。

2.2　绘制草图基本曲线

在SolidWorks中，通常将草图曲线分为基本曲线和高级曲线。本节将详细介绍草图的基本曲线，包括直线、中心线、圆、圆弧和椭圆等。

2.2.1　直线与中心线

在所有的图形实体中，直线和中心线是最基本的图形实体。

单击【直线】按钮，程序属性管理器中显示【插入线条】属性面板，同时光标由箭头 变为笔形 ，如图2-9所示。

当选择一种直线方向并绘制直线起点后，属性管理器再显示【线条属性】属性面板，如图2-10所示。

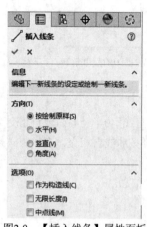

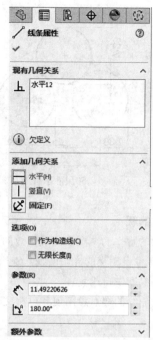

图2-9 【插入线条】属性面板

图2-10 【线条属性】属性面板

中心线用作草图的辅助线，其绘制过程不仅与直线相同，其属性管理器中的操控面板也是相同的。不同的是，使用"中心线"草图命令生成的仅是中心线。因此，这里就不再对中心线进行详细描述了。

利用"直线"工具，不但可以绘制直线，还可以绘制圆弧，下面通过实训操作详解。

★动手操作——利用"直线""中心线"工具绘制直线、圆弧图形

01__ 新建SolidWorks零件文件。

02__ 在功能区【草图】命令选项卡中单击【草图绘制】按钮 ，选择前视基准平面作为草图平面，并自动进入草绘环境中，如图2-11所示。

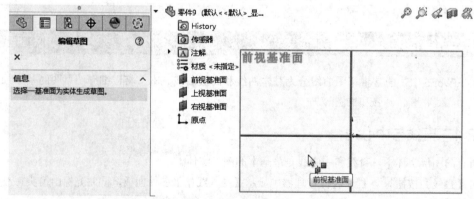

图2-11 选择草图平面

03__ 单击【中心线】按钮 ，在【插入线条】属性面板【方向】栏中选择【水平】单选按钮，再输入长度参数"100"，在原点位置单击以确定中心线起点，向左拖动光标并单击以确定终点，即可完成水平中心线的绘制，如图2-12所示。

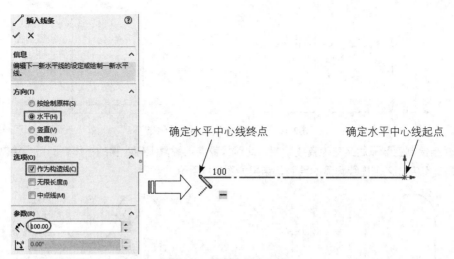

图2-12　绘制水平中心线

04__ 同理，继续绘制中心线，结果如图2-13所示。

05__ 单击【直线】按钮，然后绘制如图2-14所示的3条连续直线，但不要终止【直线】命令。

> **技术要点**　不终止命令，是想将直线绘制自动转换成圆弧绘制。

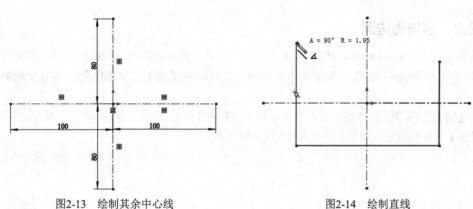

图2-13　绘制其余中心线　　　　　　　图2-14　绘制直线

06__ 在没有终止【直线】命令的情况下，将在绘制下一直线时，光标移动到该直线的起点位置，然后重新移动光标，此时看见即将绘制的曲线非直线而是圆弧，如图2-15所示。

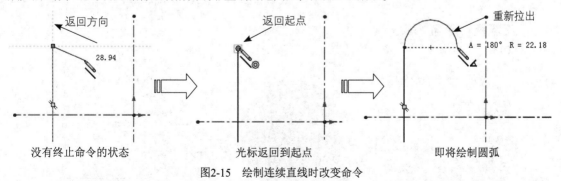

图2-15　绘制连续直线时改变命令

> **技术要点**　按住左键不放并拖动光标继续绘制图线时，新图线与原图线不再自动连接，如图2-16所示。

033

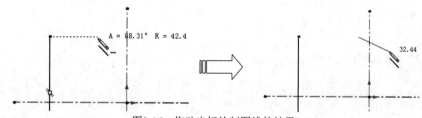

图2-16 拖动光标绘制图线的结果

07 同理，当绘制完圆弧后又变为直线绘制，此时只需要再重复上一步骤的操作，即可再绘制出相切的连接圆弧，直至完成多个连续圆弧的绘制，结果如图2-17所示。

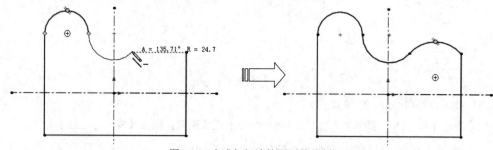

图2-17 完成相切连接圆弧的绘制

08 最后退出草图并保存文件。

2.2.2 圆与周边圆

在草图模式中，SolidWorks向用户提供了两种圆工具：圆和周边圆。按绘制方法，圆可分为"中心圆"类型和"周边圆"类型。实际上"周边圆"工具就是【圆】工具当中的一种圆绘制类型（周边圆）。

单击【圆】按钮⊘，程序属性管理器中显示【圆】属性面板。同时光标由箭头↖变为笔形✎，绘制圆后，【圆】属性面板变成如图2-18所示的选项设置样式。

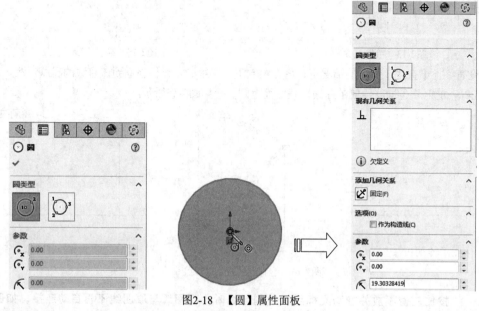

图2-18 【圆】属性面板

在【圆】属性面板中，包括两种圆的绘制类型：圆和周边圆。

1.圆

"圆"类型是以圆心及圆上一点的方式来绘制圆。

选择"圆"类型来绘制圆，首先指定圆心位置，然后拖动光标来指定圆的半径，当选择一个位置定位圆上一点时，圆绘制完成，如图2-19所示。在【圆】属性面板没有关闭的情况下，用户可继续绘制圆。

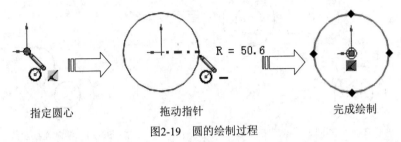

指定圆心　　　　　　　　拖动指针　　　　　　　　完成绘制

图2-19　圆的绘制过程

2.周边圆

"周边圆"类型的选项设置与"圆"类型相同。"周边圆"类型是通过设定圆上的3个点位置或坐标来绘制圆。

例如，首先在图形区中指定一点作为圆上第1点，拖动光标以指定圆上第2点，单击后再拖动光标以指定第3点，最后单击完成圆的绘制，其过程如图2-20所示。

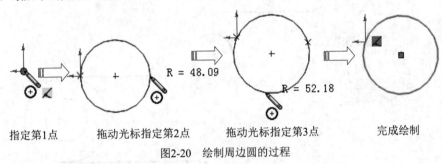

指定第1点　　　拖动光标指定第2点　　　拖动光标指定第3点　　　完成绘制

图2-20　绘制周边圆的过程

▣ 动手操作——利用"圆"和"周边圆"工具绘制草图

01　新建零件文件。

02　单击【草图绘制】按钮，再选择前视基准平面作为草图平面，进入草图环境。

03　单击【圆】按钮◉，然后绘制如图2-21所示的3组同心圆，暂且不管圆的尺寸及位置。

04　标注尺寸。单击【智能尺寸】按钮◈，然后对圆进行尺寸约束（将在后面章节详解尺寸约束的用法），结果如图2-22所示。

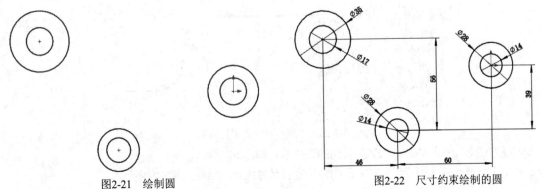

图2-21　绘制圆　　　　　　　　　　　　图2-22　尺寸约束绘制的圆

05__ 再绘制1个直径为14的圆，如图2-23所示。

06__ 利用"实训10"中的连续直线绘制方法，单击【直线】按钮，绘制出如图2-24所示的直线和圆弧。

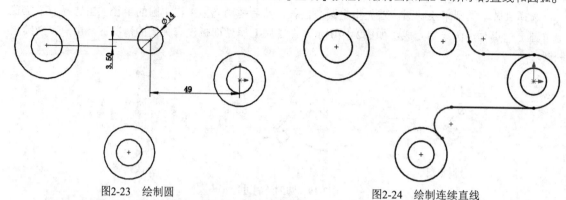

图2-23　绘制圆　　　　　　　　　　　　　　　　　图2-24　绘制连续直线

07__ 单击【添加几何关系】按钮（后面章节中详解其用法），对绘制的连续直线使用几何约束，结果如图2-25所示。

08__ 同理，继续选择圆弧与圆进行"同心"几何约束，如图2-26所示。

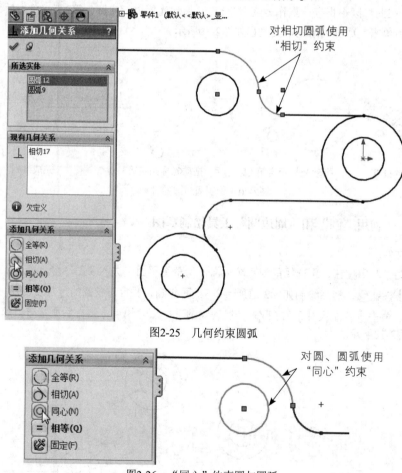

图2-25　几何约束圆弧

图2-26　"同心"约束圆与圆弧

09__ 对下方的圆弧和圆添加"相切"几何约束关系，如图2-27所示。

10__ 利用【智能尺寸】命令，对约束后的圆弧进行尺寸约束，结果如图2-28所示。

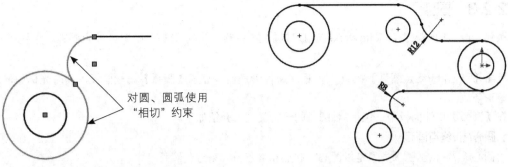

图2-27 添加"相切"几何约束　　　　　图2-28 使用尺寸约束

11__ 单击【周边圆】按钮，然后创建一个圆。暂且不管圆大小，但必须与附近的2个圆公切，如图2-29
所示。

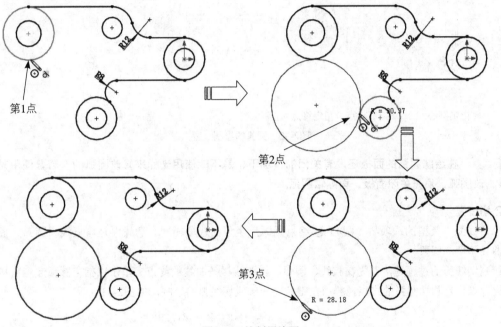

图2-29 绘制周边圆

12__ 对绘制的周边圆应用尺寸约束，如图2-30所示。

13__ 单击【剪裁实体】按钮，最后对周边圆进行修剪，结果如图2-31所示。

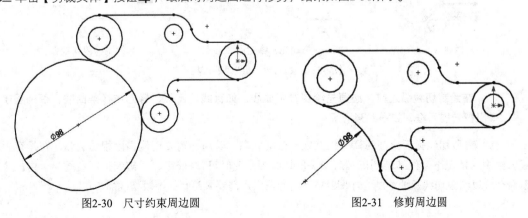

图2-30 尺寸约束周边圆　　　　　图2-31 修剪周边圆

2.2.3 圆弧

圆弧为圆上的一段弧，SolidWorks向用户提供了3种圆弧绘制方法：圆心/起/终点画弧、切线弧和3点圆弧。

单击【圆心/起/终点画弧】按钮 ，程序属性管理器中显示【圆弧】属性面板，同时光标由箭头 变为笔形 。

在【圆弧】属性面板中，包括3种圆弧的绘制类型，介绍如下。

1.圆心/起/终点画弧

"圆心/起/终点画弧"类型是以圆心、起点和终点方式来绘制圆弧。

选择"圆心/起/终点画弧"类型来绘制圆弧，首先指定圆心位置，然后拖动光标来指定圆弧起点（同时也确定了圆的半径），指定起点后再拖动光标指定圆弧的终点，如图2-32所示。

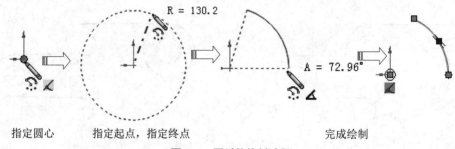

指定圆心　　　　指定起点，指定终点　　　　　　完成绘制

图2-32　圆弧的绘制过程

 技术要点　　在绘制圆弧的面板还没有关闭的情况下，是不能使用光标来修改圆弧的。若要使用光标修改圆弧，须先关闭面板，再编辑圆弧。

2.切线弧

"切线弧"类型的选项与"圆心/起/终点画弧"类型的选项相同。切线弧是与直线、圆弧、椭圆或样条曲线相切的圆弧。

绘制切线弧的过程是，首先在直线、圆弧、椭圆或样条曲线的终点上单击以指定圆弧起点，接着再拖动光标以指定相切圆弧的终点，释放左键后完成一段切线弧的绘制，如图2-33所示。

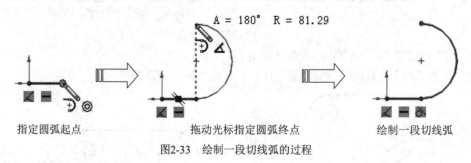

指定圆弧起点　　　　拖动光标指定圆弧终点　　　　绘制一段切线弧

图2-33　绘制一段切线弧的过程

 技术要点　　在绘制切线弧之前，必须先绘制参照曲线，如直线、圆弧、椭圆或样条曲线，否则程序会弹出警告提示框，如图2-34所示。

当绘制第1段切线弧后，圆弧命令仍然处于激活状态。若用户需要创建多段相切圆弧，在没有中断切线弧绘制的情况下，继续绘制出第2、3…段切线弧，此时可按Esc键、双击或执行右键菜单中的【选择】命令，以结束切线弧的绘制。如图2-35所示为按用户需要来绘制的多段切线弧。

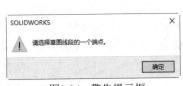

图2-34　警告提示框

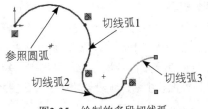

图2-35　绘制的多段切线弧

3.3点圆弧

"3点圆弧"类型也具有与"圆心/起/终点画弧"类型相同的选项设置，"3点圆弧"类型是以指定圆弧的起点、终点和中点来绘制的方法。

绘制3点圆弧的过程是，首先指定圆弧起点，接着再拖动光标以指定相切圆弧的终点，最后拖动光标再指定圆弧中点，如图2-36所示。

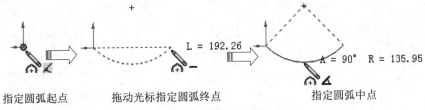

指定圆弧起点　　　拖动光标指定圆弧终点　　　指定圆弧中点

图2-36　绘制3点圆弧的过程

2.2.4　椭圆与部分椭圆

椭圆或椭圆弧是由两个轴和一个中心点定义的，椭圆的形状和位置由3个因素决定：中心点、长轴、短轴。长轴和短轴决定了椭圆的方向，中心点决定了椭圆的位置。

1.椭圆

单击【椭圆】按钮 $\oslash$，光标由箭头 变成笔形。

在图形区指定一点作为椭圆中心点，属性管理器中将灰显【椭圆】属性面板，直至在图形区依次指定长轴端点和短轴端点完成椭圆的绘制后，【椭圆】属性面板才亮显，如图2-37所示。

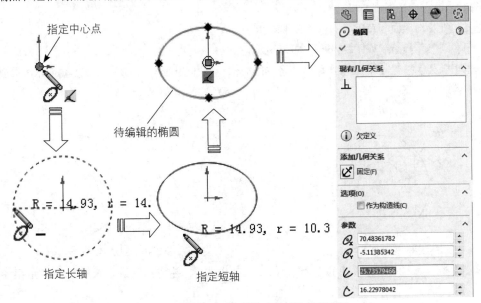

图2-37　绘制椭圆后亮显的【椭圆】属性面板

2.部分椭圆

绘制部分椭圆不但要指定中心点、长轴端点和短轴端点，还需指定椭圆弧的起点和终点。

单击【部分椭圆】按钮 C ，在图形区指定一点作为椭圆中心点，属性管理器中将灰显【椭圆】属性面板，直至在图形区依次指定长轴端点、短轴端点、椭圆弧起点和终点，并完成椭圆弧的绘制后，【椭圆】属性面板中的选项设置才亮显，如图2-38所示。

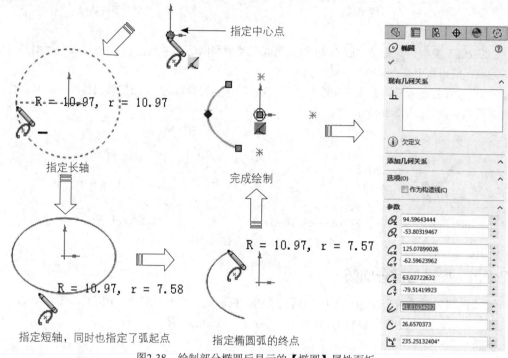

图2-38 绘制部分椭圆后显示的【椭圆】属性面板

🔲 动手操作——利用"圆弧""椭圆""椭圆弧"工具绘制草图

01_ 新建零件文件。

02_ 选择前视基准平面为草图平面进入草图环境。

03_ 利用"圆"工具绘制如图2-39所示的同心圆。

04_ 单击【椭圆】按钮 $\oslash$ ，然后选取同心圆的圆心作为椭圆的圆心，创建出如图2-40所示的椭圆。

图2-39 绘制同心圆　　　　　　　　　　　　图2-40 创建椭圆

05_ 单击【圆心/起/终点画弧】按钮 $\heartsuit$ ，然后绘制圆弧1，并将圆弧进行尺寸约束，结果如图2-41所示。

06__ 再利用【圆心/起/终点画弧】工具，绘制如图2-42所示的圆弧2。

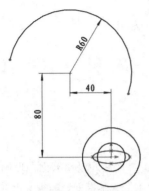

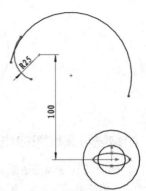

图2-41　绘制圆弧1并尺寸约束　　　　　　图2-42　绘制圆弧2

07__ 利用几何约束，将圆弧2与圆弧1进行相切约束，如图2-43所示。

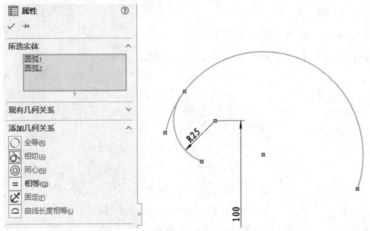

图2-43　几何约束圆弧1和圆弧2

 相切约束之前，删除部分尺寸约束后，需要将圆弧1使用"固定"约束关系，否则圆弧1的位置会产生移动。

08__ 单击【3点画弧】按钮，然后绘制如图2-44所示的两条圆弧。

09__ 使用尺寸约束和几何约束命令，对两条圆弧分别进行尺寸标注和相切约束，结果如图2-45所示。

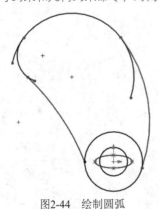

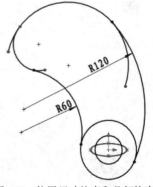

图2-44　绘制圆弧　　　　　　　　　　图2-45　使用尺寸约束和几何约束

10__ 利用【剪裁实体】工具对整个图形进行修剪，结果如图2-46所示。

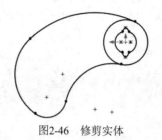

图2-46　修剪实体

2.2.5　抛物线与圆锥双曲线

抛物线与圆、椭圆及双曲线在数学方程中同为二次曲线。二次曲线是由截面截取圆锥所形成的截线，二次曲线的形状根据截面与圆锥的角度而定，同时在平行于上视基准面、右视基准面上由设定的点来定位。一般二次曲线，如圆、椭圆、抛物线和双曲线的截面示意图如图2-47所示。

用户可通过以下方式来执行【抛物线】命令。

● 单击【抛物线】按钮 U。

● 在【草图】工具栏上单击【抛物线】按钮 U。

● 在菜单栏执行【工具】|【草图绘制实体】|【抛物线】命令。

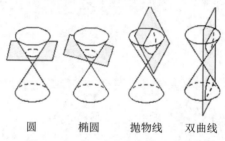

圆　　　椭圆　　　抛物线　　　双曲线

图2-47　一般二次曲线的截面示意图

当用户执行【抛物线】命令后，光标由箭头 ↖ 变成笔形 ＼U。在图形区首先指定抛物线的焦点，接着拖动光标指定抛物线顶点，指定顶点后将显示抛物线的轨迹，此时用户根据轨迹来截取需要的抛物线段，截取的线段就是绘制完成的抛物线。完成抛物线的绘制后，在属性管理器将显示【抛物线】属性面板，如图2-48所示。

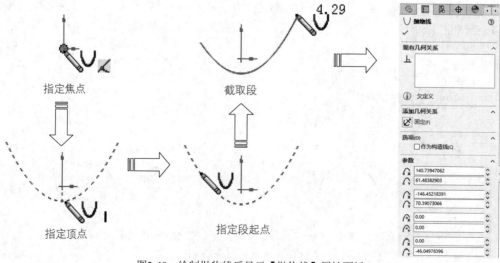

指定焦点

截取段

指定顶点

指定段起点

图2-48　绘制抛物线后显示【抛物线】属性面板

2.3 绘制草图高级曲线

所谓高级曲线，是指在SolidWorks设计过程中不常用的曲线类型，包括矩形、槽口曲线、多边形、样条曲线、抛物线、交叉曲线、圆角、倒角和文本。

2.3.1 矩形

SolidWorks向用户提供了5种矩形绘制类型，包括边角矩形、中心矩形、3点边角矩形、3点中心矩形和平行四边形。

单击【边角矩形】按钮 □，光标由箭头 ↖ 变成笔形 ✎。在属性管理器中显示【矩形】属性面板，但该面板【参数】选项区灰显，当绘制矩形后面板完全亮显，如图2-49所示。

通过该面板可以为绘制的矩形添加几何关系，【添加几何关系】选项区的选项如图2-50所示。还可以通过参数设置对矩形重定义，【参数】选项区的选项如图2-51所示。

图2-49　【矩形】属性面板

图2-50　【添加几何关系】选项

图2-51　【参数】选项

在【矩形】属性面板的【矩形类型】选项区包含5种矩形绘制类型，如表2-1所示。

表2-1　5种矩形的绘制类型

类型	图解	说明
边角矩形 □		"边角矩形"类型是指定矩形对角点来绘制标准矩形。在图形区指定一位置以放置矩形的第1角点，拖动光标使矩形的大小和形状正确时单击，以指定第2角点，完成边角矩形的绘制
中心矩形 □		"中心矩形"类型是以中心点与一个角点的方法来绘制矩形。在图形区指定一位置以放置矩形中心点，拖动光标使矩形的大小和形状正确时单击，以指定矩形的一个角点，完成边角矩形的绘制

类型	图解	说明
3点边角矩形		"3点边角矩形"类型是以3个角点来确定矩形的方式。其绘制过程是,在图形区指定一位置作为第1角点,拖动光标以指定第2角点,再拖动光标以指定第3角点,3个角点指定后立即生成矩形
3点中心矩形		"3点中心矩形"类型是以所选的角度绘制带有中心点的矩形。其绘制过程是,在图形区指定一位置作为中心点,拖动光标在矩形平分线上指定中点,然后再拖动光标以一定角度移动来指定矩形角点
平行四边形		"平行四边形"类型是以指定3个角度的方法来绘制4条边两两平行且不相互垂直的平行四边形。平行四边形的绘制过程是,首先在图形区指定一位置作为第1角点,拖动光标指定第2角点,然后再拖动光标以一定角度移动来指定第3角点,完成绘制

2.3.2 槽口曲线

"槽口曲线"工具是用来绘制机械零件中键槽特征的草图。SolidWorks向用户提供了4种槽口曲线绘制类型,包括直槽口、中心点槽口、3点圆弧槽口和中心点圆弧槽口。

单击【直槽口】按钮,光标由箭头变成笔形,且属性管理器中显示【槽口】属性面板,如图2-52所示。

【槽口】属性面板中包含4种槽口类型,"3点圆弧槽口""中心点圆弧槽口(图2-53)"类型的选项设置与"直槽口""中心点槽口"类型的选项设置不同。

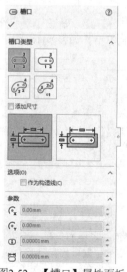

图2-52 【槽口】属性面板

图2-53 "中心点圆弧槽口"类型选项设置

1.直槽口

"直槽口"类型是以两个端点来绘制槽口,绘制过程如图2-54所示。

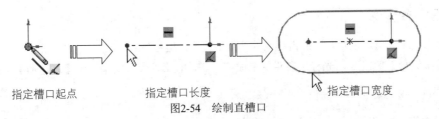

指定槽口起点　　指定槽口长度　　指定槽口宽度

图2-54　绘制直槽口

2.中心点槽口

"中心点槽口"类型是以中心点和槽口的一个端点来绘制槽口。绘制方法是，在图形区中指定某位置作为槽口的中心点，然后移动光标以指定槽口的另一端点，在指定端点后再移动光标以指定槽口宽度，如图2-55所示。

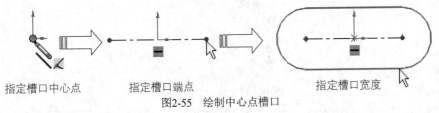

指定槽口中心点　　指定槽口端点　　指定槽口宽度

图2-55　绘制中心点槽口

 在指定槽口宽度时，光标无须放在槽口曲线上，也可以在离槽口曲线很远的位置（只要是在宽度水平延伸线上即可）。

3.3点圆弧槽口

"3点圆弧槽口"类型是在圆弧上用三个点绘制圆弧槽口。其绘制方法是，在图形区单击以指定圆弧的起点，通过移动光标指定圆弧的终点并单击，接着移动光标指定圆弧的第3点再单击，最后移动光标指定槽口宽度，如图2-56所示。

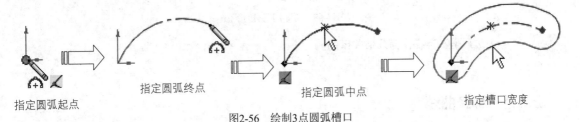

指定圆弧起点　　指定圆弧终点　　指定圆弧中点　　指定槽口宽度

图2-56　绘制3点圆弧槽口

4.中心点圆弧槽口

"中心点圆弧槽口"类型是用圆弧半径的中心点和两个端点绘制圆弧槽口。其绘制方法是，在图形区单击以指定圆弧的中心点，通过移动光标指定圆弧的半径和起点，接着通过移动光标指定槽口长度并单击，再移动光标指定槽口宽度并单击以生成槽口，如图2-57所示。

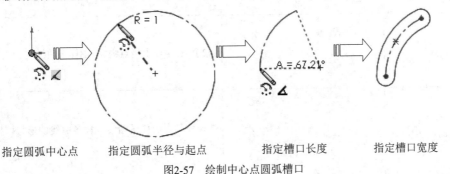

指定圆弧中心点　　指定圆弧半径与起点　　指定槽口长度　　指定槽口宽度

图2-57　绘制中心点圆弧槽口

2.3.3 多边形

"多边形"工具可用来绘制圆的内切或外接正多边形，边数为3～40。

单击【多边形】按钮⊙，光标由箭头↳变成笔形✎，且属性管理器中显示【多边形】属性面板，如图2-58所示。

图2-58 【多边形】属性面板

绘制多边形，需要指定3个参数：中点、圆直径和角度。例如要绘制一正三角形，首先在图形区指定正三角形的中点，然后拖动光标指定圆的直径，并旋转正三角形使其符合要求，如图2-59所示。

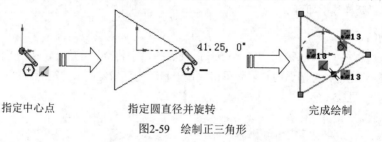

指定中心点　　　　　指定圆直径并旋转　　　　　完成绘制

图2-59 绘制正三角形

 多边形是不存在任何几何关系的。

2.3.4 样条曲线

"样条曲线"是使用诸如通过点或根据极点的方式来定义的曲线，也是方程式驱动的曲线。SolidWorks向用户提供了三种样条曲线的生成和方法：样条曲线、样式样条曲线和方程式驱动的曲线，如表2-2所示。

表2-2 三种样条曲线

类型	图解	说明
样条曲线 〰		由2个或2个以上极点构成的B样条曲线
样式样条曲线		带有控制点的样条曲线，样条曲线的形状由控制点的位置决定

续　表

类型	图解	说明
方程式驱动的曲线	显性方程式驱动曲线	方程式驱动曲线是通过定义曲线的方程式来绘制的曲线。按方程式的输入不同可分为显性方程式驱动曲线和参数性方程式驱动曲线 "显性"类型是通过为范围的起点和终点定义X值，Y值沿X值的范围而计算。显性方程或包括正弦函数、一次函数和二次函数
	参数性方程式驱动曲线	"参数性"类型为范围的起点和终点定义T值。参数性方程式包括阿基米德螺线、渐开线、螺旋线、圆周曲线、星形线、叶形曲线等

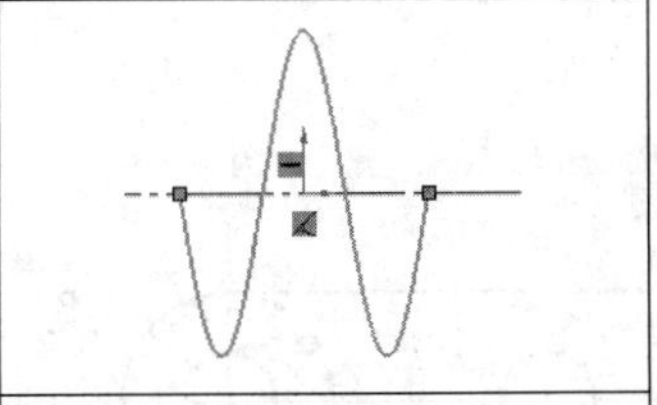

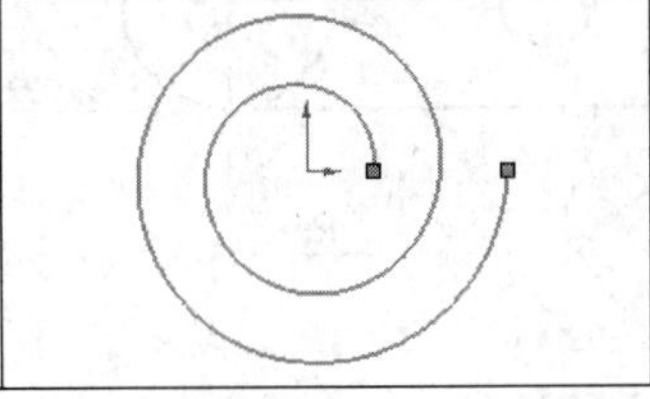

2.3.5　圆角

"圆角"工具是在两个草图曲线的交叉处剪裁掉角部，从而生成一个切线弧。此工具在2D和3D草图中均可使用。

要绘制圆角，事先得绘制要圆角处理的草图曲线。例如要在矩形的一个顶点位置绘制出圆角曲线，其选择方法大致有两种，一种是选择矩形两条边，如图2-60所示；另一种则是选取矩形顶点，如图2-61所示。

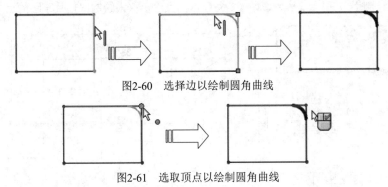

图2-60　选择边以绘制圆角曲线

图2-61　选取顶点以绘制圆角曲线

2.3.6　倒角

用户可以使用"倒角"工具在草图曲线中绘制倒角。SolidWorks提供了三种定义倒角参数类型：角度距离、距离-距离和相等距离。

● "角度距离"类型：将按角度参数和距离参数来定义倒角，如图2-62所示。
● "距离-距离"类型：将按距离参数和距离参数来定义倒角，如图2-63所示。
● "相等距离"类型：将按相等的距离来定义倒角，如图2-64所示。

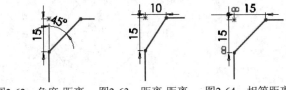

图2-62　角度-距离　　图2-63　距离-距离　　图2-64　相等距离

2.4 综合实战

本例要绘制的垫片草图如图2-65所示。

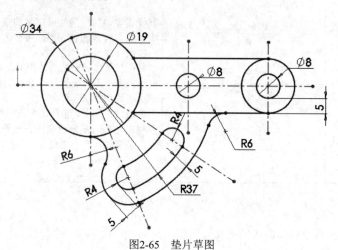

图2-65 垫片草图

01__ 启动SolidWorks。

02__ 单击【新建】按钮，弹出【新建SolidWorks文件】对话框。在该对话框中选择"零件"模板，再单击【确定】按钮，进入零件设计环境中。

03__ 单击【草图绘制】按钮，然后按如图2-66所示的操作步骤，绘制出垫片草图的尺寸基准线。

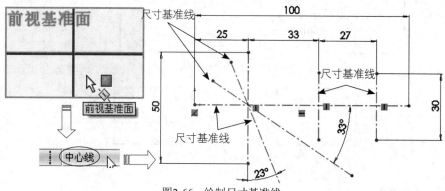

图2-66 绘制尺寸基准线

04__ 为便于后续草图曲线的绘制，将所有中心线（尺寸基准线）使用"固定"几何约束，如图2-67所示。

05__ 使用【圆】工具，在中心线交点绘制出4个已知圆，如图2-68所示。

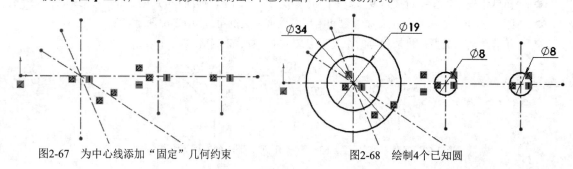

图2-67 为中心线添加"固定"几何约束　　　图2-68 绘制4个已知圆

06_ 使用【圆心/起/终点画弧】工具，绘制出如图2-69所示的圆弧。

07_ 使用【圆】工具，在2圆弧中间绘制直径为8的两个圆，如图2-70所示。

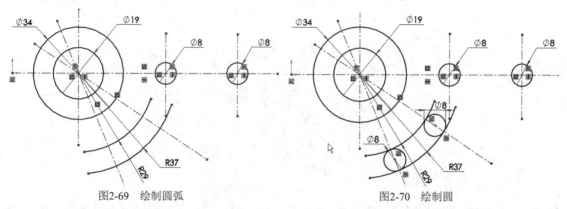

图2-69　绘制圆弧　　　　　　　　　　图2-70　绘制圆

08_ 单击【等距实体】按钮 ⊏，然后按如图2-71所示的操作步骤，绘制圆、圆弧的等距曲线。

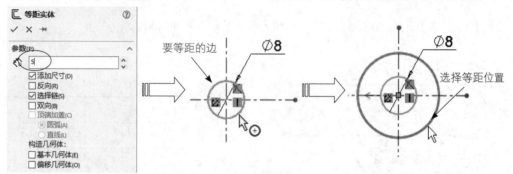

图2-71　绘制等距实体

09_ 同理，再使用【等距实体】工具，以等距的方法，在其余位置绘制出如图2-72所示的等距实体。

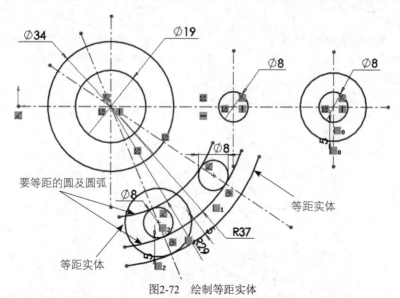

图2-72　绘制等距实体

10_ 使用【直线】工具，绘制出如图2-73所示的两条直线，两条直线均与圆相切。

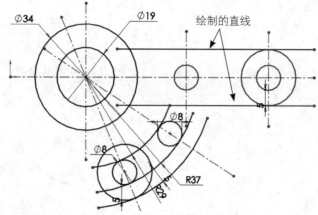

图2-73　绘制与圆相切的2直线

11＿ 为了能看清后面继续绘制的草图曲线，使用【剪裁实体】工具，将草图中多余图线剪裁，如图2-74所示。

12＿ 使用【3点圆弧】工具，在如图2-75所示的位置创建出连接相切的圆弧。

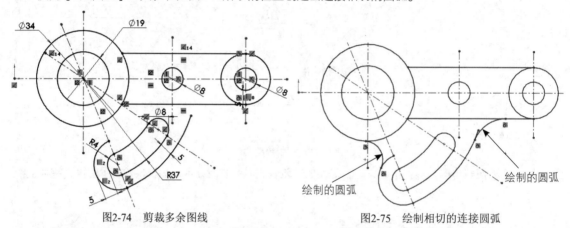

图2-74　剪裁多余图线　　　　　　　　　　图2-75　绘制相切的连接圆弧

13＿ 使用【剪裁实体】工具，将草图中多余图线剪裁。然后对草图（主要是没有固定的图线）尺寸约束，完成结果如图2-76所示。

14＿ 至此，垫片草图已绘制完成，最后将结果保存。

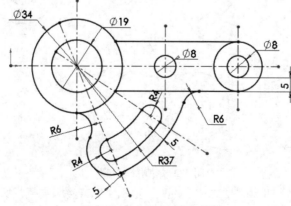

图2-76　完成尺寸约束的草图

第3章 草图编辑与变换操作

草图变换与编辑是对绘制的草图曲线进行变换操作和修改的结果，有了草图变换与编辑工具，就能绘制复杂的草图，本章将会学习和掌握草图的变换与编辑相关的基本知识。

3.1 草图编辑工具

在SolidWorks中，草图编辑工具是用来对草图曲线进行合并、剪裁、延伸、分割等操作和定义的工具，如图3-1所示。

图3-1 草图曲线的修改工具

3.1.1 剪裁实体

【剪裁实体】工具用于剪裁或延伸草图曲线。此工具提供的多种剪裁类型适用于2D草图和3D草图。

在功能区【草图】选项卡中单击【剪裁实体】按钮，在属性管理器中显示【剪裁】属性面板，如图3-2所示。

在面板的【选项】选项区中包含5种剪裁类型：【强劲剪裁】【边角】【在内剪除】【在外剪除】和【剪裁到最近端】。其中【强劲剪裁】类型最为常用，如图3-3所示。

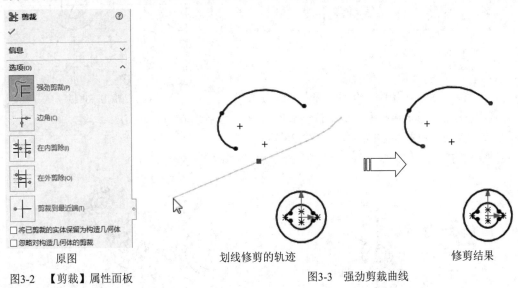

图3-2 【剪裁】属性面板   图3-3 强劲剪裁曲线

📌 **动手操作——绘制拔叉草图**

利用【剪裁实体】工具绘制如图3-4所示的拔叉草图。

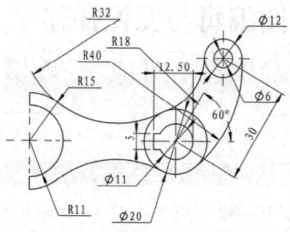

图3-4　拔叉草图

01__ 新建文件。执行下拉菜单中的【文件】|【新建】命令，打开【新建SolidWorks文件】对话框，在对话框中选择【零件】选项，单击【确定】按钮。

02__ 选择绘图平面。在特征管理器中选择【前视基准面】选项，然后单击【草图】选项卡中的【草图绘制】按钮，进入草图绘制。

03__ 单击【草图】选项卡中的【中心线】按钮，分别绘制1条水平中心线、两条竖直中心线，如图3-5所示。

04__ 单击【草图】选项卡中的【圆】按钮⊙，绘制两个圆，直径分别为20和11，单击【草图】选项卡中的【3点圆弧】按钮，绘制两段圆弧，半径分别为15和11，如图3-6所示。

图3-5　绘制中心线

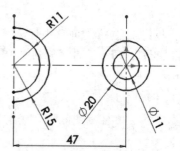

图3-6　绘制圆和圆弧

05__ 单击【草图】选项卡中的【中心线】按钮，绘制与水平成60°角的中心线，绘制与圆心距离为30并与刚绘制的中心线相垂直的中心线，如图3-7所示。

06__ 以刚绘制的中心线的交点为圆心绘制直径分别为6和12的圆，如图3-8所示。

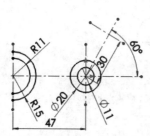

图3-7　绘制角度为60°的中心线

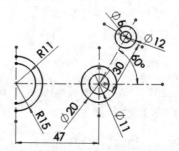

图3-8　绘制直径为12和6的圆

07__ 单击【草图】选项卡中的【圆】按钮⊙，绘制两个直径为64的圆，且与直径为20和30的圆相切，如图3-9所示。

08＿ 单击【草图】选项卡中的【3点圆弧】按钮，绘制圆弧，标注尺寸，该圆弧与端点处的两个圆相切，然后单击【草图】选项卡中的【剪裁实体】按钮，剪去多余线段，结果如图3-10所示。

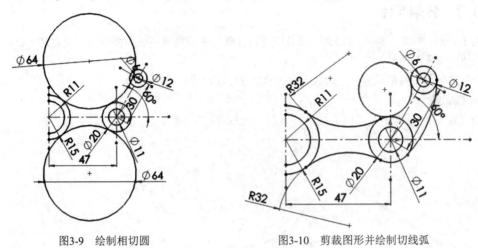

图3-9　绘制相切圆　　　　　　　　　　　图3-10　剪裁图形并绘制切线弧

09＿ 单击【草图】选项卡中的【直线】按钮，绘制键槽轮廓曲线，接着为绘制的键槽轮廓曲线添加几何关系，使键槽关于水平中心线对称。最后剪裁多余线段，完成拔叉草图的绘制，结果如图3-11所示。

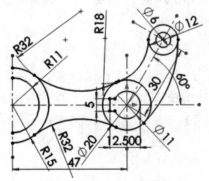

图3-11　调整尺寸添加几何关系

3.1.2 延伸实体

使用【延伸实体】工具可以增加草图曲线（直线、中心线或圆弧）的长度，使得要延伸的草图曲线延伸至与另一草图曲线相交。

在功能区【草图】选项卡中单击【延伸实体】按钮，光标由箭头 变为 。在图形区将光标靠近要延伸的曲线，随后将红色显示延伸曲线的预览，单击曲线将完成延伸操作，如图3-12所示。

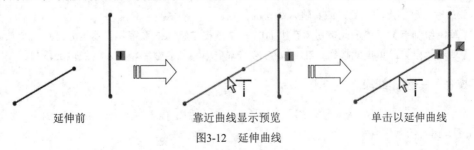

延伸前　　　　　　　　靠近曲线显示预览　　　　　　　单击以延伸曲线

图3-12　延伸曲线

若要将曲线延伸至多个曲线，第一次单击要延伸的曲线可以将其延伸至第1相交曲线，再单击可以延伸至第2相交曲线。

3.1.3 分割实体

使用【分割实体】工具 $\ulcorner$ 可以将一条草图曲线打断，进而生成两条草图曲线，反之还可以将多条曲线合并成单一的草图曲线。

【分割实体】工具可以用来打断曲线并在分割点标注尺寸。

1. 分割草图

分割对象只能是单一的草图曲线，如直线、圆弧/圆、样条曲线，其被称为开放曲线，如图3-13所示。

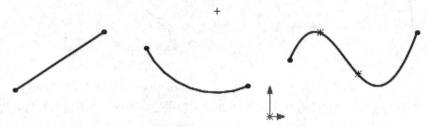

图3-13 开放曲线

开放曲线仅需一个分割点就可以完成分割。但是封闭的草图曲线如圆、椭圆及闭合样条曲线等，必须要两个分割点才能完成分割。

3.1.4 线段

【线段】工具其实也是分割实体工具，只不过【分割实体】工具是手动分割草图，而【线段】工具是设置参数后自动分割。开放草图和封闭草图的分割是一样的，不受任何限制。

在【草图】选项卡中单击【线段】按钮 ，打开【线段】属性面板，如图3-14所示。

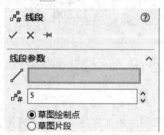

图3-14 【线段】属性面板

该属性面板中的选项含义如下。

● ⁄ ：选择单个实体，即开放曲线和封闭曲线。选择后草图实体显示在选项框中。
● ：输入分割点的个数，或者输入线段的段数。
● 【草图绘制点】：单选此按钮，在上面的 文本框中输入的数字将表示为分割点的个数。
● 【草图片段】：单选此按钮，在上面的 文本框中输入的数字将表示为线段的段数。

动手操作——创建线段

01_ 利用"矩形"工具绘制1个矩形，如图3-15所示。再利用【等距实体】工具创建内偏置距离为10的矩形，如图3-16所示。

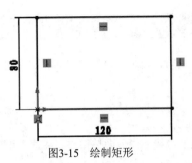

图3-15 绘制矩形

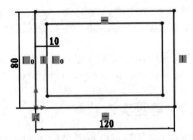

图3-16 绘制等距实体

02_ 单击【线段】按钮 ，打开【线段】属性面板。首先选择要等分的单一曲线（选择等距实体的一条边），然后输入线段数量"5"，最后单击【确定】按钮✓完成线段的创建，如图3-17所示。

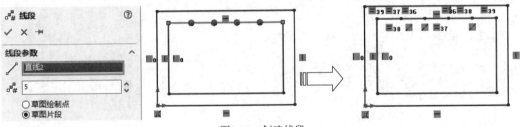

图3-17 创建线段

03_ 再执行【线段】命令，在对称的另一边也创建5等分的线段，如图3-18所示。

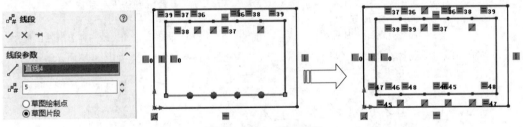

图3-18 创建对称的线段

04_ 同理，在等距实体的左右两侧也分别创建4等分的线段，如图3-19所示。

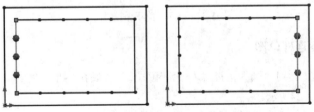

图3-19 创建左右两侧的线段

05_ 最后利用【直线】工具，将分割后的线段一一对应连接起来，结果如图3-20所示。

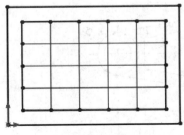

图3-20 创建直线

3.2 草图变换工具

草图的变换是将草图图元进行等距偏移、复制、移动、镜向、旋转、缩放、伸展等常规动态操作。目的是为了能够快速绘图并帮助用户提高工作效率。

3.2.1 等距实体

【等距实体】工具可以将一个或多个草图曲线、所选模型边线或模型面按指定距离值等距离偏移、复制，如图3-21所示。

在功能区【草图】选项卡中单击【等距实体】按钮 □，属性管理器中显示【等距实体】属性面板，如图3-21所示。

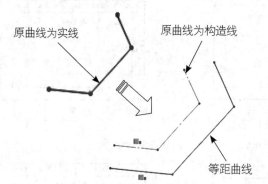

图3-21 创建等距实体曲线

图3-22 【等距实体】属性面板

可为等距曲线生成封闭端曲线，包括"圆弧"和"直线"两种封闭形式，如图3-23所示。

图3-23 为双向等距曲线加盖

🔲 动手操作——绘制连杆草图

连杆草图比较简单。使用"圆""直线""等距实体""圆角"和"修剪实体"工具就可以完成。完成后的连杆草图如图3-24所示。

01 新建零件，选择前视视图作为草绘平面，并进入草图模式中。

02 使用"中心线"工具，在图形区中绘制如图3-25所示的中心线。

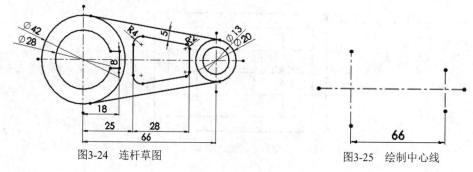

图3-24 连杆草图

图3-25 绘制中心线

03_ 单击【圆】按钮⊙，绘制4个圆，完成结果如图3-26所示。

04_ 单击【直线】按钮✎，绘制两条相切线，完成结果如图3-27所示。

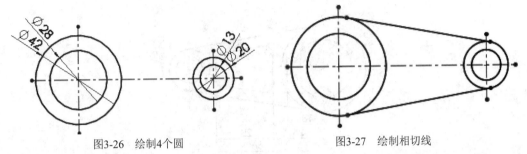

图3-26 绘制4个圆　　　　　　　　图3-27 绘制相切线

05_ 在【草图】选项卡中单击【等距实体】按钮⊏，将其中一条相切线进行等距复制，其过程如图3-28所示。

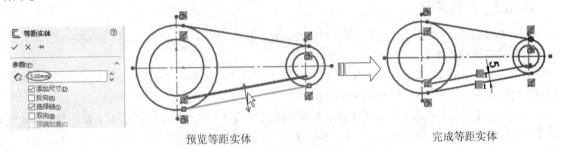

预览等距实体　　　　　　　　　　完成等距实体

图3-28 等距复制切线

06_ 用相同的方法将另一条相切线进行等距复制，完成结果如图3-29所示。

07_ 在【草图】选项卡中单击【直线】按钮✎，绘制水平直线和3条竖直直线，完成结果如图3-30所示。

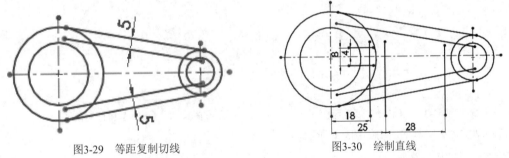

图3-29 等距复制切线　　　　　　　图3-30 绘制直线

08_ 在【草图】选项卡中单击【剪切实体】按钮⧓，对草图进行相互剪切，完成结果如图3-31所示。

09_ 在【草图】选项卡中单击【圆角】按钮⌐，对草图进行圆角处理，完成结果如图3-32所示。

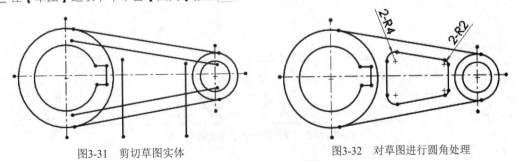

图3-31 剪切草图实体　　　　　　　图3-32 对草图进行圆角处理

10_ 在【草图】选项卡中单击【智能尺寸】按钮，对连杆草图进行尺寸约束，完成结果如图3-33所示。

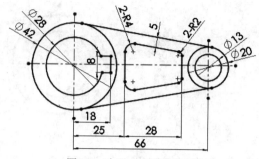

图3-33　标注连杆草图尺寸

3.2.2　复制实体

SolidWorks草图环境中提供了用于草图曲线的移动、复制、旋转、缩放比例及伸展等操作的工具。

1. 移动或复制实体

"移动实体"是将草图曲线在基准面内按指定方向进行平移操作。"复制实体"是将草图曲线在基准面内按指定方向进行平移，但要生成对象副本。

在功能区【草图】选项卡中单击【移动实体】按钮或【复制实体】按钮后，属性管理器中显示【移动】属性面板，如图3-34所示，或者显示【复制】属性面板，如图3-35所示。

图3-34　【移动】属性面板

图3-35　【复制】属性面板

【移动实体】工具的应用如图3-36所示。

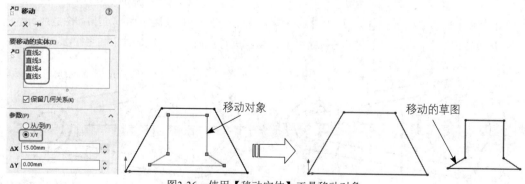

图3-36　使用【移动实体】工具移动对象

【复制实体】工具的应用如图3-37所示。

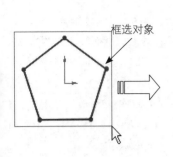

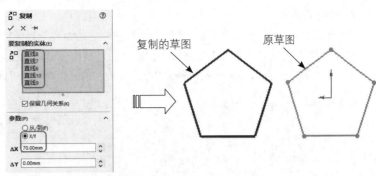

图3-37 使用【复制实体】工具复制对象

2. 旋转实体

使用【旋转实体】工具可将选择的草图曲线绕旋转中心进行旋转，不生成副本。在【草图】选项卡中单击【旋转实体】按钮、属性管理器中显示【旋转】属性面板，如图3-38所示。

通过【旋转】属性面板，为草图曲线指定旋转中心点及旋转角度后，单击【确定】按钮 ✔ 即可完成旋转实体的操作，如图3-39所示。

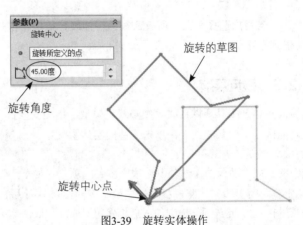

图3-38 【旋转】属性面板

图3-39 旋转实体操作

3. 缩放实体比例

"缩放实体比例"是指将草图曲线按设定的比例因子进行缩小或放大。【缩放实体比例】工具可以生成对象的副本。

在【草图】选项卡中单击【缩放实体比例】按钮 ，属性管理器中显示【比例】属性面板，如图3-40所示。通过此面板，选择要缩放的对象，并为缩放指定基准点，再设定比例因子，即可将参考对象进行缩放，如图3-41所示。

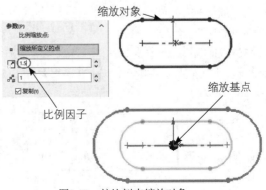

图3-40 【比例】属性面板

图3-41 按比例来缩放对象

4. 伸展实体

"伸展实体"是指将草图中选定的部分曲线按指定的距离进行延伸,使其整个草图被伸展。

在【草图】选项卡中单击【伸展实体】按钮，属性管理器中显示【伸展】属性面板,如图3-42所示。通过此面板,在图形区选择要伸展的对象,并设定伸展距离,即可伸展选定的对象,如图3-43所示。

图3-42 【伸展】属性面板

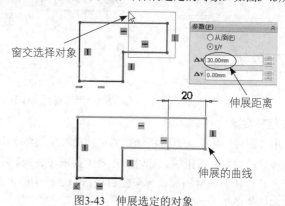

窗交选择对象 / 伸展距离 / 伸展的曲线

图3-43 伸展选定的对象

 技术要点 若用户选择草图中所有曲线进行伸展,最终结果是对象没有被伸展,而仅仅按指定的距离进行平移。

3.2.3 镜向实体

【镜向实体】工具是以直线、中心线、模型实体边及线性工程图边线作为对称中心来镜向复制曲线的。在功能区【草图】选项卡中单击【镜向实体】按钮，属性管理器中显示【镜向】属性面板,如图3-44所示。

【镜向】属性面板的【选项】选项区中各选项含义如下。

● 要镜向的实体：将选择要镜向的草图曲线对象列表于其中。

● 复制：勾选此选项,镜向曲线后仍保留原曲线。取消勾选,将不保留原曲线,如图3-45所示。

图3-44 【镜向】属性面板

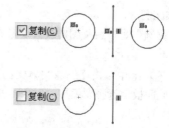

图3-45 镜向复制与镜向不复制

● 镜向轴：选择镜向中心线。

要绘制镜向曲线,先选择要镜向的对象曲线,然后选择镜向中心线(选择镜向中心线时必须激活【镜向轴】列表框),最后单击面板中的【确定】按钮 完成镜向操作,如图3-46所示。

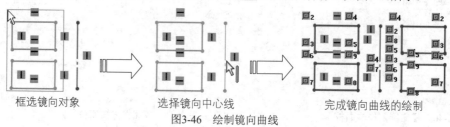

框选镜向对象　选择镜向中心线　完成镜向曲线的绘制

图3-46 绘制镜向曲线

要以线性工程图边线作为镜向中心线来绘制镜向曲线，则要镜向的草图曲线必须位于工程视图边界中，如图3-47所示。

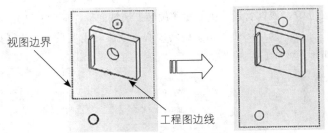

视图边界

工程图边线

图3-47　以线性工程图边线绘制镜向曲线

动手操作——绘制对称的零件草图

绘制如图3-48所示的草图。

01 新建零件文件。

02 选择前视基准平面作为草图平面，并进入草图环境中。

03 单击【草图】选项卡中的【中心线】按钮，绘制竖直中心线，如图3-49所示。

04 单击【直线】按钮，绘制外形轮廓直线，如图3-50所示。

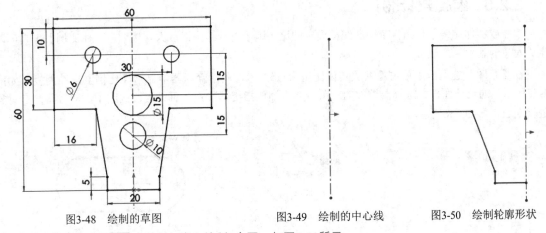

图3-48　绘制的草图　　　　图3-49　绘制的中心线　　　　图3-50　绘制轮廓形状

05 利用【圆】工具，在中心线上绘制3个圆，如图3-51所示。

06 单击【镜向】按钮，弹出【镜向】属性面板。选取部分图形为镜向实体，镜向轴为中心线。单击【确定】按钮，完成草图的绘制，如图3-52所示。

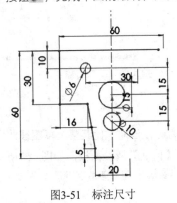

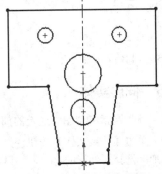

图3-51　标注尺寸　　　　　　　图3-52　绘制完成的草图

3.2.4　旋转实体

使用【旋转实体】工具可将选择的草图曲线绕旋转中心进行旋转，不生成副本。在【草图】选项卡中单击【旋转实体】按钮 ⬥，属性管理器中显示【旋转】属性面板，如图3-53所示。

通过【旋转】属性面板，为草图曲线指定旋转中心点及旋转角度后，单击【确定】按钮 ✔ 即可完成旋转实体的操作，如图3-54所示。

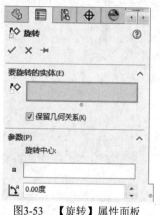

图3-53　【旋转】属性面板

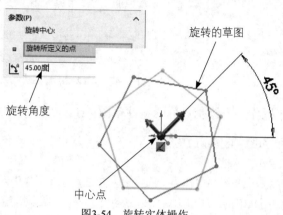

图3-54　旋转实体操作

3.2.5　缩放实体比例

"缩放实体比例"是指将草图曲线按设定的比例因子进行缩小或放大。【缩放实体比例】工具可以生成对象的副本。

在【草图】选项卡中单击【缩放实体比例】按钮 ▱，属性管理器中显示【比例】属性面板，如图3-55所示。通过此面板，选择要缩放的对象，并为缩放指定基准点，再设定比例因子，即可将参考对象进行缩放，如图3-56所示。

图3-55　【比例】属性面板

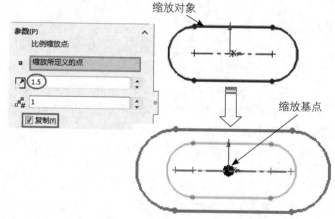

图3-56　按比例来缩放对象

3.2.6　伸展实体

"伸展实体"是指将草图中选定的部分曲线按指定的距离进行延伸，使其整个草图被伸展。在【草图】选项卡中单击【伸展实体】按钮 ⬛，属性管理器中显示【伸展】属性面板，如图3-57所示。通过此面板，在图形区选择要伸展的对象，并设定伸展距离，即可伸展选定的对象，如图3-58所示。

图3-57 【伸展】属性面板

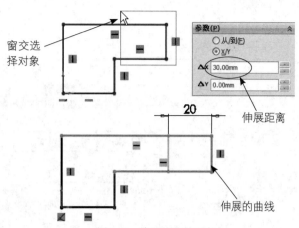

图3-58 伸展选定的对象

3.2.7 草图阵列

对象的阵列是一个对象的复制过程，阵列的方式包括圆形阵列和矩形阵列。其可以在圆形或矩形阵列上创建出多个副本。

在功能区【草图】选项卡中单击【线性阵列】按钮 或【圆周阵列】按钮 ，属性管理器将显示【线性阵列】属性面板，如图3-59所示。执行【圆周阵列】命令后，光标由箭头 变为 ，属性管理器将显示【圆周阵列】属性面板，如图3-60所示。

图3-59 【线性阵列】属性面板

图3-60 【圆周阵列】属性面板

1. 线性阵列

使用【线性阵列】工具进行线性阵列的操作如图3-61所示。

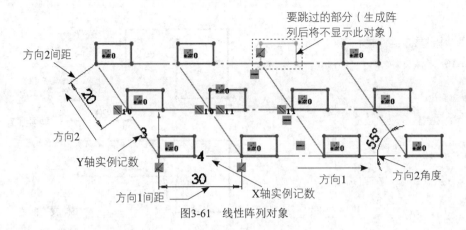

图3-61　线性阵列对象

🖱 动手操作——绘制槽孔板草图

绘制如图3-62所示的槽孔板草图。

01＿ 新建零件文件。

02＿ 在特征树中选择前视基准面，再单击【草图】选项卡中的【草图绘制】按钮▢，进入草图环境。

03＿ 单击【草图】选项卡中的【边角矩形】按钮▢，以原点作为矩形起点，绘制矩形。然后利用【倒角】工具进行倒角处理后，标注尺寸，得到如图3-63所示的草图。

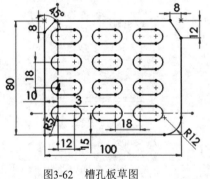

图3-62　槽孔板草图

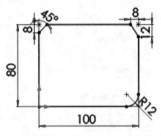

图3-63　绘制矩形框

04＿ 绘制两条中心线，并标注尺寸，如图3-64所示。

05＿ 以两条中心绘的交点为圆心，半径为5绘制一个圆，然后在水平中心线上移动12mm继续绘一个半径为5的圆，使用【直线】工具＼，绘制两条直线并跟绘制的两圆相切，剪裁后得到如图3-65所示的草图。

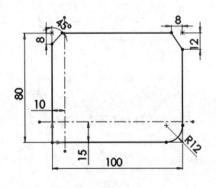

图3-64　绘制中心线

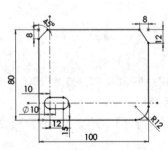

图3-65　绘制阵列的几何实体

06_ 利用【线性阵列】工具，将X轴间距值设定为30mm，实例数设为3；Y轴间距值设定为18mm，实例数设为4；激活【要阵列的实体】选择框，再在图形区中选择要阵列的实体；最后单击【确定】按钮✔，完成线性阵列，如图3-66所示。

07_ 添加尺寸约束，得到如图3-67所示的完全定义的草图。

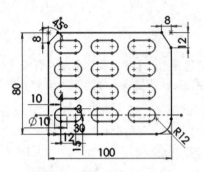

图3-66　线性阵列几何实体

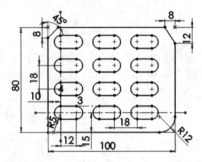

图3-67　添加尺寸约束

2. 圆周阵列

使用【圆周阵列】工具进行圆周阵列的操作，如图3-68所示。

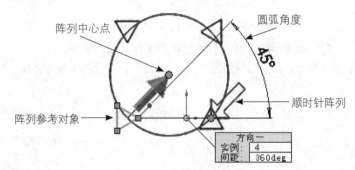

图3-68　圆周阵列对象

📁 动手操作——绘制法兰草图

要绘制的法兰草图如图3-69所示。

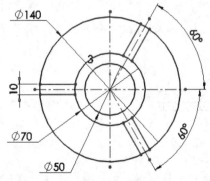

图3-69　法兰草图

01_ 新建零件文件。选择前视视图作为草绘平面，并进入草图模式中。

02_ 使用【中心线】工具在图形区中绘制中心线，如图3-70所示。

03_ 使用【圆】工具，在定位基准线中绘制直径为140的圆，如图3-71所示。

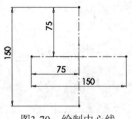

图3-70　绘制中心线

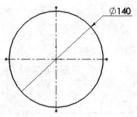

图3-71　绘制圆

04_ 在【草图】选项卡单击【等距实体】按钮┖，属性管理器显示【等距实体】属性面板。在面板中输入等距距离为 "35mm"，并勾选【反向】复选框。然后在图形区选择圆作为等距参考，程序自动创建出偏距为35的圆，如图3-72所示。

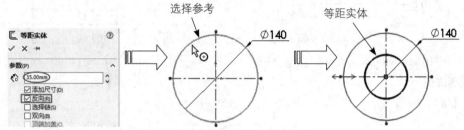

图3-72　设置等距参数并绘制等距实体

05_ 单击【等距实体】属性面板中的【确定】按钮 ✅，关闭面板。

06_ 同理，选择大圆作为参考，绘制出等距距离为 "45mm"，且反向的等距实体，如图3-73所示。

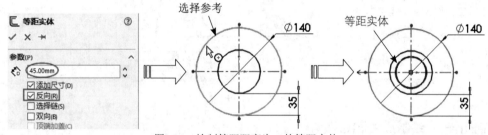

图3-73　绘制等距距离为45的等距实体

07_ 使用【等距实体】工具，选择水平中心线作为等距参考，绘制出偏距为5的正、反方向的等距实体，如图3-74所示。

08_ 使用【剪裁实体】工具，修剪上步骤绘制的水平等距实体，如图3-75所示。

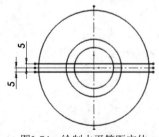

图3-74　绘制水平等距实体

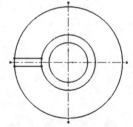

图3-75　修剪等距实体

09_ 在【草图】选项卡中单击【圆周阵列】按钮，属性管理器显示【圆周阵列】属性面板。在图形区中选择基准中心点作为圆周阵列的中心，如图3-76所示。

10_ 回到面板中设置阵列的数量为3，并激活【要阵列的实体】列表。然后再在图形区中选择修剪的水平等距实体作为阵列对象，随后自动显示阵列的预览，如图3-77所示。

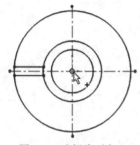

图3-76 选择阵列中心 　　　　　　　　　图3-77 设置阵列参数

11 单击【圆周阵列】属性面板中的【确定】按钮 ✓ ，关闭面板并完成操作。

12 至此，法兰草图绘制完成，结果如图3-78所示。

图3-78 完成的图形

3.3 由实体和曲面转换草图

用户可以将草图环境外的实体和曲面通过投影、相交而形成的曲线转换成当前草图曲线。

3.3.1 转换实体引用

通过投影一边线、环、面、曲线、外部草图轮廓线、一组边线或一组草图曲线到草图基准面上，以在草图中生成一条或多条曲线。

★ 动手操作——转换实体引用

01 打开本例的源文件"模型.sldprt"。

02 选择模型上的一个面作为草图平面，然后执行命令菜单中的【草图绘制】命令进入草图环境，如图3-79所示。

03 单击【转换实体引用】按钮 🗊 ，弹出【转换实体引用】属性面板。

04 选取模型上表面作为要转换的对象，再单击【确定】按钮完成转换，如图3-80所示。

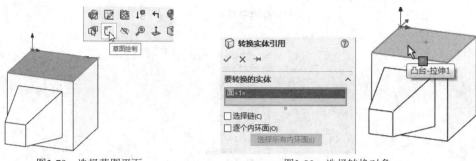

图3-79　选择草图平面　　　　　　　　　　图3-80　选择转换对象

05__ 退出草图环境。然后单击【拉伸凸台/基体】按钮 🖼️，打开【拉伸凸台/基体】属性面板。

06__ 选择转换实体引用的草图作为拉伸轮廓，然后设置拉伸参数及选项，如图3-81所示。最后单击【确定】按钮 ✔️ 完成特征的创建。

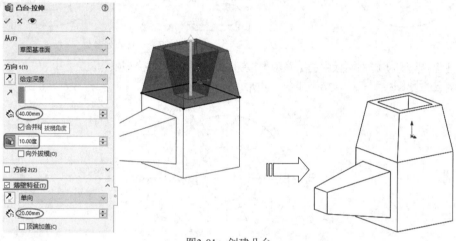

图3-81　创建凸台

3.3.2　侧影实体

"侧影实体"是通过投影已有实体的最大外形轮廓得到草图。在【特征】选项卡中单击【侧影实体】按钮 🖼️，弹出【侧影实体】属性面板。选择要投影轮廓的实体后，单击【确定】按钮 ✔️，完成投影曲线的创建，如图3-82所示。

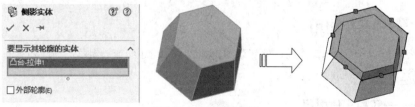

图3-82　创建侧影曲线

3.3.3　交叉曲线

"交叉曲线"是通过两组对象相交而产生的相交线。两组对象可以是以下任一情形。

● 基准面和曲面或模型面。
● 两个曲面。
● 曲面和模型面。

● 基准面和整个零件。

● 曲面和整个零件。

交叉曲线可以用来测量产品不同截面处的厚度；可以作为零件表面上的扫掠路径；还可以从输入实体得出剖面以生成参数零件。

单击【交叉曲线】按钮 ⬚，弹出【交叉曲线】属性面板，如图3-83所示。

图3-83 【交叉曲线】属性面板

只需要选择已有实体（或曲面）对象和其相交的曲面（或平面），就可以创建交叉曲线，如图3-84所示。

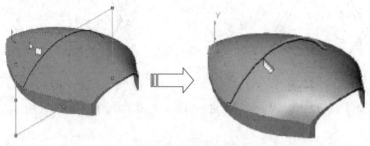

图3-84 创建交叉曲线

3.4 综合实战

下面介绍两个草图绘制案例，从中学习到草图曲线的绘制技巧。

3.4.1 案例一：绘制花坛轮廓草图

利用相关的草图曲线绘制命令和草图编辑、变换操作指令来完成如图3-85所示的花坛轮廓草图。

01 启动SolidWorks，新建零件文件。

02 在【草图】选项卡中单击【草图绘制】按钮 ⬚，选择上视基准面作为绘图平面并进入草图环境。

03 单击【多边形】按钮 ⬚，选取坐标原点作为多边形内接圆的圆心，然后绘制正六边形，设置其边长为20，为正六边形的上边添加"水平"几何关系，如图3-86所示。

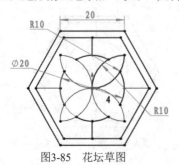

图3-85 花坛草图

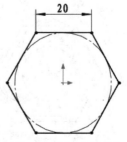

图3-86 绘制正六边形

04_ 单击【等距实体】按钮 ⁊，在弹出的【等距实体】属性面板中设置等距距离为"2mm"，勾选【反向】选项，选取正六边形进行等距偏移，如图3-87所示。

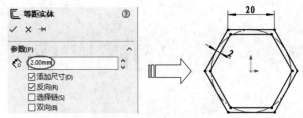

图3-87　绘制等距实体

05_ 单击【圆】按钮 ⊙·，弹出【圆】属性面板。在原点位置绘制直径为20的圆，如图3-88所示。

06_ 单击【直线】按钮 ⁄·，捕捉正六边形的上边、下边的中点来绘制直线，然后再绘制连接左右顶点的直线，结果如图3-89所示。

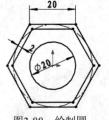

图3-88　绘制圆

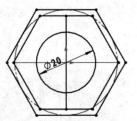

图3-89　绘制两条直线

07_ 单击【剪裁实体】按钮 ✄·，对多余线条进行修剪，剪裁后的图形如图3-90所示。

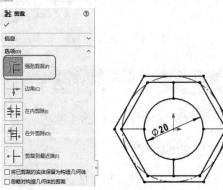

图3-90　修剪直线段

08_ 单击【圆】按钮 ⊙·，以⌀20的圆和水平或竖直直线的交点分别绘制直径为20的两个圆，如图3-91所示。

09_ 再使用【剪裁实体】工具 ✄·，修剪多余线条，修剪后的结果如图3-92所示。

图3-91　绘制两个圆

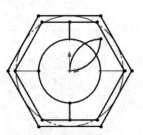

图3-92　修剪多余线条

10_ 单击【圆周阵列】按钮🔘，选取修剪图形后的两段圆弧作为要阵列的对象，再选取原点作为阵列中心，设置阵列数量为4，输入阵列半径为"10mm"，并勾选【等间距】选项，最后单击【确定】按钮✔完成圆周阵列，如图3-93所示。

11_ 使用【剪裁实体】工具，删除多余线条，完成花坛草图的绘制，如图3-94所示。

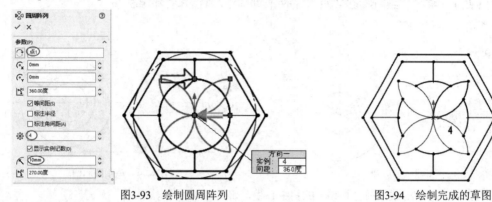

图3-93　绘制圆周阵列　　　　　　　图3-94　绘制完成的草图

3.4.2　案例二：绘制摇柄草图

摇柄的草图绘制过程与花坛草图的绘制过程是相同的，操作步骤如下。

01_ 新建零件文件，再选择前视基准平面作为草图平面进入草绘环境。

02_ 利用【中心线】工具，绘制零件草图的定位中心线，如图3-95所示。

图3-95　绘制草图中心线

03_ 单击【圆】按钮⊙，绘制直径为19的圆，如图3-96所示。

图3-96　绘制圆

04_ 单击【缩放实体比例】命令，属性管理器显示【比例】属性面板。选择直径为19的圆进行缩放，缩放点在圆心，缩放比例为0.7。创建缩放后的圆如图3-97所示。

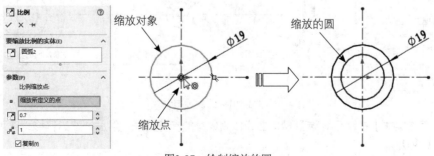

图3-97　绘制缩放的圆

技术要点 在【比例】属性面板中须勾选【复制】选项，才能创建比例缩小的圆。

05__ 同理，再利用【缩放实体比例】工具，绘制缩放比例为1.6的圆，结果如图3-98所示。

06__ 利用【圆】工具⊙，绘制如图3-99所示的两个同心圆（直径分别为9和5）。

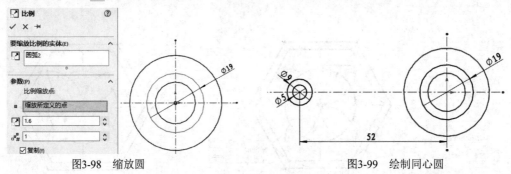

图3-98　缩放圆　　　　　　　　　　　　　图3-99　绘制同心圆

07__ 绘制两条与水平中心线呈98°和13°的斜中心线，如图3-100所示。

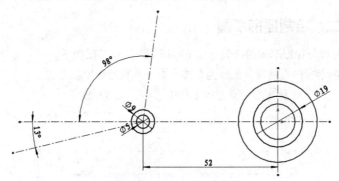

图3-100　绘制斜中心线

08__ 单击【中心点圆弧槽口】按钮◎◎，选择两个小同心圆的圆心为中心点，然后确定槽口的起点和终点（在斜中心线上）后，单击【槽口】属性面板中的【确定】按钮✔完成绘制，如图3-101所示。

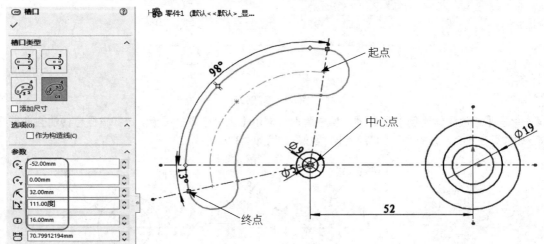

图3-101　绘制槽口

09__ 单击【等距实体】按钮⊏，选择槽口曲线作为偏移的参考曲线，然后创建出偏移距离为3的等距实体，如图3-102所示。

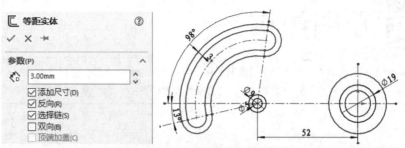

图3-102　绘制等距实体

10_ 利用【3点圆弧】工具 ，绘制连接槽口曲线与圆（缩放1.6倍的圆）的圆弧，然后对其进行"相切"约束，如图3-103所示。

> **技术要点**　约束圆弧前，必须对先前绘制的草图完全定义，要么是尺寸约束，要么是"固定"几何约束。否则会使先前绘制的圆及槽口曲线产生平移。

11_ 利用【圆】工具 ⊙ 绘制一个半径为8且与大圆相切的圆，并将其进行精确定位，如图3-104所示。

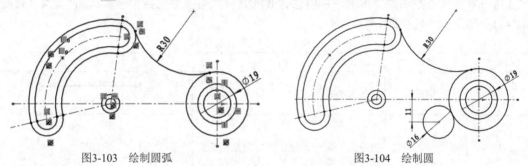

图3-103　绘制圆弧　　　　　　　　　　　　图3-104　绘制圆

12_ 利用【直线】工具 ✎，绘制与槽口曲线和上步骤的圆分别相切的直线，如图3-105所示。

13_ 最后利用【剪裁实体】工具 ✄ 修剪图形，结果如图3-106所示。

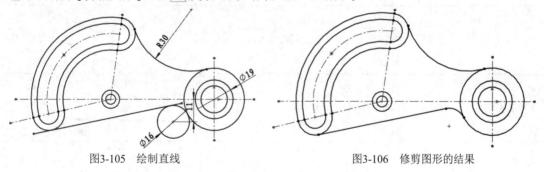

图3-105　绘制直线　　　　　　　　　　　　图3-106　修剪图形的结果

施加草图约束是为了限制草图图元在平面中的自由度。可以施加尺寸约束或几何约束将未定义的草图完全定义。本章将主要介绍2D草图的几何约束和其他辅助草图绘制功能。

4.1 草图几何约束

草图几何约束是草图图元之间或与基准面、基准轴、边线或顶点之间存在的一种位置几何关系，可以自动或手动添加几何约束关系。

4.1.1 几何约束类型

几何约束其实也是草图捕捉的一种特殊方式。几何约束类型包括推理和添加。表4-1列出了SolidWorks草图模式中所有的几何关系。

表4-1 草图几何关系

几何关系	类型	说明	图解
水平	推理	绘制水平线	
垂直	推理	按垂直于第一条直线的方向绘制第二条直线。草图工具处于激活状态，因此草图捕捉中点显示在直线上	
平行	推理	按平行几何关系绘制两条直线	
水平和相切	推理	添加切线弧到水平线	
水平和重合	推理	绘制第二个圆。草图工具处于激活状态，因此草图捕捉的象限显示在第二个圆弧上	
竖直、水平、相交和相切	推理和添加	按中心推理到草图原点绘制圆（竖直），水平线与圆的象限相交，添加相切几何关系	

续　表

几何关系	类型	说明	图解
水平、竖直和相等	推理和添加	推理水平和竖直几何关系，添加相等几何关系	
同心	添加	添加同心几何关系	

推理类型的几何约束仅在绘制草图的过程中自动出现。而添加类型的几何约束则需要用户手动添加。

技术要点　推理类型的几何约束，仅在【系统选项】的【草图】选项设置中【自动几何关系】选项被勾选的情况下才显示。

4.1.2　添加几何关系

一般用户在绘制草图过程中，程序会自动添加其几何约束关系。但是当【自动添加几何关系】的选项（系统选项）未被设置时，就需要用户手动添加几何约束关系。

在命令管理器的【草图】选项卡上单击【添加几何关系】按钮 ⊥，属性管理器将显示【添加几何关系】属性面板，如图4-1所示。当选择要添加几何关系的草图曲线后，【添加几何关系】选项区将显示几何关系选项，如图4-2所示。

图4-1　【添加几何关系】属性面板　　　　图4-2　选择草图后显示几何关系选项

根据所选的草图曲线不同，则【添加几何关系】属性面板中的几何关系选项也会不同。表4-2说明了用户可为几何关系选择的草图曲线以及所产生的几何关系的特点。

表4-2　选择草图曲线所产生的几何关系及特点

几何关系	图标	要选择的草图	所产生的几何关系
水平或竖直	— 丨	一条或多条直线，两个或多个点	直线会变成水平或竖直（由当前草图的空间定义），而点会水平或竖直对齐

几何关系	图标	要选择的草图	所产生的几何关系
共线		两条或多条直线	项目位于同一条无限长的直线上
全等		两个或多个圆弧	项目会共用相同的圆心和半径
垂直		两条直线	两条直线相互垂直
平行		两条或多条直线，3D草图中一条直线和一基准面	项目相互平行，直线平行于所选基准面
沿X		3D草图中一条直线和一基准面（或平面）	直线相对于所选基准面与YZ基准面平行
沿Y		3D草图中一条直线和一基准面（或平面）	直线相对于所选基准面与ZX基准面平行
沿Z		3D草图中一条直线和一基准面（或平面）	直线与所选基准面的面正交
相切		一圆弧、椭圆或样条曲线，以及一直线或圆弧	两个项目保持相切
同轴心		两个或多个圆弧，一个点和一个圆弧	圆弧共用同一圆心
中点		两条直线或一个点和一直线	点保持位于线段的中点
交叉		两条直线和一个点	点位于直线、圆弧或椭圆上
重合		一个点和一直线、圆弧或椭圆	点位于直线、圆弧或椭圆上
相等		两条或多条直线，两个或多个圆弧	直线长度或圆弧半径保持相等
对称		一条中心线和两个点、直线、圆弧或椭圆	项目保持与中心线相等距离，并位于一条与中心线垂直的直线上
固定		任何实体	草图曲线的大小和位置被固定。然而，固定直线的端点可以自由地沿其下无限长的直线移动。

技术要点　　在表4-2中，3D草图中的整体轴的几何关系称为"**沿X**""**沿Y**"及"**沿Z**"。而在2D草图中则称为"**水平**""**竖直**"和"**法向**"。

4.1.3　显示/删除几何关系

　　用户可以使用【显示/删除几何关系】工具将草图中的几何约束保留或者删除。在命令管理器的【草图】选项卡上单击【显示/删除几何关系】按钮，属性管理器将显示【显示/删除几何关系】属性面板，如图4-3所示。面板中的【实体】选项区如图4-4所示。

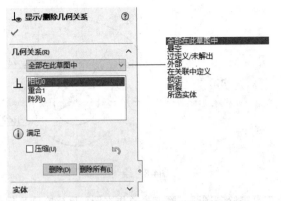

图4-3 【显示/删除几何关系】属性面板　　　　图4-4 【实体】选项区

动手操作——几何约束在草图中的应用

转轮架草图的绘制方法与手柄支架草图的绘制方法是完全相同的。初学者绘制草图，不知道该从何处着手，感觉从任何位置都可以操作。其实草图绘制与特征建模相似，都需要从确立基准开始。

本例的转轮架草图如图4-5所示。

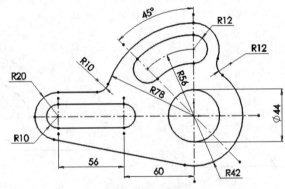

图4-5 转轮架草图

01＿ 新建零件，选择前视视图作为草图平面，并进入草图环境。

01＿ 使用【中心线】工具，在图形区中绘制草图的定位中心线，如图4-6所示。

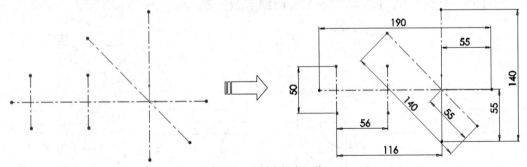

图4-6 绘制定位中心线

02＿ 中心线绘制后将其全部固定。使用【圆】工具，绘制如图4-7所示的圆。

03＿ 使用【圆心/起/终点画弧】工具，绘制如图4-8所示的圆弧。

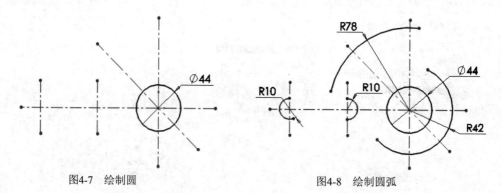

图4-7 绘制圆　　　　　　　　　　图4-8 绘制圆弧

技术
要点　　对于使用【圆心/起/终点画弧】工具来绘制圆弧，顺序是首先在图形区确定圆弧起点，然后输入圆弧半径，最后才画弧。

04__ 使用【直线】工具，绘制两条水平直线，且添加几何约束使水平直线与相接的圆弧相切，如图4-9所示。

05__ 使用【等距实体】工具，选择如图4-10所示的圆弧，分别绘制出偏移距离为10、22和34的，且反向的等距实体。

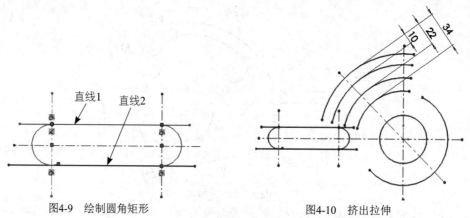

图4-9 绘制圆角矩形　　　　　　图4-10 挤出拉伸

06__ 为了便于操作，使用【裁减实体】工具将图形进行部分修剪，如图4-11所示。

07__ 使用【圆心/起/终点画弧】工具，绘制如图4-12所示的圆弧。

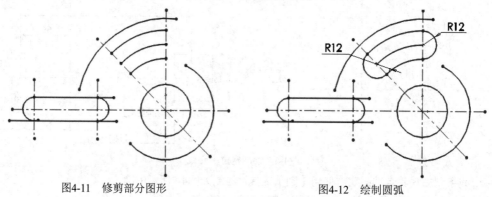

图4-11 修剪部分图形　　　　　　图4-12 绘制圆弧

08__ 使用【等距实体】工具，在草图中绘制等距实体，如图4-13所示。

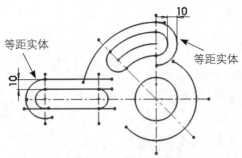

图4-13　绘制等距实体

09＿ 使用【直线】工具，绘制一条斜线。添加几何关系使该斜线与相邻圆弧相切，如图4-14所示。

10＿ 使用【圆角】工具，在草图中分别绘制半径为12和10的两个圆弧，如图4-15所示。

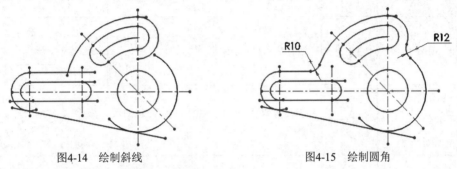

图4-14　绘制斜线　　　　　　　　　　　　图4-15　绘制圆角

11＿ 使用【裁剪实体】工具，将草图中多余图线修剪。

12＿ 为绘制的草图进行尺寸约束，如图4-16所示。至此，转轮架草图绘制完成。

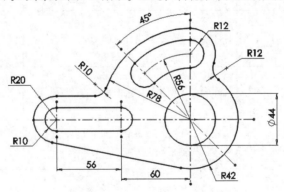

图4-16　绘制完成的转轮架草图

13＿ 最后在【标准】选项卡中单击【保存】按钮，将结果保存。

4.2　草图尺寸约束

　　"尺寸约束"就是创建草图的尺寸标注，使草图满足设计者的要求并让草图固定。SolidWorks尺寸约束共有6种，在【草图】选项卡就包含了这6种尺寸约束类型，如图4-17所示。

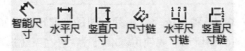

图4-17　6种草图尺寸约束类型

4.2.1 尺寸约束类型

SolidWorks向用户提供了6种尺寸约束类型：智能尺寸、水平尺寸、竖直尺寸、尺寸链、水平尺寸链和竖直尺寸链。其中智能尺寸类型也包含了水平尺寸类型和竖直尺寸类型。

"智能尺寸"是程序自动判断选择对象并进行对应的尺寸标注。这种类型的优点，是标注灵活，由一个对象可标注出多个尺寸约束。但由于此类型几乎包含了所有的尺寸标注类型，所以针对性不强，有时也会产生不便。

表4-3中列出了SolidWorks的所有尺寸标注类型。

表4-3　尺寸标注类型

尺寸标注类型		图标	说　明	图　解
竖直尺寸链			竖直标注的尺寸链组	
水平尺寸链			水平标注的尺寸链组	
尺寸链			从工程图或草图中的零坐标开始测量的尺寸链组	
竖直尺寸			标注的尺寸总是与坐标系的Y轴平行	
水平尺寸			标注的尺寸总是与坐标系的X轴平行	
智能尺寸	平行尺寸		标注的尺寸总是与所选对象平行	
	角度尺寸		指定以线性尺寸（非径向）标注直径尺寸，且与轴平行	
	直径尺寸		标注圆或圆弧的直径尺寸	
	半径尺寸		标注圆或圆弧的半径尺寸	
	弧长尺寸		标圆弧的弧长尺寸。标注方法是先选择圆弧，然后依次选择圆弧的两个端点	

技术要点　尺寸链有两种方式。一种是链尺寸，另一种是基准尺寸。基准尺寸主要用来标注孔在模型中的具体位置，如图4-18所示。要使用基准尺寸，可在系统选项设置的【文档属性】标签下【尺寸链】选项中的【尺寸标注方法】选项组中单击【基准尺寸】单选按钮即可。

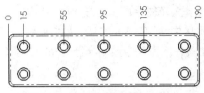

图4-18　基于孔的基准尺寸标注

4.2.2　尺寸修改

当尺寸不符合设计要求时，就需要重新修改。尺寸的修改可以通过【尺寸】属性面板修改，也可以通过【修改】对话框来修改。

在草图中双击标注的尺寸，程序将弹出【修改】对话框，如图4-19所示。

要修改尺寸数值，可以直接输入数值；可以单击微调按钮 ；可以单击微型旋轮；还可以在图形区滚动鼠标滚轮。

默认情况下，除直接输入尺寸值外，其他几种修改方法都是以10的增量在增加或减少尺寸值。用户可以单击【重设增量值】按钮 ，在随后弹出的【增量】对话框中设置自定义的尺寸增量值，如图4-20所示。

修改增量值后，勾选【增量】对话框中的【成为默认值】选项，新设定的值就成为以后的默认增量值。

图4-19　【修改】对话框

图4-20　【增量】对话框

▣ 动手操作——尺寸约束在草图中的应用

在绘制图形过程中，会使用直线、中心线、圆、圆弧、等距实体、移动实体、剪裁实体、几何约束、尺寸约束等工具来完成草图。手柄支架草图如图4-21所示。

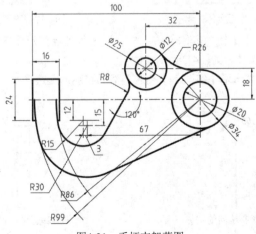

图4-21　手柄支架草图

01_ 新建零件，选择前视基准平面作为草图平面，并进入草图环境。

02_ 使用【中心线】工具，在图形区中绘制如图4-22所示的中心线。

03_ 使用【圆心/起/终点画弧】工具在图形区中绘制半径为56的圆弧，并将此圆弧设为"构造线"，如图4-23所示。

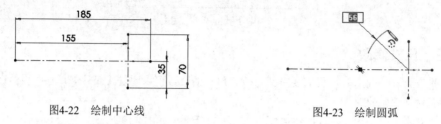

图4-22　绘制中心线　　　　　　　　　　图4-23　绘制圆弧

技术
要点　　　　将圆弧设为"构造线"，是因为圆弧将作为定位线而存在。

04_ 使用【直线】工具，绘制一条与圆弧相交的构造线，如图4-24所示。

05_ 使用【圆】工具在图形区中绘制4个直径分别为52、30、34、16的圆，如图4-25所示。

图4-24　绘制构造直线　　　　　　　　　图4-25　绘制4个圆

06_ 使用【等距实体】工具，选择竖直中心线作为等距参考，绘制出两条偏移距离为150和126的等距实体，如图4-26所示。

07_ 使用【直线】工具绘制出如图4-27所示的水平直线。

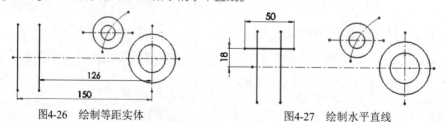

图4-26　绘制等距实体　　　　　　　　　图4-27　绘制水平直线

08_ 在【草图】选项卡中单击【镜向实体】按钮，属性管理器显示【镜向实体】属性面板。按信息提示在图形区选择要镜向的实体，如图4-28所示。

09_ 勾选【复制】复选框，并激活【镜向点】列表，然后在图形区选择水平中心线作为镜向中心，如图4-29所示。

图4-28　选择要镜向的实体　　　　　　　图4-29　选择镜向中心线

10__ 最后单击【确定】按钮 ✅，完成镜向操作，如图4-30所示。

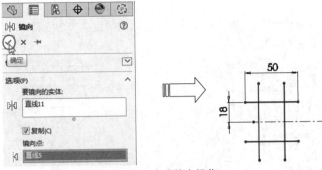

图4-30 完成镜向操作

11__ 使用【圆心/起/终点】工具在图形区绘制两条半径分别为148和128的圆弧，如图4-31所示。

> **技术要点** 如果绘制的圆弧不是用户希望的圆弧，而是圆弧的补弧。那么在确定圆弧的终点时可以顺时针或逆时针调整需要的圆弧。

12__ 使用【直线】工具，绘制两条水平短直线，如图4-32所示。

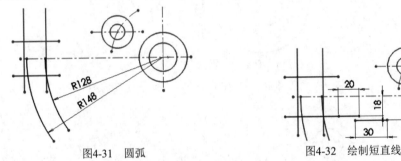

图4-31 圆弧

图4-32 绘制短直线

13__ 使用【添加几何关系】工具，将前面绘制的所有图线固定。

14__ 使用【圆心/起/终点】工具在图形区中绘制半径为22的圆弧，如图4-33所示。

15__ 使用【添加几何关系】工具，选择如图4-34所示的两段圆弧，并将其几何约束为【相切】。

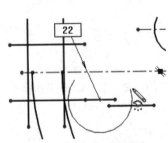

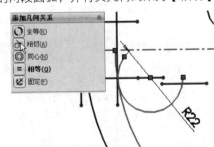

图4-33 绘制半径为22的圆弧

图4-34 相切约束两圆弧

16__ 同理，再绘制半径为43的圆弧，并添加几何约束将其与另一圆弧相切，如图4-35所示。

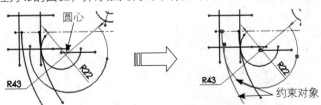

图4-35 绘制圆弧并添加几何约束

17— 使用【直线】工具，绘制一直线构造线，使之与半径为22的圆弧相切，并与水平中心线平行，如图4-36所示。

18— 使用【直线】工具再绘制直线，使该直线与上步骤绘制的直线构造线呈60°。添加几何关系使其相切于半径为22的圆弧，如图4-37所示。

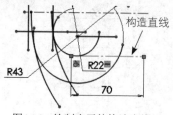

图4-36 绘制水平的构造直线

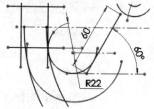

图4-37 绘制角度直线

19— 使用【裁减实体】工具，先将图形作处理，结果如图4-38所示。

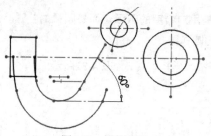

图4-38 修剪图形

20— 使用【直线】工具，绘制一条角度直线，并添加几何约束关系使其与另一圆弧和圆相切，如图4-39所示。

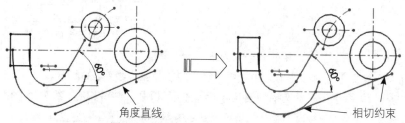

图4-39 绘制与圆、圆弧都相切的直线

21— 使用【3点圆弧】工具，在两个圆之间绘制半径为40的连接圆弧，并添加几何约束关系使其与两个圆都相切，如图4-40所示。

技术要点 绘制圆弧时，圆弧的起点与终点不要与其他图线中的顶点、交叉点或中点重合，否则无法添加新的几何关系。

22— 同理，在图形区另一位置绘制半径为12的圆弧，添加几何约束关系使其与角度直线和圆都相切，如图4-41所示。

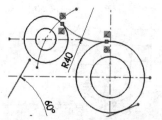

图4-40 绘制与两圆都相切的圆弧

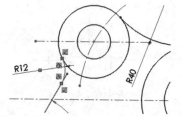

图4-41 绘制与圆、直线都相切的圆弧

23＿使用【圆弧】工具，以基准线中心为圆弧中心，绘制半径为80的圆弧，如图4-42所示。

24＿使用【剪裁实体】工具，将草图中多余的图线全部修剪，完成结果如图4-43所示。

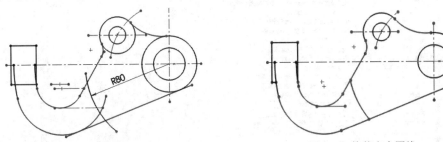

图4-42　绘制半径为80的圆弧　　　　　　　　图4-43　修剪多余图线

25＿使用【显示/删除几何关系】工具，删除除中心线外的其余草图图线的几何关系。然后对草图进行尺寸标注，完成结果如图4-44所示。

26＿至此，手柄支架草图已绘制完成。最后在【标准】选项卡中单击【保存】按钮，将草图保存。

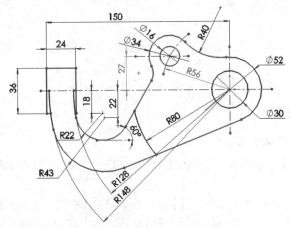

图4-44　绘制完成的手柄支架草图

4.3　插入尺寸

在绘制草图过程中，可以即时插入尺寸并添加尺寸，提高工作效率。

4.3.1　草图数字输入

在旧版本中绘制草图的过程是，先利用绘图命令绘制草图曲线，然后进行尺寸标注，既费时又麻烦。通过草图数字的尺寸输入方法可以达到快速制图的目的。

要想运用此功能，可以在【系统选项】对话框中【草图】选项页面中勾选【在生成实体时启用荧屏上数字输入】复选框即可，如图4-45所示。

4.3.2　添加尺寸

在绘制草图过程中，添加实时尺寸标注，避免草图绘制后才进行尺寸标注。而添加的尺寸是驱动尺寸，可以编辑。【添加尺寸】命令需要用户自定义添加，默认界面中没有此命令。

　　　【添加尺寸】功能仅当启用了【草图数字输入】功能后才可用，且仅仅针对于单一草图曲线使用。

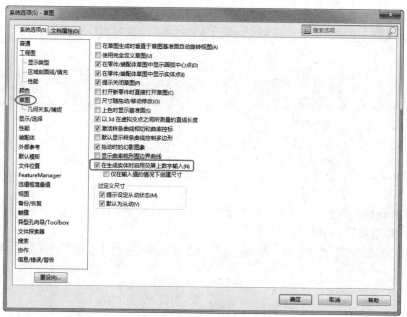

图4-45　启用数字输入功能

下面用一个草图绘制案例来说明草图数字输入和添加尺寸的用法。

动手操作——绘制扳手草图

要绘制的扳手草图如图4-46所示。

01__ 新建文件。在【草图】选项卡单击【草图绘制】按钮▢·，选择前视基准面作为草图平面，进入草图环境。

02__ 先开启草图数字输入功能，单击【多边形】按钮⊙，打开【多边形】属性面板。

03__ 在面板中设置边数为6，内切圆直径暂时保留默认，然后在中心位置绘制正六边形，如图4-47所示。

> **技术要点**　由于多边形不是单一草图曲线，所以不能使用【添加尺寸】功能，其尺寸是由属性面板或后期标注的【智能尺寸】控制的。

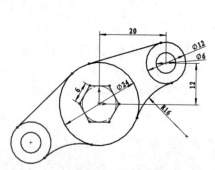

图4-46　扳手草图

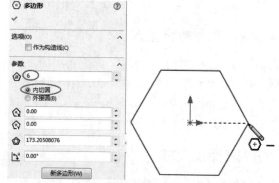

图4-47　绘制正六边形

04__ 使用【智能尺寸】标注正六边形的一条边，修改长度为6，如图4-48所示。

05__ 单击【圆】按钮⊙·，再单击【添加尺寸】按钮✎，然后绘制直径为24，且与正六边形同心的圆，如图4-49所示。

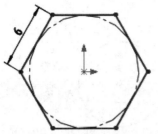

图4-48 重新标注、修改尺寸

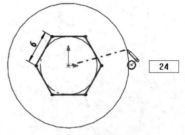

图4-49 绘制圆

06__ 继续绘制直径为12和直径为6的两个同心圆，如图4-50所示。

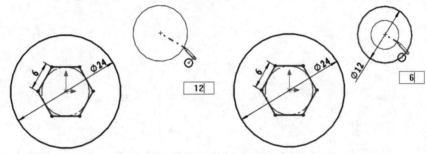

图4-50 绘制同心圆

07__ 使用【智能尺寸】工具，为同心圆标注定位尺寸，如图4-51所示。

08__ 使用【3点圆弧】工具，绘制一条斜线和圆弧，如图4-52所示。

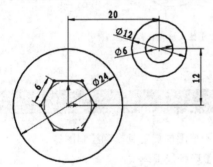

图4-51 定位同心圆

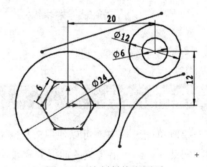

图4-52 绘制斜线和圆弧

09__ 使用【添加几何关系】工具，然后为斜线和圆添加相切约束，如图4-53所示。

10__ 同理，为圆弧和圆添加相切约束，并标注圆弧半径，如图4-54所示。

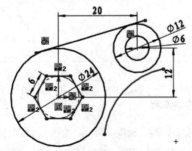

图4-53 为斜线和圆添加相切约束

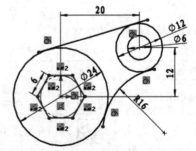

图4-54 为圆弧和圆添加相切约束

11__ 剪裁实体，结果如图4-55所示。

12__ 使用【中心线】工具，过原点绘制一条斜线，与水平方向夹角角度为120°，如图4-56所示。

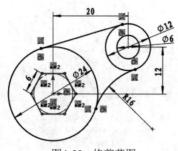

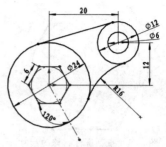

图4-55　修剪草图　　　　　　　　　　　　　　　图4-56　绘制斜线

13 使用【镜向实体】工具，将两个同心圆、相切直线和相切圆弧镜向至斜线（中心线）的另一侧，如图4-57所示。

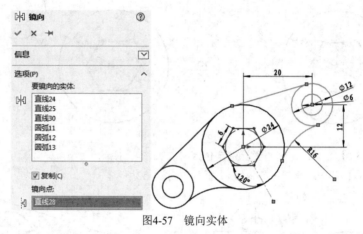

图4-57　镜向实体

14 至此，完成扳手草图的绘制。

4.4　草图捕捉工具

用户在绘制草图过程中，可以使用Solidworks提供的草图捕捉工具精确绘制图像。草图捕捉工具是绘制草图的辅助工具，包括【草图捕捉】和【快速捕捉】两种捕捉模式。

4.4.1　草图捕捉

"草图捕捉"就是在绘制草图过程中根据自动判断的约束进行画线。草图捕捉模式共有14种常见捕捉类型。

表4-4列出了14种常见的捕捉类型。

表4-4　常见的草图捕捉类型

草图捕捉	图标	说明
端点和草图点		捕捉直线、多边形、矩形、平行四边形、圆角、圆弧、抛物线、部分椭圆、样条曲线、点、倒角的端点
中心点		捕捉到以下草图实体的中心：圆、圆弧、圆角、抛物线及部分椭圆
中点		捕捉到直线、多边形、矩形、平行四边形、圆角、圆弧、抛物线、部分椭圆、样条曲线和中心线的中点
象限点		捕捉到圆、圆弧、圆角、抛物线、椭圆和部分椭圆的象限

续　表

草图捕捉	图标	说明
交叉点	 	捕捉到相交或交叉实体的交叉点
最近点		支持所有草图。单击【最近点】按钮，激活所有捕捉。光标不需要紧邻其他草图实体，即可显示推理点或捕捉到该点
正切		捕捉到圆、圆弧、圆角、抛物线、椭圆、部分椭圆和样条曲线的切线
垂直		将直线捕捉到另一直线
平行		给直线生成平行实体
水平/竖直线		竖直捕捉直线到现有水平草图直线，以及水平捕捉到现有竖直草图直线
与点水平/竖直	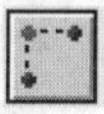	竖直或水平捕捉直线到现有草图点
长度		捕捉直线到网格线设定的增量，无须显示网格线
网格		捕捉草图实体到网格的水平和竖直分隔线。默认情况下，这是唯一未激活的草图捕捉
角度		捕捉到角度。要设定角度，执行【工具】|【选项】|【系统选项】|【草图】命令，然后选择【几何关系/捕捉】选项，然后设定【捕捉角度】的数值

4.4.2　快速捕捉

"快速捕捉"是草图过程中执行的单步草图捕捉。即用户执行草图实体绘制命令后，即可使用Soildworks提供的快速捕捉工具在另一草图中捕捉点。

要使用快速捕捉工具，用户可通过以下方式来选择工具。

● 在命令管理器的【草图】选项卡上选择快速捕捉工具。

● 在【快速捕捉】工具条上选择快速捕捉工具。

● 在激活的草图中，再执行另一草图命令，然后在图形区选择右键菜单中的【快速捕捉】命令。

● 在菜单栏执行【工具】|【几何关系】|【快速捕捉】|【点】命令或其他命令。

【快速捕捉】工具条如图4-58所示。该工具条中的捕捉工具与前面介绍的草图捕捉工具是相同的，这里不再赘述。

图4-58　【快速捕捉】工具条

> **技术要点**　无论是否通过【选项】进行捕捉选项设置，在绘制草图过程中仍然能够使用快速捕捉工具。

激活一草图（绘制的圆）后，再在【草图】选项卡单击【直线】按钮，接着在【快速捕捉】工具条中单击【相切捕捉】按钮，此时光标靠近圆即将绘制直线时，圆上显示一捕捉点，此点可以在圆上任意位置移动，同时光标变为。

将捕捉点作为直线起点后，【草图捕捉】工具条中其余灰显的捕捉命令全部亮显，用户可以再选择其他的捕捉工具（如单击【垂直捕捉】按钮），以确定直线的终点，如图4-59所示。

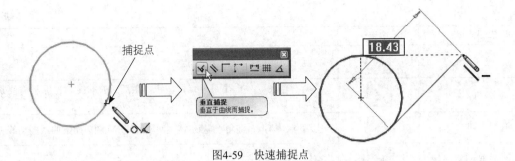

图4-59 快速捕捉点

4.5 完全定义草图

当草图或所选的草图曲线欠定义时，可使用【完全定义草图】工具来添加几何约束或尺寸约束。

在【尺寸/几何关系】工具条中单击【完全定义草图】按钮，或者在菜单栏中执行【工具】|【进行尺寸约束】|【完全定义草图】命令，属性管理器中将显示【完全定义草图】属性面板，如图4-60所示。

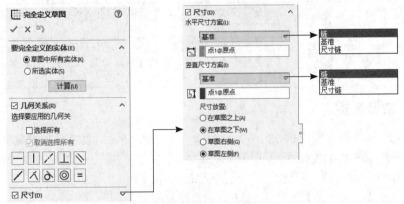

图4-60 【完全定义草图】属性面板

【完全定义草图】属性面板中各选项区选项及按钮命令的含义如下。

- 草图中所有实体：单选此按钮，将对草图中所有曲线几何，应用几何关系和尺寸的组合来完全定义。
- 所选实体：单选此按钮，仅对特定的草图曲线应用几何关系和尺寸。
- 计算：分析当前草图，以生成合理的几何关系和尺寸约束。
- 选择所有：勾选此复选框，在完全定义的草图中将包含所有的几何关系（【几何关系】选项区下方所有的几何关系图标被自动选中）。
- 取消选择所有：当勾选【选择所有】复选框后，此选项被激活。勾选【取消选择所有】复选框，用户可以根据实际情况自行选择几何关系来完全定义草图。
- 水平尺寸方案：提供水平进行尺寸约束的几种可选类型，包括基准、链和尺寸链，如图4-61所示。
- 水平尺寸基准点：激活此选项，可以添加或删除水平尺寸的标注基准。基准可以是点，也可以是边线（或曲线）。
- 竖直尺寸方案：提供水平进行尺寸约束的几种可选类型，包括基准、链和尺寸链。
- 竖直尺寸基准点：激活此选项，可以添加或删除竖直尺寸的基准。

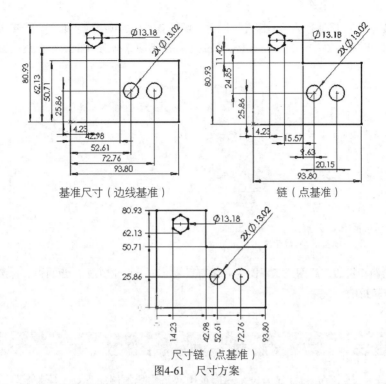

图4-61 尺寸方案

● 尺寸放置：尺寸在草图中的位置。完全定义草图提供了4种尺寸位置，如图4-62所示。

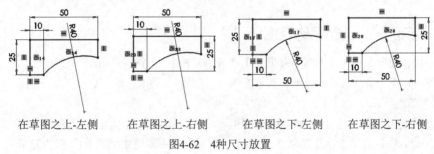

在草图之上-左侧　　在草图之上-右侧　　在草图之下-左侧　　在草图之下-右侧

图4-62 4种尺寸放置

4.6 爆炸草图

【爆炸草图】工具条中包括【布路线】和【转折线】两个工具。【布路线】工具用于创建装配工程图的爆炸草图（这里不作介绍）。【转折线】工具用于在零件、装配体及工程图文件的2D或3D草图中转折草图线。

2D草图中，在【爆炸草图】工具条单击【转折线】按钮 ⏚，属性管理器显示【转折线】属性面板，如图4-63所示。按照面板中提供的信息，在图形区中选择一条直线开始进行转折，然后拖动光标预览转折宽度和深度，再单击该直线，即可完成直线的转折，如图4-64所示。

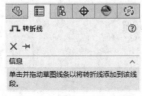

图4-63 【转折线】面板

在【转折线】属性面板没有关闭的情况下，用户可以继续转折直线或者插入多个转折。

对于3D草图，用户可以按Tab键来更改转折的基准面。不同基准面中的3D转折直线如图4-65所示。

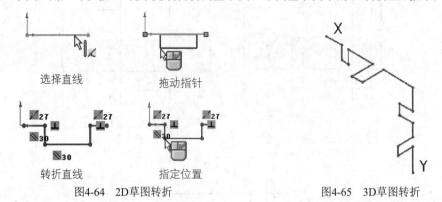

图4-64　2D草图转折　　　　　　　　　　　　　图4-65　3D草图转折

技术要点
要绘制转折线，草图或工程图中必须有直线。对于其他曲线如圆/圆弧、椭圆/弧、样条曲线等是不被转折的。

4.7 综合实战案例

本章学习了草图尺寸约束和几何约束，下面再用两个实战案例加强草图绘制训练，巩固草图绘制方法。

4.7.1 案例一：绘制吊钩草图

吊钩草图比较简单。使用【直线】【圆形】和【周边圆】工具就可以完成草图绘制，但在处理多余曲线时需要使用在下一章才讲解的【剪裁实体】工具，如图4-66所示。

01 新建零件文件。

02 在【草图】选项卡中单击【草图绘制】按钮，属性管理器将显示【编辑草图】属性面板，光标由箭头变为，图形区则显示程序默认的3个基准平面。在图形区中选择默认的XY基准面（前视基准面）作为草绘的平面，如图4-67所示。

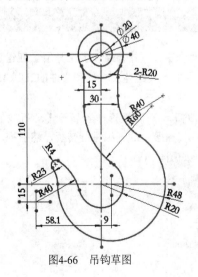

图4-66　吊钩草图

图4-67　选择基准平面

03_ 在【草图】选项卡中单击【中心线】按钮 ∕ ，属性管理器则显示【插入线条】属性面板。保留面板中默认的选项设置，在图形区绘制定位中心线，如图4-68所示。

04_ 在【草图】选项卡中单击【圆】按钮 ⊙ ，绘制已知圆，完成结果如图4-69所示。

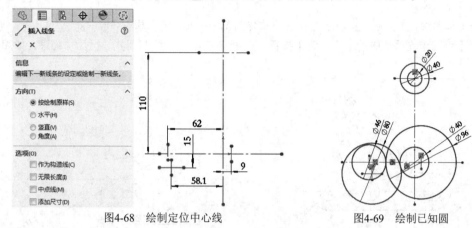

图4-68 绘制定位中心线   图4-69 绘制已知圆

05_ 在【草图】选项卡中单击【直线】按钮 ∕ ，绘制两条垂直直线，完成结果如图4-70所示。

06_ 选中所有草图，单击【添加几何关系】按钮 上 添加几何关系 ，弹出【添加几何关系】属性面板。在属性面板中单击【固定】按钮 ，将所有草图的位置固定好，草图中将显示固定符号，如图4-71所示。

图4-70 绘制两条垂直直线   图4-71 固定好的草图

07_ 在【草图】选项卡中单击【周边圆】按钮 ，绘制连接圆，完成结果如图4-72所示。

08_ 在【草图】选项卡中单击【剪切实体】按钮 ，将多余的线条剪掉，完成结果如图4-73所示。

09_ 在【草图】选项卡中单击【智能尺寸】按钮 ，对吊钩进行尺寸标注，完成结果如图4-74所示。

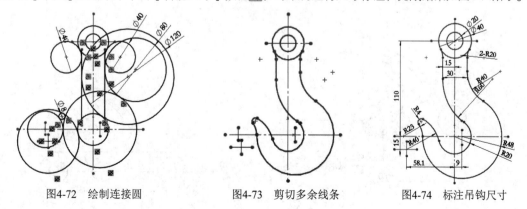

图4-72 绘制连接圆   图4-73 剪切多余线条   图4-74 标注吊钩尺寸

4.7.2 案例二：绘制转轮架草图

绘制如图4-75所示的转轮架草图。

01— 新建零件文件。

02— 单击【草图绘制】按钮□，选择前视基准面作为草图平面，进入草图环境中。

03— 选择【草图】选项卡中的【中心线】按钮✎，绘制中心线，绘制圆并进行尺寸约束，如图4-76图所示。

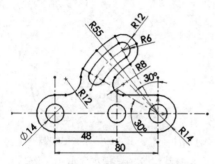

图4-75 转轮架草图

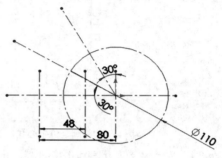

图4-76 绘制中心线

04— 绘制多个圆并进行尺寸约束，如图4-77所示。

05— 剪裁图形，得到如图4-78所示的结果。

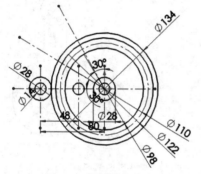

图4-77 绘制圆

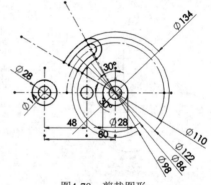

图4-78 剪裁图形

06— 镜向几何实体，如图4-79所示。

07— 绘制直线，剪裁图形，如图4-80所示。

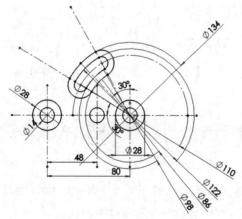

图4-79 镜向几何体

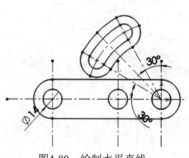

图4-80 绘制水平直线

08_ 绘制切线弧并添加几何约束，如图4-81所示。

09_ 进行尺寸约束，重新调整尺寸并给未完全约束的几何实体添加几何约束，如图4-82所示。

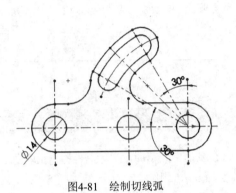

图4-81 绘制切线弧

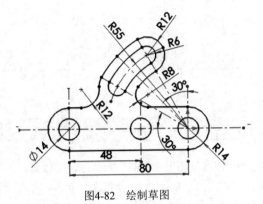

图4-82 绘制草图

第5章 3D草图与空间曲线

曲线是曲面建模的基础，曲面模型由曲线框架和多个曲面组合而成。本章所介绍的曲线属于空间曲线，包括3D草图和曲线工具所创建的曲线。接下来详细介绍3D草图、曲线的具体操作及编辑。

5.1 认识3D草图

3D草图就是不用选取面作为载体，可以直接在图形区绘制的空间草图，实际上也称作空间曲线。在绘制3D草图时，可以实时切换草图平面，将平面草图的绘制方法应用到3D空间中。如图5-1所示为利用【直线】工具在3个基准平面（前视基准面、右视基准面和上视基准面）绘制的空间连续直线。

在功能区【草图】命令选项卡中单击【3D草图】按钮 3D ，即可进入3D草图环境，并利用2D草图环境中的草图工具来绘制3D草图，如图5-2所示。

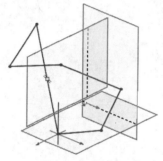

图5-1　3D草图

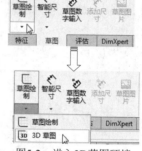

图5-2　进入3D草图环境

本节将主要讲解3D草图中常见的草图命令。

5.1.1 3D空间控标

在3D草图绘制中，图形空间控标可帮助用户在数个基准面上绘制时保持方位。在所选基准面上定义草图实体的第一个点时，空间控标就会出现。控标由两个相互垂直的轴构成，红色高亮显示，表示当前的草图平面。

在3D草图环境下，当用户执行绘图命令并定义草图第1个点后，图形区显示空间控标，且光标由箭头 ▷ 变为 ▷ₓ，如图5-3所示。

 技术要点　控标的作用除了显示当前所在草图平面，另一作用就是可以选择控标所在的轴线以便沿该轴线绘图，如图5-4所示。

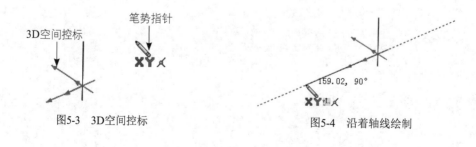

图5-3　3D空间控标　　　　　图5-4　沿着轴线绘制

还可以按键盘中的→、←、↑、↓键来自由旋转3D控标，但按住Shift键，再按→、←、↑、↓键，可以将控标旋转90°。

5.1.2　绘制3D直线

在3D草图环境下绘制直线，可以切换不同的草图基准面。在默认情况下，草绘平面为工作坐标系中的XY基准面。

在【草图】选项卡单击【直线】按钮 / ，属性管理器中显示【插入线条】属性面板，图形区会显示控标，且光标由箭头 ▷ 变为 ▷ XY /，如图5-5所示。

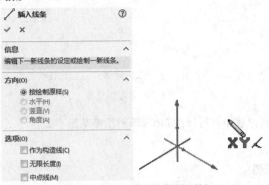

图5-5　【插入线条】属性面板

从面板中可以看出，【方向】选项区中有3个选项不可用，这3个选项主要用于2D草图直线的水平、竖直和角度约束。下面讲解3D直线的绘制方法。

1. 方法一：绘制单条直线

在默认的草绘平面上指定直线起点后，利用出现的空间控标来确定直线终点方位，然后拖动光标直至直线的终点，当完成第一段直线的绘制后，空间控标自行移动至该直线的终点，直线命令则仍然处于激活状态，按Esc键、双击或执行右键菜单中的【选择】命令，即可完成单条直线的绘制，如图5-6所示。

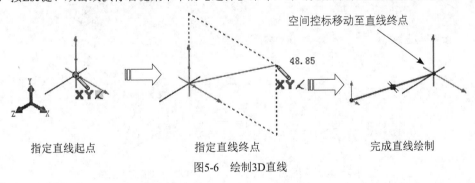

空间控标移动至直线终点

指定直线起点　　　　　　　指定直线终点　　　　　　完成直线绘制

图5-6　绘制3D直线

除了沿着控标轴线绘制延伸曲线，还能绘制45°角的延伸直线，如图5-7所示。

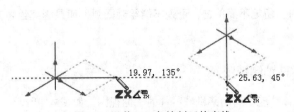

图5-7　沿着45°角绘制延伸直线

2. 方法二：绘制连续直线

当用户执行【直线】命令绘制第1条直线后，在直线命令仍然处于激活状态下，第1条直线的终点将作为连续直线的起点，再拖动光标在图形区中指定新的位置作为连续直线的终点，同理，空间控标将移动至新位置点上，如图5-8所示。

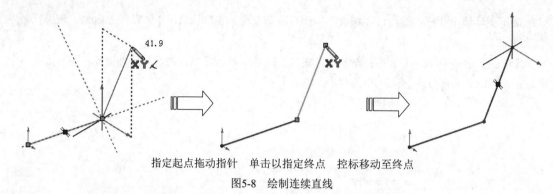

指定起点拖动指针　单击以指定终点　控标移动至终点

图5-8　绘制连续直线

技术要点　在绘制连续直线过程中，可以按Tab键即时切换草绘平面。

3. 方法三：绘制连续圆弧

在绘制直线后命令仍然在激活状态时，若拖动光标将绘制直线。要绘制连续圆弧，在绘制直线后（要绘制连续直线时），可将光标重新返回到起点（也是第1直线的终点），光标变为 时，再拖动光标即可绘制圆弧，如图5-9所示。

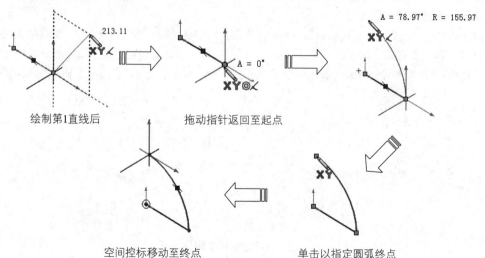

绘制第1直线后　　　　　　　拖动指针返回至起点

空间控标移动至终点　　　　单击以指定圆弧终点

图5-9　绘制连续圆弧

同理，要继续绘制连续圆弧，再按上述绘制圆弧的方法重新操作一次即可。

技术要点　在绘制圆弧时，切记不要单击，否则不能绘制圆弧，而是继续绘制直线。

✦ 动手操作——绘制零件轴侧视图

下面利用3D直线和圆弧功能，绘制某机械零件的轴侧视图，如图5-10所示。

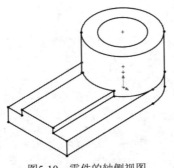

图5-10 零件的轴侧视图

01__ 进入3D草绘环境。

02__ 按Tab键将草图平面切换为ZX平面。然后单击【圆形】按钮 ⊙ ，在坐标系原点位置绘制直径为38的圆，如图5-11所示。

03__ 按Tab键将草图平面切换为XY平面。单击【直线】按钮 ／ ，绘制长度为30的直线（转换成构造线），如图5-12所示。

04__ 再切换草绘平面为ZX平面。同理，利用【圆】工具，以直线顶点为圆心，绘制两个同心圆，如图5-13所示。

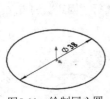

图5-11 绘制同心圆

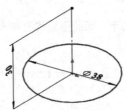

图5-12 绘制直线

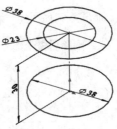

图5-13 绘制同心圆

 便于后续图形绘制过程中约束的需要，先将绘制的几个图形使用"固定"约束。

05__ 单击【3点边角矩形】按钮 ◇ ，任意绘制一个矩形，如图5-14所示。

06__ 将矩形的3边分别约束至直径为38的圆及圆心上，约束结果如图5-15所示。

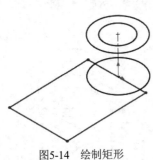

图5-14 绘制矩形

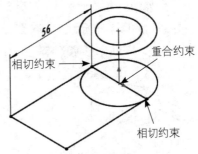

图5-15 约束矩形

 如果矩形的短边没有与圆心重合，那么需要添加"重合"约束，以此保证矩形的2个端点在直径为38的圆的象限点上。

07__ 按Ctrl键选取底部的矩形和圆，然后单击【复制实体】按钮 ⚏ ，打开【3D复制】属性面板，如图5-16所示。

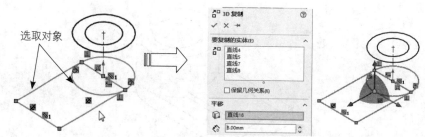

图5-16 选择要移动的对象

08__ 选择竖直的构造线作为移动参考，然后输入移动距离为8，再单击【确定】按钮✅完成3D复制，如图5-17所示。

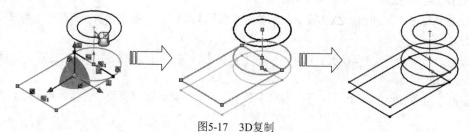

图5-17 3D复制

09__ 为了便于看清后面的一系列操作，先将部分不需要的草图曲线删除，如图5-18所示。

  删除后由于部分草图失去了约束，因此重新将没有约束的曲线进行"固定"约束。

10__ 切换草图平面至XY平面，利用【直线】工具，绘制如图5-19所示的两条竖直直线。

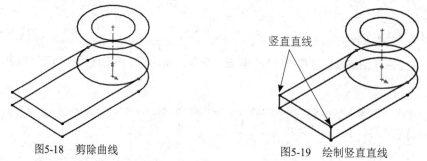

图5-18 剪除曲线   图5-19 绘制竖直直线

11__ 同理，再绘制出如图5-20所示的多条竖直直线和水平直线。

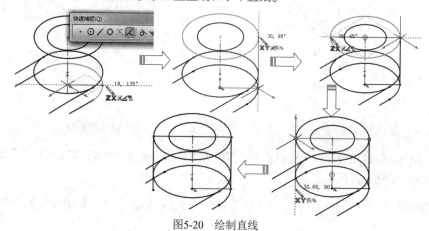

图5-20 绘制直线

在绘制过程中多利用【快速捕捉】工具条中的【最近端捕捉】工具进行点的捕捉，同时需要按Tab键不断切换草图平面。

12 再删减部分草图曲线，如图5-21所示。

13 利用【矩形】工具，切换草图平面为XY，绘制矩形，如图5-22所示。

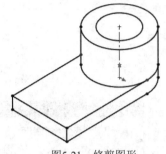

图5-21　修剪图形

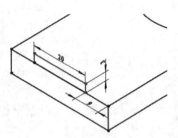

图5-22　绘制矩形

14 切换草图平面为ZX平面，然后绘制3条平行的直线，如图5-23所示。

15 再利用【复制实体】工具，复制一段圆弧，如图5-24所示。

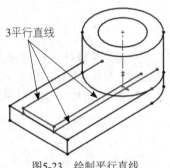

图5-23　绘制平行直线

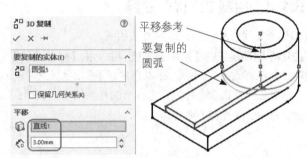

图5-24　3D复制圆弧

16 修剪曲线，结果如图5-25所示。

17 最后绘制一条直线连接圆弧，完成零件的绘制，如图5-26所示。

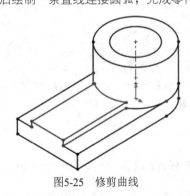

图5-25　修剪曲线

图5-26　绘制直线

5.1.3　绘制 3D 点

3D点与2D点的区别是，3D点是三维空间中的任意点，可以编辑X、Y和Z的坐标值，而2D点是平面上的点，只能编辑X和Y的坐标值。

绘制2D点时属性管理器显示的【点】属性面板如图5-27所示。绘制3D点时属性管理器显示的【点】属性面板如图5-28所示。

当绘制了点后，若要再绘制点，则不可以将新点绘制在原有点上，否则程序会弹出警告对话框，如图5-29所示。

图5-27 2D【点】属性面板

图5-28 3D【点】属性面板

图5-29 警告对话框

5.1.4 绘制 3D 样条曲线

3D样条曲线与3D直线的绘制方法相同。

在3D草图环境下的【草图】选项卡中单击【样条曲线】按钮 $\boxed{N \cdot}$，光标由箭头 $\searrow$ 变为 $\searrow_{xy}$。在图形区指定样条曲线起点后，拖动光标以指定样条第2个极点，同时生成样条曲线，空间控标随后移动至新的极点上，然后继续拖动光标以指定其余的样条极点，如图5-30所示。要结束绘制，可按Esc键、双击或执行右键菜单中的【选择】命令即可。

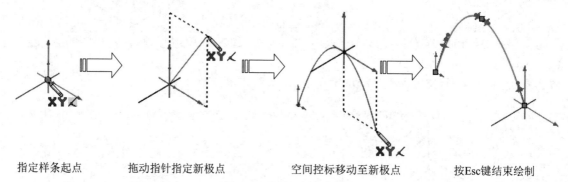

指定样条起点　　　拖动指针指定新极点　　　空间控标移动至新极点　　　按Esc键结束绘制

图5-30 绘制3D样条曲线

5.1.5 曲面上的样条曲线

在3D草图环境下，使用【曲面上的样条曲线】工具可以在任意曲面上绘制与标准样条曲线有相同特性的样条。

要绘制曲面上的样条曲线，首先要创建出曲面特征。在3D草图环境下，单击【草图】选项卡中的【曲面上的样条曲线】按钮 $\boxed{\otimes}$，然后在曲面中指定样条起点，并拖动光标指定出其余样条极点，如图5-31所示。

 在绘制曲面上的样条曲线时，用户只能在曲面中指定点，而不可在曲面外指定，否则会显示错误警示符号。

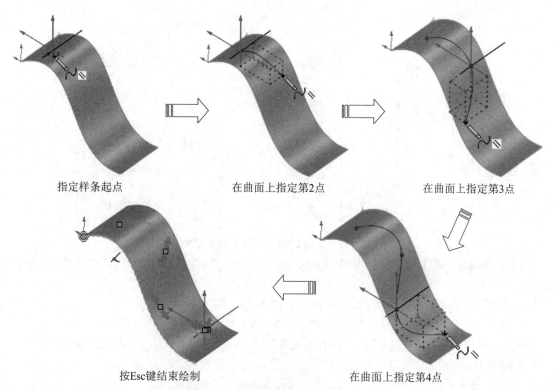

指定样条起点　　　　　　　　在曲面上指定第2点　　　　　　　在曲面上指定第3点

按Esc键结束绘制　　　　　　　　　在曲面上指定第4点

图5-31　绘制曲面上的样条曲线

5.1.6　3D草图基准平面

用户可以在3D草图插入草图基准平面，还可以在所选的基准平面上绘制3D草图。

1. 插入基准平面到3D草图

当需要利用【放样曲面】工具来创建放样特征时，需要创建多个基准平面上的3D草图。那么在3D环境下，就可使用【基准面】工具向3D草图插入基准面。

默认情况下，3D基准面是建立在XY平面（前视基准面）上的，且与其重合。在【草图】选项卡单击【基准面】按钮⬚，在图形区显示基准面的预览，同时在属性管理器显示【草图绘制平面】属性面板，如图5-32所示。

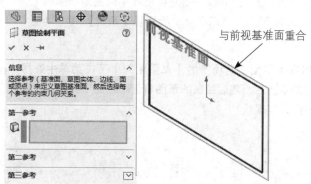

图5-32　显示【草图绘制平面】属性面板

绘制3D草图基准面后，在图形区单击3D基准面的【基准面1】文字标识，可以编辑3D草图基准面，属性管理器显示【基准面属性】属性面板，通过该面板可以重定位3D基准面，如图5-33所示。

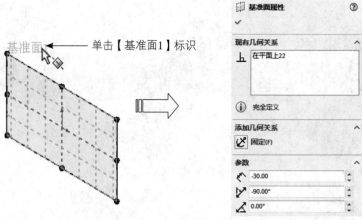

图5-33　显示【基准面属性】属性面板

【基准面属性】属性面板的【参数】选项区主要是根据角度和坐标在3D空间中定位基准面，各选项含义如下。

● 距离 ✏️：基准面沿X、Y或Z方向与草图原点之间的距离。
● 相切径向方向 ↗️：控制法线在前视基准面（XY基准面）上的投影与X方向之间的角度。
● 相切极坐标方向 ◿：控制法线与其在前视基准面（XY基准面）上的投影之间的角度。

上述3个参数选项的设置图解如图5-34所示。

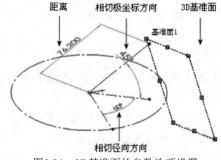

图5-34　3D基准面的参数选项设置

2. 基准面上的3D草图

当用户不需要绘制连续的3D草图曲线，而是需要在不同的基准平面上绘制单个的3D草图时，那么就可以选择要绘制草图的基准平面，然后在菜单栏执行【插入】|【基准面上的3D草图】命令，所选基准平面立即被激活，如图5-35所示。

　　　　　或者也可以在【草图】选项卡的【草图绘制】下拉菜单中选择【基准面上的3D草图】选项。激活草图基准平面后，随后绘制的草图将全部在此平面中，此时如果再按Tab键进行草图平面的切换，也不会改变现状。

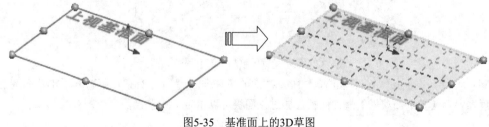

图5-35　基准面上的3D草图

⭐ 动手操作——插入基准平面绘制3D草图

下面利用插入的基准平面来创建一个放样特征。

01 首先进入3D草绘环境中。

02 利用【直线】工具，切换草图为XY基准面，绘制如图5-36所示的构造线。

03 单击【基准面】按钮 🔲，打开【草图绘制平面】属性面板。然后选择前视基准面和竖直构造线作为第一和第二参考，输入旋转角度为45°，个数为4，再单击【确定】按钮 ✅ 完成基准平面的插入，如图5-37所示。

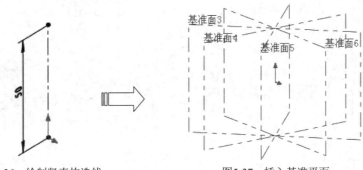

图5-36　绘制竖直构造线　　　　　　　　　图5-37　插入基准平面

04 选中基准面3，执行【插入】|【基准面上的3D草图】命令，并绘制如图5-38所示的草图。

05 选中基准面4，再执行【插入】|【基准面上的3D草图】命令，并绘制出如图5-39所示的草图。

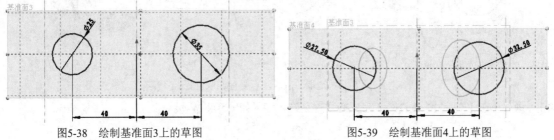

图5-38　绘制基准面3上的草图　　　　　　　图5-39　绘制基准面4上的草图

06 选中基准面5，再执行【插入】|【基准面上的3D草图】命令，并绘制出如图5-40所示的草图。

07 选中基准面6，再执行【插入】|【基准面上的3D草图】命令，并绘制出如图5-41所示的草图。

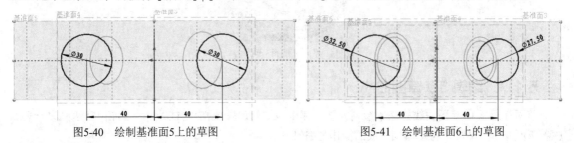

图5-40　绘制基准面5上的草图　　　　　　　图5-41　绘制基准面6上的草图

08 绘制完成的草图如图5-42所示。

09 在【特征】选项卡中单击【放样凸台/基体】按钮 📥，打开【放样】属性面板。

10 然后依次选择绘制的圆作为放样轮廓，如图5-43所示。

 　　　　每选取一个轮廓，注意光标选取的位置尽量保持一致，否则会产生扭曲，如图5-44所示。

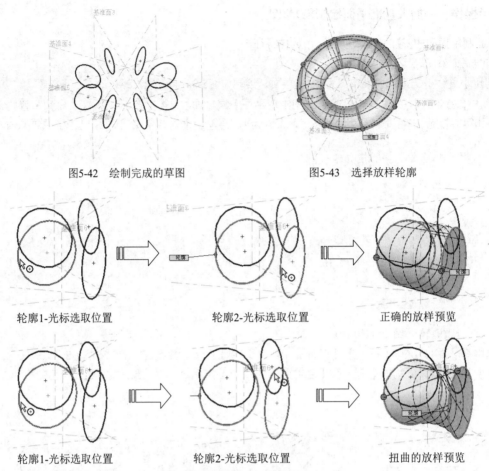

图5-42　绘制完成的草图　　　　　图5-43　选择放样轮廓

轮廓1-光标选取位置　　　　　轮廓2-光标选取位置　　　　　正确的放样预览

轮廓1-光标选取位置　　　　　轮廓2-光标选取位置　　　　　扭曲的放样预览

图5-44　选取轮廓时注意光标选取位置

11_ 最后单击【确定】按钮✔，完成特征的创建，结果如图5-45所示。

图5-45　创建的放样特征

5.1.7　编辑 3D 草图曲线

前面介绍了3D草图曲线的基本绘制方法，那么该如何编辑或操作3D草图，才能使其达到设计要求呢？下面介绍几种常见的3D草图曲线的操作与编辑方法。

▣ 动手操作——手动操作3D草图

下面以绘制直线为例，手动操作3D草图。

01_ 如图5-46所示，在ZX草图平面上绘制1个矩形。

02_ 下面的操作是将平面上的矩形变成不在同一平面上的多条直线连接。首先将视图切换为【上视】方向，如图5-47所示。

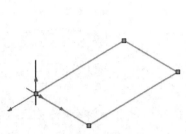

图5-46 绘制ZX平面上的矩形

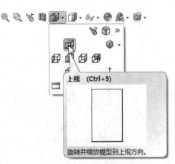

图5-47 切换视图方向

03 选中矩形的一个角点（按住不放），然后拖移，使矩形变形，如图5-48所示。

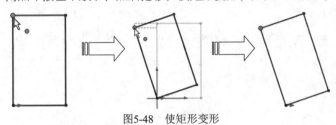

图5-48 使矩形变形

 如果草图被约束了，是不能进行手动操作的，除非删除部分约束。

04 将视图方向切换至【右视】，选取矩形的角点进行拖移，结果如图5-49所示。

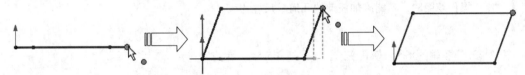

图5-49 在【右视】方向变形矩形

05 将视图切换到原先的【等轴侧】方向。从编辑结果看，原本是在ZX基准面上绘制的矩形，经两次手动操作后，方位已发生改变，如图5-50所示。

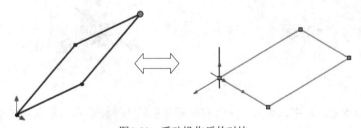

图5-50 手动操作后的对比

 在3D草图中，无论是矩形还是直线，都可以进行手动操作。

🌟动手操作——利用草图程序三重轴修改草图

01 进入3D草绘环境。

02 利用【矩形】工具在ZX平面上绘制矩形，如图5-51所示。

03 选取矩形的1个角点，然后选择右键菜单中的【显示草图程序三重轴】选项，如图5-52所示。

107

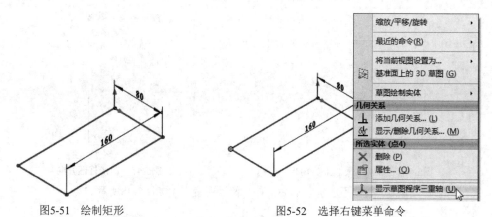

图5-51 绘制矩形　　　　　　　　　　　　　图5-52 选择右键菜单命令

04__ 随后在角点上绘制显示三重轴。向上拖动三重轴的Y轴，矩形随之发生变化，如图5-53所示。

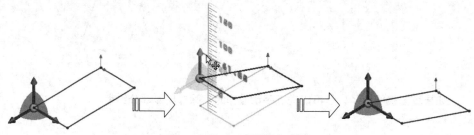

图5-53 拖动三重轴操作草图

操作草图时，不能施加任何的几何或尺寸约束。

05__ 任意拖动三重轴的X轴，使其变形，结果如图5-54所示。

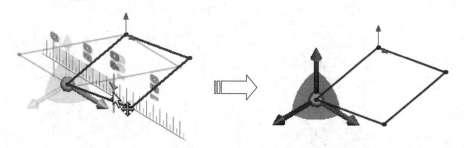

图5-54 拖动三重轴改变图形

操作结束后，选中三重轴，执行右键菜单中的【隐藏草图程序三重轴】命令，即可将其隐藏。

5.2 曲线工具

　　SolidWorks的曲线工具是用来创建空间曲线的基本工具，由于多数空间曲线可以由2D草图或3D草图进行创建，因此创建曲线的工具仅有如图5-55所示的6个工具。

曲线工具在【特征】选项卡或者是【曲面】选项卡的【曲线】下拉菜单中。

5.2.1 通过 XYZ 点的曲线

利用【通过XYZ点的曲线】工具，可通过输入X、Y和Z的点坐标来生成空间曲线。

单击【通过XYZ点的曲线】按钮 ，属性管理器中显示【曲线文件】对话框，如图5-56所示。

图5-55　曲线工具

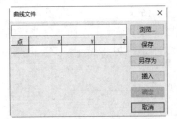

图5-56　【曲线文件】对话框

【曲线文件】对话框中各选项含义如下。

● 浏览：单击【浏览】按钮，导览至要打开的曲线文件。可打开使用同样.sldcrv 文件格式的.sldcrv
文件或.txt 文件。打开的文件将显示在文件文本框中。

● 坐标输入：在一个单元格中双击，然后输入新的数值。当输入数值时，注意图形区域中会显示
曲线的预览。

　默认情况下仅有1行，若要继续输入，可以双击【点】下面的空白行，即可添加新的坐标值
输入行，如图5-57所示。若要删除某行，选中后按Delete键即可。

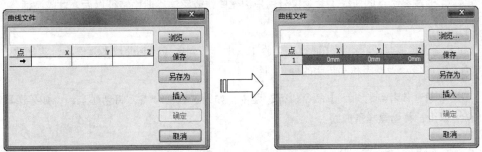

图5-57　添加坐标值输入行

● 保存：可以单击【保存】按钮将定义的坐标点保存为曲线文件。曲线文件为.sldcrv 扩展名。

● 插入：当输入了第1行的坐标值后，单击【点】列下的数字1即可选中第一行，再单击【插入】
按钮，新的一行插入在所选行之下，如图5-58所示。

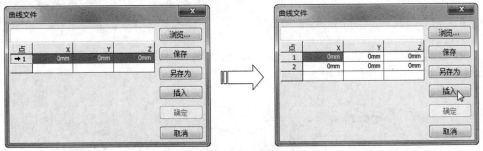

图5-58　插入新的行

　如果仅有一行，【插入】命令是不起任何作用的。

动手操作——输入坐标点创建空间样条曲线

01_ 新建Solidwoeks零件文件。

02_ 在【曲线】工具条中单击【通过XYZ的点】按钮 ⚙，打开【曲线文件】对话框。

03_ 双击坐标单元格输入行，然后依次添加5个点的空间坐标，结果如图5-59所示。

04_ 单击对话框中的【确定】按钮，完成样条曲线的创建，如图5-60所示。

图5-59 输入坐标点

图5-60 创建样条曲线

5.2.2 通过参考点的曲线

【通过参考点的曲线】命令是在已经创建了参考点，或者已有模型上的点来创建曲线。单击【通过参考点的曲线】按钮 🗿，弹出【通过参考点的曲线】属性面板，如图5-61所示。

 【通过参考点的曲线】命令仅当用户创建曲线或实体、曲面特征以后，才被激活。

选取的参考点将被自动收集到【通过点】收集器中。若勾选【闭环曲线】复选框，将创建封闭的样条曲线。如图5-62所示为封闭和不封闭的样条曲线。

 【通过参考点的曲线】命令执行过程中，如果选取两个点，将创建直线，如果选取3个及3个点以上，将创建样条曲线。

图5-61 【通过参考点的曲线】属性面板

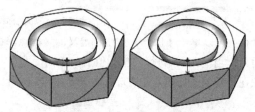

图5-62 封闭和不封闭的曲线

 若选取两个点来创建曲线（直线），是不能创建闭环曲线的，若勾选了【闭环曲线】复选框，则会弹出警告信息，如图5-63所示。

图5-63 选取两个参考点不能形成封闭曲线

5.2.3　投影曲线

【投影曲线】命令是将绘制的2D草图投影到指定的曲面、平面或草图上。单击【投影曲线】按钮，打开【投影曲线】属性面板，如图5-64所示。

技术要点　要投影的曲线只能是2D草图，3D草图和空间曲线是不能进行投影的。

属性面板中各选项含义如下。

● 面上草图：选择此单选按钮，将2D草图投影到所选面、平面上，如图5-65所示。

技术要点　投影曲线时要注意投影方向，必须使曲线投影到曲面上的指示方向。否则不能创建投影曲线。

图5-64　【投影曲线】属性面板

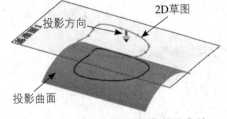

图5-65　【面上草图】投影类型

● 草图上的草图：此类型是用于两个相交基准平面上的草图曲线进行相交投影，以此获得3D空间交汇曲线，如图5-66所示。

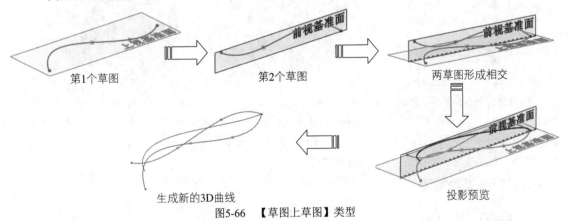

图5-66　【草图上草图】类型

技术要点　两个相交的草图必须形成交汇，否则不能创建投影曲线。如图5-67所示的2个基准平面上的草图没有交汇，就不能创建【草图上草图】类型的投影曲线。

图5-67　不能创建投影曲线的范例

● 反转投影：勾选此复选框，改变投影方向。

⬛ 动手操作——利用投影曲线命令创建扇叶曲面

01 新建零件文件。

02 绘制草图。在设计树中选择前视基准面后单击【草图绘制】按钮 ✏️，在前视基准面中绘制草图1，如图5-68所示。

图5-68　在前视基准面中绘制草图1

03 拉伸生成圆柱曲面。单击【曲面】选项卡上的【拉伸曲面】按钮 🗇，拉伸生成圆柱曲面，操作过程如图5-69所示。

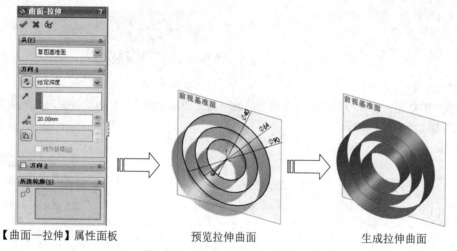

【曲面—拉伸】属性面板　　　预览拉伸曲面　　　生成拉伸曲面

图5-69　拉伸生成圆柱曲面操作过程

04 添加基准面。在【特征】选项卡中单击【基准面】按钮 🗐，建立距离上视基准面为"50mm"的平行基准面，添加新基准面操作过程如图5-70所示。

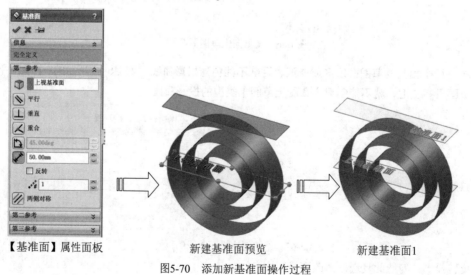

【基准面】属性面板　　　新建基准面预览　　　新建基准面1

图5-70　添加新基准面操作过程

05__ 绘制草图。在设计树中选择基准面1，单击【草图绘制】按钮 ✍，在基准面1中绘制草图2，如图5-71所示。

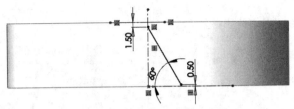

图5-71　在基准面1中绘制草图2

06__ 隐藏外面的两个圆柱曲面。依次右击外面的两个圆柱曲面，在弹出的快捷菜单中选择【隐藏】选项，只显示最里面的圆柱曲面。

07__ 向直径最小的圆柱表面投影曲线。单击【曲线】选项卡上的【投影曲线】按钮 ⬜，弹出【投影曲线】属性面板，在【投影类型】中选择【面上草图】选项，单击【要投影的草图】按钮 ⌐，选择上步骤绘制的草图2，再单击【投影面】按钮 ⬜，对应选择最里面的圆柱表面，勾选【反转投影】复选框，最后单击【确定】按钮 ✔ 完成投影曲线的创建，操作过程如图5-72所示。

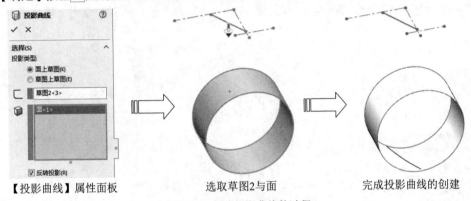

【投影曲线】属性面板　　　　　选取草图2与面　　　　完成投影曲线的创建

图5-72　创建投影曲线的过程

08__ 显示最外部大的圆柱曲面。右击模型树中的【曲面—拉伸1】，在弹出的快捷菜单中选择【显示】选项即可。依次右击里面的两个圆柱曲面，在弹出的快捷菜单中选择【隐藏】选项，只显示最外部的圆柱曲面。

09__ 绘制草图3。在设计树中选择基准面1，单击【草图绘制】按钮 ✍，在基准面1中绘制另一草图，如图5-73所示。

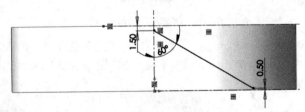

图5-73　在基准面1中绘制草图3

10__ 在最大圆柱面上创建投影曲线。单击【曲线】选项卡上的【投影曲线】按钮 ⬜，弹出【投影曲线】属性面板，在【投影类型】中选择【面上草图】选项，单击【要投影的草图】按钮 ⌐，选择上步骤绘制的草图3，再单击【投影面】按钮 ⬜，对应选择最大的圆柱表面，勾选【反转投影】复选框，最后单击【确定】按钮 ✔，完成投影曲线的创建，操作过程如图5-74所示。

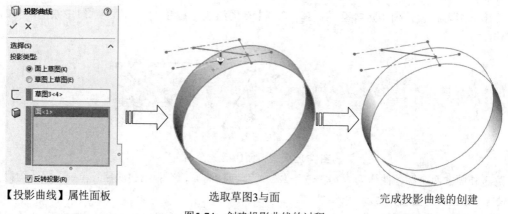

【投影曲线】属性面板　　　　　选取草图3与面　　　　　完成投影曲线的创建

图5-74　创建投影曲线的过程

11＿ 显示中间的圆柱曲面。右击模型树中的【曲面—拉伸1】，在弹出的快捷菜单中选择【显示】选项即可。依次右击外面和里面的两个圆柱曲面，在弹出的快捷菜单中选择【隐藏】选项，只显示中间的圆柱曲面。

12＿ 在基准面1上再绘制草图4，如图5-75所示。然后在中间圆柱面上创建投影线，操作步骤如图5-76所示。

图5-75　绘制草图4

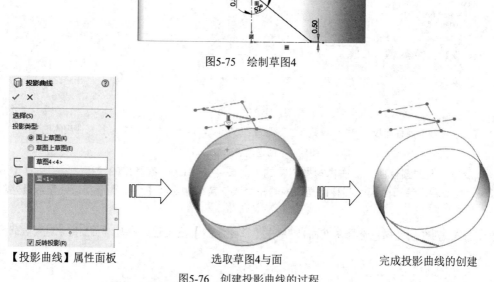

【投影曲线】属性面板　　　　　选取草图4与面　　　　　完成投影曲线的创建

图5-76　创建投影曲线的过程

13＿ 生成叶片放样轮廓的3D曲线。单击【曲线】选项卡上的【通过参考点的曲线】按钮，依次选择图形区中分割线的6个端点，如图5-77所示。单击【确定】按钮 完成3D曲线的创建，如图5-78所示。

图5-77　选择投影曲线6个端点　　　　　图5-78　生成的3D曲线

14_ 放样曲面生成叶片。隐藏外部两个圆柱面，单击【曲面】选项卡上的【放样曲面】按钮，在弹出【曲面-放样】属性面板中，在轮廓中依次选择3D曲线和小圆柱面上的投影曲线，放样曲面生成叶片过程如图5-79所示。

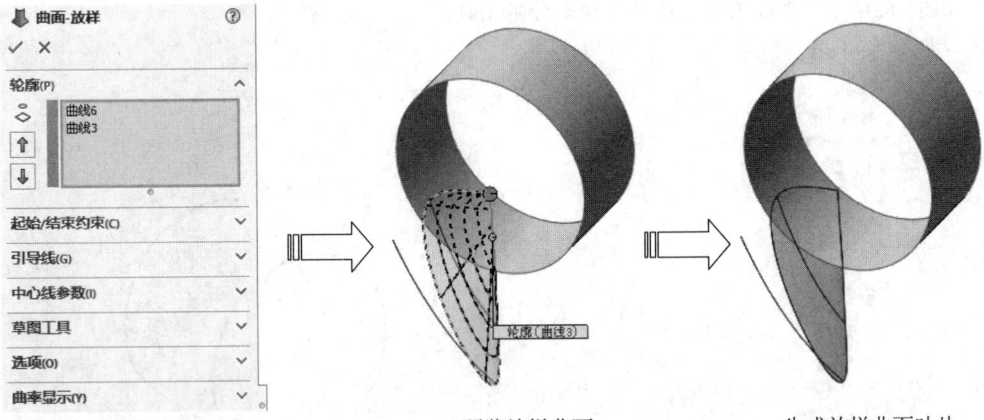

【曲面—放样】属性面板　　预览放样曲面　　生成放样曲面叶片

图5-79　放样曲面生成风扇一个叶片

15_ 移动/复制生成所有圆周的叶片。在菜单栏执行【插入】|【曲面】|【移动/复制】命令，打开【移动/复制实体】属性面板。

16_ 在图形区选择放样曲面叶片，勾选【复制】复选框，将复制的数量设置为7。选取坐标原点作为旋转参考点，在【Z旋转角度】文本框中输入数值“45度”，最后单击【确定】按钮完成叶片的旋转复制，如图5-80所示。

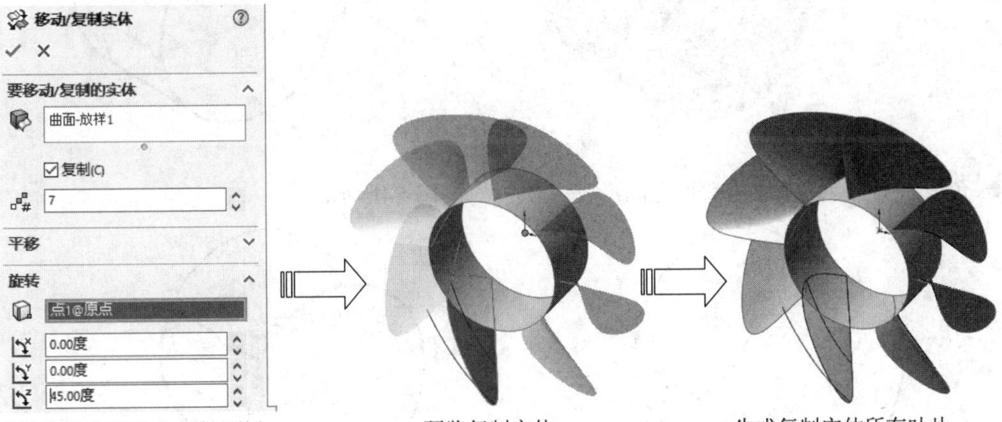

【移动/复制实体】属性面板　　预览复制实体　　生成复制实体所有叶片

图5-80　移动/复制生成所有圆周的叶片

5.2.4　分割线

“分割线”是一个分割曲面的操作，分割曲面后所得的交线就是分割线。分割工具包括草图、实体、曲面、面、基准面和曲面样条曲线。

技术要点　**【分割线】命令也是仅当创建模型、草图或曲线后，才被激活。**

在【曲线】工具条单击【分割线】按钮，打开【分割线】属性面板，如图5-81所示。

1.【轮廓】分割类型

当选择分割类型为【轮廓】时,【分割线】属性面板中各选项含义如下。

● 拔模方向❖:即选取基准平面为拔模方向参考,拔模方向始终与基准平面(或分割线)垂直,如图5-82所示。拔模方向参考其实也是分割工具。

图5-81 【分割线】属性面板

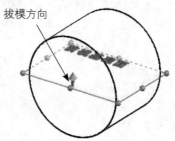

图5-82 拔模方向

● 要分割的面📦:为要分割的面(只能是曲面),要分割的面绝对不能是平面,如图5-83所示。

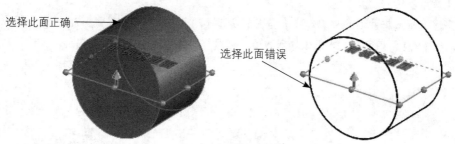

图5-83 要分割的面

● 角度📐:分割线与基准平面之间形成的夹角,如图5-84所示。

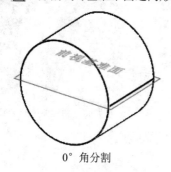

0°角分割   30°角分割

图5-84 角度

技术要点　　要利用【轮廓】分割类型须满足两个条件——拔模方向参考仅仅局限于基准平面(平直的曲面不可以);要分割的面必须是曲面(模型表面是平面也不可以)。

2.【投影】分割类型

【投影】分割类型是利用投影的草图曲线来分割实体、曲面。

当选择分割类型中的【投影】时,【分割线】属性面板中的【投影】类型选项设置如图5-85所示。

图5-85　【投影】类型

【投影】类型中各选项含义如下。

● 要投影的草图：选取要投影的草图。可从同一个草图中选择多个轮廓进行投影。
● 要分割的面：选取要投影草图的面，此面可以是平面也可以是曲面。
● 单向：单向往一个方向投影分割线。
● 反向：勾选此复选框可改变投影方向。

在一个零件实体模型上生成投影分割线过程，如图5-86所示。

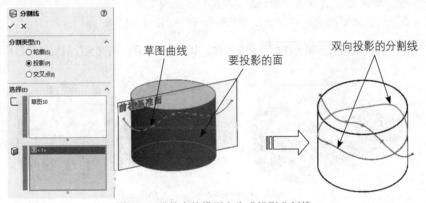

图5-86　零件实体模型上生成投影分割线

 默认情况下，不勾选【单向】复选框，草图将向曲面两侧同时投影。如图5-87所示为单向和双向投影的情形。

图5-87　双向投影与单向投影

 图5-87中如果圆柱面是一个整体，只能进行双向投影。

3.【交叉点】分割类型

【交叉点】分割类型是用交叉实体、曲面、面、基准面或曲面样条曲线来分割面。

【分割线】属性面板中的【交叉点】分割类型选项设置如图5-88所示。

图5-88 【交叉点】类型

【交叉点】类型各选项含义如下：

● 分割实体/面/基准面 ⬢：选择分割工具（交叉实体、曲面、面、基准面或曲面样条曲线）。

● 要分割的面/实体 ⬢：选择要投影分割工具的目标面或实体。

● 分割所有：勾选此复选框，将分割分割工具与分割对象接触的所有曲面。

 技术要点　分割工具可以与所选单个曲面不完全接触，如图5-89所示。若完全接触则该复选框不起作用。

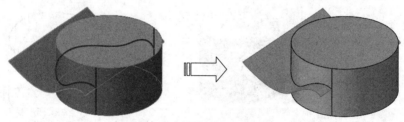

图5-89 【分割所有】复选框的应用

● 自然：按默认的曲面、曲线的延伸规律进行分割，如图5-90所示。

● 线性：将不按延伸规律进行分割，如图5-91所示。

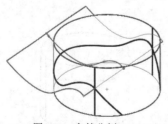

图5-90 自然分割

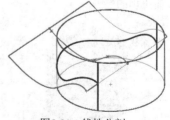

图5-91 线性分割

🔲 动手操作——以【交叉点】类型分割模型

01__ 打开本例素材源文件"零件.sldprt"。

02__ 在特征树中显示3个创建的点，如图5-92所示。

03__ 然后在【特征】选项卡执行【参考几何体】|【基准面】命令，打开【基准面】属性面板。分别选取3个点作为第一、第二和第三参考，并完成基准平面的创建，如图5-93所示。

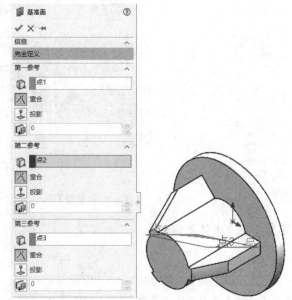

图5-92　打开的模型　　　　　　　　　图5-93　选取3个点作为参考创建基准平面

04__ 单击【分割线】按钮，打开【分割线】属性面板。选择【交叉点】分割类型，然后选择基准平面作为分割工具，再选择如图5-94所示的模型表面作为要分割的面。

05__ 保留曲目分割选项的默认设置，单击【确定】按钮✔完成分割，如图5-95所示。

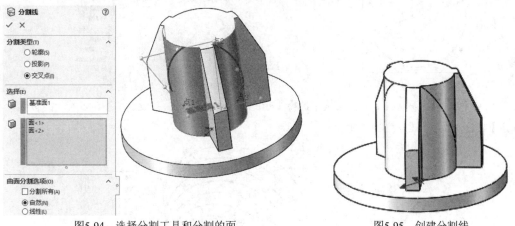

图5-94　选择分割工具和分割的面　　　　　　　　图5-95　创建分割线

06__ 最后保存结果。

5.2.5　螺旋线 / 涡状线

螺旋线/涡状线是为绘制的圆添加螺旋线或涡状线，可在零件中生成螺旋线和涡状线曲线。此曲线可以被当成一个路径或引导曲线使用在扫描的特征上，或作为放样特征的引导曲线。

单击【螺旋线/涡状线】按钮，选择草图平面，进入草图环境绘制草图后，属性管理器中才显示【螺旋线/涡状线】属性面板。【螺旋线/涡状线】属性面板中4种螺旋线定义方式如图5-96所示。

图5-96 【螺旋线/涡状线】属性面板的4种螺旋线定义方式

▶ 动手操作——创建螺旋线

01— 新建零件文件。

02— 利用草图中的【圆】工具绘制如图5-97所示的圆形。

03— 单击【曲线】工具条中的【螺旋线/涡状线】按钮 ，按信息提示选择绘制的草图，随后弹出【螺旋线/涡状线】属性面板，如图5-98所示。

图5-97 绘制草图

图5-98 选择草图

04— 随后在【螺旋线/涡状线】属性面板中选择【螺距和圈数】选项，并设置如图5-99所示的参数，单击【确定】按钮 完成螺旋线的创建。

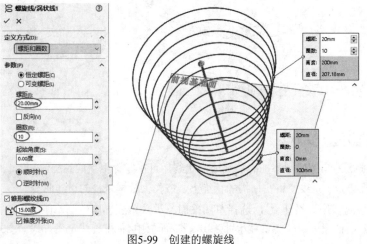

图5-99 创建的螺旋线

05— 最后保存创建的结果。

5.2.6 组合曲线

通过将曲线、草图几何和模型边线组合为一条单一曲线来生成组合曲线。【组合曲线】工具是曲线合并和复制工具。注意，必须是连续的边或曲线才能进行组合。

当创建了草图、模型或曲面特征后，【组合曲线】命令才被激活。单击【组合曲线】按钮ᕵ，打开【组合曲线】属性面板，如图5-100所示。

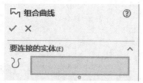

图5-100 【组合曲线】属性面板

在一个零件实体模型上生成组合曲线过程，如图5-101所示。

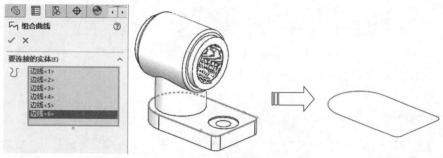

图5-101 零件实体模型上生成组合曲线

5.3 综合实战：音箱建模

这款音箱采用了小猪造型，圆圆的看上去很可爱，大猪头是音箱主体，4个猪蹄儿是支架。两个大眼睛、耳朵下边以及猪肚子组成了5个扬声器。猪鼻子只起装饰作用，猪嘴巴是电源显示灯，接通后会发出绿光。小猪造型如图5-102所示。

图5-102 小猪造型音箱

1. 设计小猪音箱主体

音箱主体部分比较简单，一个完整球体减去小部分，所使用的工具包括【旋转凸台/基体】【实体切割】【抽壳】等。

01_ 启动SolidWorks 2022。

02_ 在打开的SolidWorks 2022欢迎界面中单击【新建】按钮 ，弹出【新建SOLIDWORKS文件】对话框。在该对话框中选择【零件】模板，再单击【确定】按钮，进入零件设计环境中，如图5-103所示。

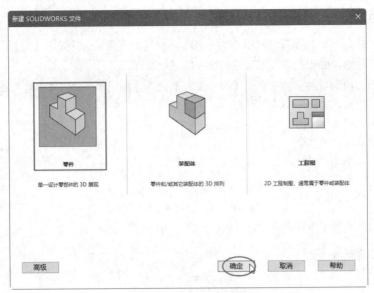

图5-103　新建零件文件

03_ 在【特征】选项卡中单击【旋转凸台/基体】按钮 ，然后按如图5-104所示的操作步骤，创建旋转球体特征。

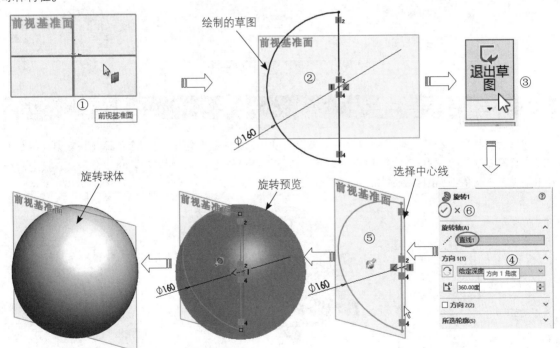

图5-104　创建旋转球体特征

04_ 在【特征】选项卡的【参考几何体】下拉菜单中单击【基准面】按钮 ，然后按如图5-105所示的操作步骤，创建用于分割旋转球体的基准面1。

用于分割旋转球体的可以是参考基准平面，或者是一个平面，还可以是其他特征上的面。

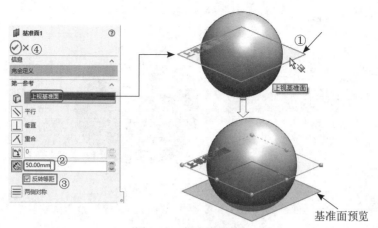

图5-105　创建基准面1

05_ 在菜单栏执行【插入】|【特征】|【分割】命令，然后按如图5-106所示的操作步骤，分割旋转球体。

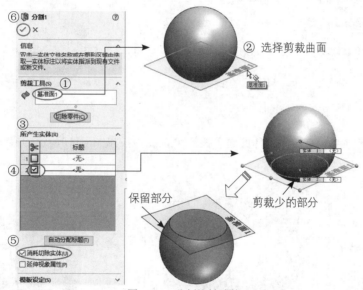

图5-106　分割旋转球体

06_ 在【特征】选项卡中单击【抽壳】按钮 ，然后按如图5-107所示的操作步骤，创建抽壳特征。

图5-107　创建抽壳特征

07_ 使用【基准轴】工具，在前视基准面和右视基准面的交叉界线位置创建参考基准轴1，如图5-108所示。

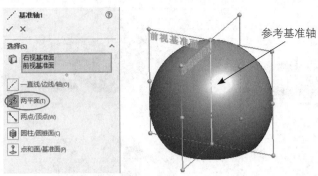

图5-108　创建参考基准轴

08 使用【基准面】工具，以前视基准面和参考基准轴为第一参考和第二参考，创建出如图5-109所示的基准面2。

图5-109　创建基准面2

09 在【曲面】选项卡中单击【拉伸曲面】按钮 ，然后按如图5-110所示的操作步骤，创建拉伸曲面。

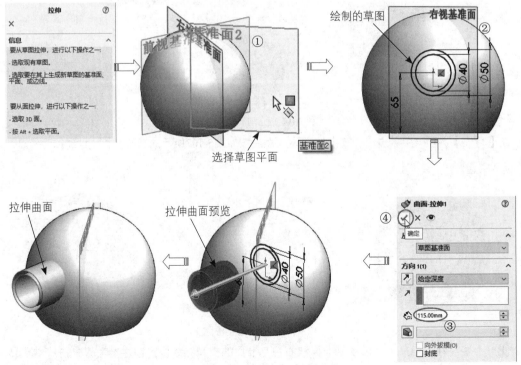

图5-110　创建拉伸曲面

10_ 在【特征】选项卡中单击【镜向】按钮 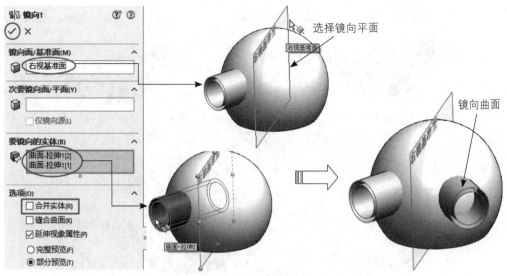，然后按如图5-111所示的操作步骤，将拉伸曲面镜向到右视基准面的另一侧。

图5-111 创建镜向曲面

11_ 使用【分割】工具，以两个曲面来分割抽壳的特征，如图5-112所示。

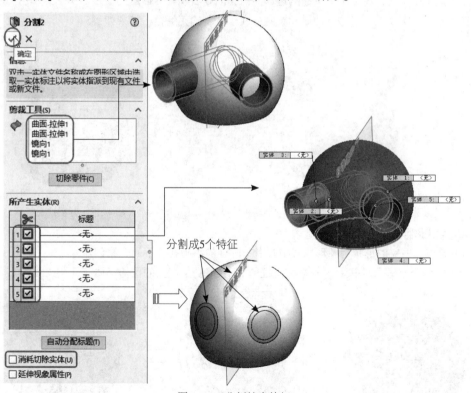

图5-112 分割抽壳特征

12_ 使用【基准轴】工具，以右视基准面和上视基准面作为参考，创建基准轴2，如图5-113所示。

13_ 使用【基准面】工具，以上视基准面和基准轴2作为参考，创建基准面3，如图5-114所示。

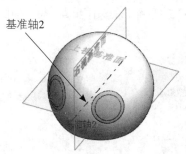

图5-113　创建基准轴2

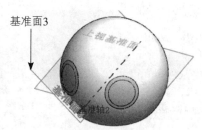

图5-114　创建基准面3

14＿ 使用【拉伸曲面】工具，以基准面3作为草图平面，创建如图5-115所示的拉伸曲面。

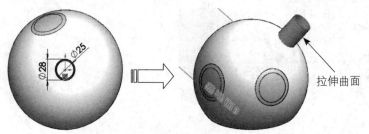

图5-115　创建拉伸曲面

15＿ 使用【镜向】工具，将上步骤创建的拉伸曲面镜向到右视基准面的另一侧，如图5-116所示。

16＿ 再使用【分割】工具，以拉伸曲面和镜向曲面来分割抽壳特征，结果如图5-117所示。

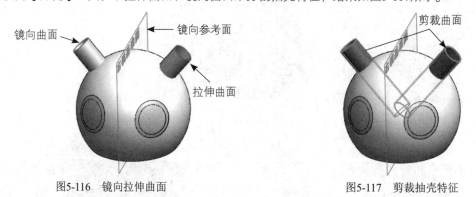

图5-116　镜向拉伸曲面

图5-117　剪裁抽壳特征

2. 设计音箱喇叭网盖

小猪音箱喇叭网盖的形状为圆形，其中有多个阵列的小圆孔。下面介绍创建方法。

01＿ 使用【拉伸凸台/基体】工具，在抽壳特征的底部创建厚度为2的拉伸实体特征，如图5-118所示。

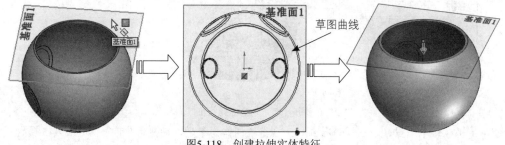

图5-118　创建拉伸实体特征

02＿ 在【特征】选项卡中单击【拉伸切除】按钮🔲，然后按如图5-119所示的操作步骤创建拉伸切除特征。

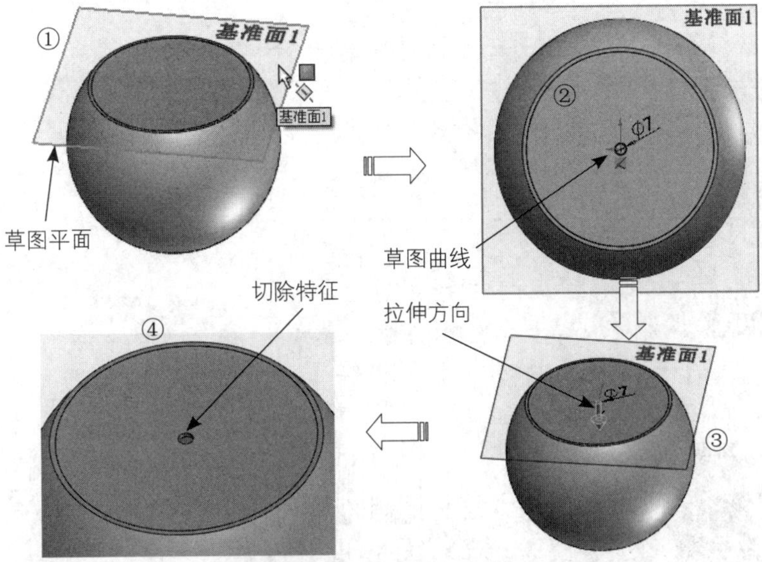

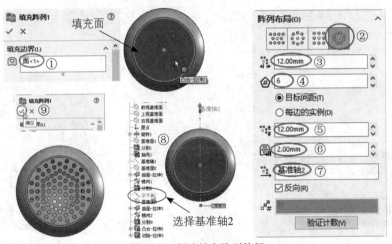

图5-119 创建拉伸切除特征

03_ 在【特征】选项卡中单击【填充阵列】按钮 🖧，然后按如图5-120所示的操作步骤，创建拉伸切除特征（孔）的阵列。对于曲面中的孔阵列，也可以使用【填充阵列】工具。

图5-120 创建填充阵列特征

04_ 使用【草图】工具，在基准面2中绘制出如图5-121所示的草图。

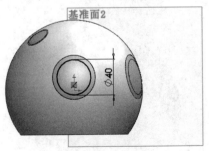

图5-121 绘制草图

05_ 再使用【填充阵列】工具，按如图5-122所示的操作步骤，在眼睛位置的网盖上创建出孔特征填充阵列。

127

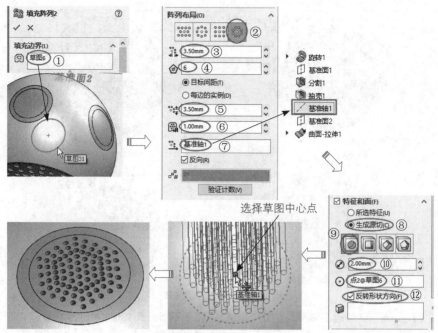

图5-122　创建填充阵列特征

06__ 使用【镜向】工具，以右视基准面作为镜向平面，将填充阵列的孔镜向到另一侧，如图5-123所示。镜向操作后，将另一侧的原分割特征隐藏。

图5-123　镜向阵列的孔

07__ 耳朵位置喇叭网盖的设计与眼睛位置的网盖设计相同，过程不再赘述。创建的喇叭网盖如图5-124所示。

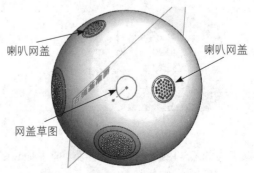

图5-124　创建完成的两个喇叭网盖

3. 设计小猪音箱鼻子和嘴巴造型

小猪音箱鼻子的设计实际上也是曲面分割实体的操作，分割实体后，再使用【移动】工具移动分割实体的面，以此创建鼻子造型。嘴巴的设计可以使用【拉伸切除】工具来完成。

01__ 使用【拉伸曲面】工具，在前视基准面上绘制出如图5-125所示的草图后，创建拉伸曲面。

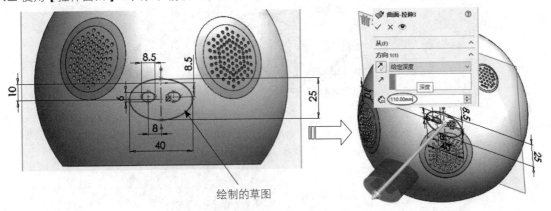

图5-125　创建拉伸曲面

02__ 使用【分割】工具，以拉伸曲面来分割音箱主体，结果如图5-126所示。

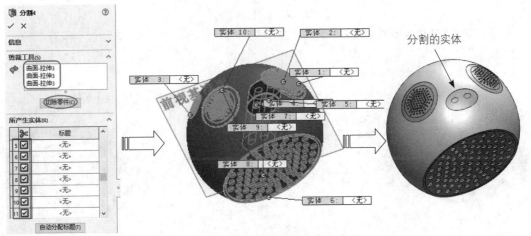

图5-126　分割音箱主体

03__ 在菜单栏执行【插入】|【面】|【移动】命令，然后选择分割的实体面进行平移，如图5-127所示。

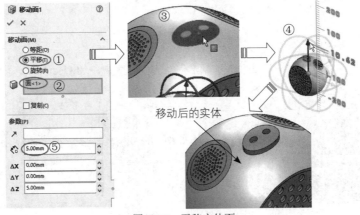

图5-127　平移实体面

129

04_ 同理，鼻孔的两个小实体也按此方法移动。

05_ 在【特征】选项卡中单击【拔模】按钮，然后按如图5-128所示的操作步骤创建拔模特征。

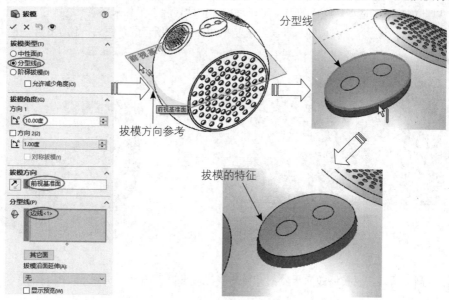

图5-128 创建拔模特征

06_ 使用【特征】选项卡中的【圆角】工具，选择图5-129所示的拔模实体边来创建半径为"2mm"的圆角特征。

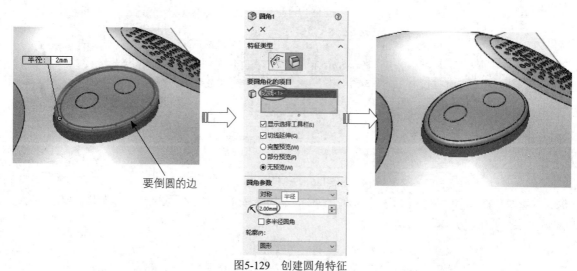

图5-129 创建圆角特征

07_ 使用【拉伸切除】工具，在前视基准面绘制嘴巴草图后，创建出如图5-130所示的拉伸切除特征。

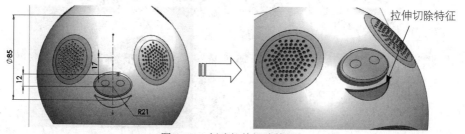

图5-130 创建拉伸切除特征

08__ 使用【圆角】工具，在拉伸切除特征上创建圆角为0.5的特征，如图5-131所示。

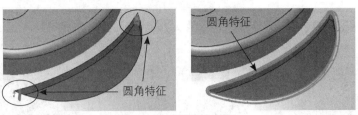

图5-131 创建圆角特征

4. 设计小猪音箱耳朵

小猪的耳朵在顶部小喇叭的位置，主要由一个旋转实体切除一部分实体来完成设计。

01__ 使用【旋转凸台/基体】工具，在前视基准面上绘制旋转截面，创建如图5-132所示的旋转特征。

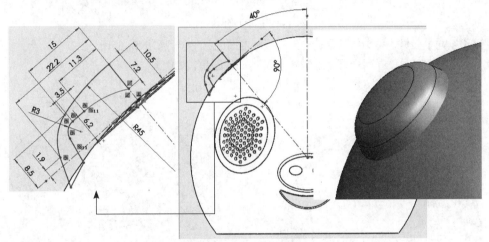

图5-132 创建旋转特征

02__ 使用【基准面】工具，创建如图5-133所示的基准面4。

 创建此基准面，是用来作为切除旋转实体的草图平面。

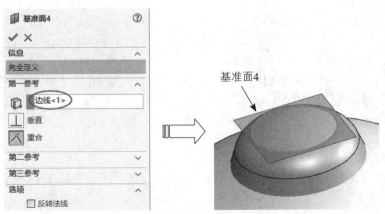

图5-133 创建基准面4

03__ 使用【拉伸切除】工具，在基准面4中绘制草图后，创建如图5-134所示的拉伸切除特征（即小猪耳朵）。

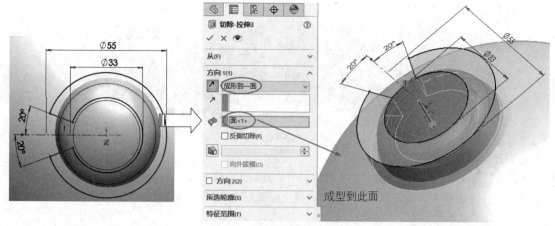

图5-134　创建拉伸切除特征

04　使用【镜向】工具，将小猪耳朵镜向至右视基准面的另一侧，如图5-135所示。

05　使用【圆角】工具，在两个耳朵上创建半径为0.5的圆角，如图5-136所示。

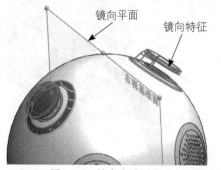

图5-135　镜向小猪耳朵

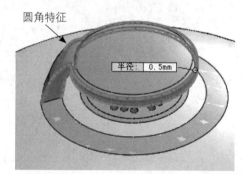

图5-136　对耳朵圆角处理

06　在菜单栏执行【插入】|【特征】|【组合】命令，将音箱主体和两个耳朵组合成一个整体，如图5-137所示。

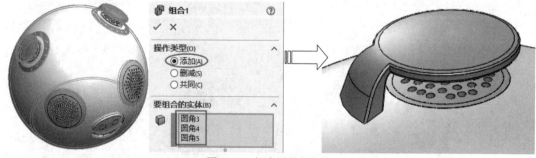

图5-137　组合耳朵与主体

5. 设计小猪音箱脚

小猪音箱的脚是按圆周阵列来设计的，创建其中一只脚，其余3只脚圆周阵列即可。

01　使用【基准面】工具，以右视基准面和基准轴1为参考，创建出旋转角度为45°的基准面5，如图5-138所示。

02　使用【旋转凸台/基体】工具，在基准面5中绘制如图5-139所示的旋转截面。

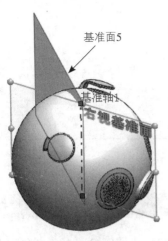

图5-138　新建基准面5

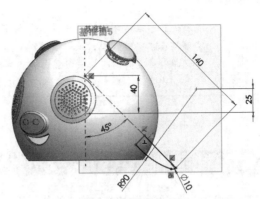

图5-139　绘制旋转截面

03__ 绘制旋转截面后，退出草图模式，然后创建如图5-140所示的旋转特征（即小猪的脚）。

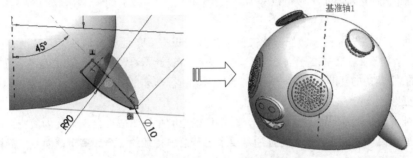

图5-140　创建小猪的脚

04__ 使用【圆周阵列】工具，圆周阵列出小猪的其余3只脚，如图5-141所示。

05__ 使用【编辑外观】工具，将小猪主体、耳朵、鼻子、嘴巴、脚的颜色更改为粉红色，将喇叭网盖、鼻孔的颜色设置为黑色，最终设计完成的小猪音箱外壳造型如图5-142所示。

图5-141　阵列其余3只脚

图5-142　设计完成的小猪音箱造型

06__ 最后将小猪音箱造型设计完成的结果保存。

第6章 创建基本实体特征

在一些简单机械零件实体建模过程中，首先从草图绘制开始，再通过实体特征工具建立基本实体模型，还可以编辑实体特征。对于复杂零件实体建模过程，实质上是许多简单特征之间的叠加、切割或相交等方式的操作过程。

本章将主要介绍机械零件实体建模基本操作和编辑。

6.1 特征建模基础

所谓特征就是由点、线、面或实体构成的独立几何体。零件模型是由各种形状特征组合而成的，零件模型的设计就是特征的叠加过程。

SolidWorks中所应用的特征大致可以分为以下4类。

1.基准特征

"基准特征"起辅助作用，为基体特征的创建和编辑提供定位和定形参考。基准特征不对几何元素产生影响。基准特征包括基准平面、基准轴、基准曲线、基准坐标系、基准点等。如图6-1所示为SolidWorks中的3个默认的基准平面——前视基准平面、右视基准平面和上视基准平面。

2.基体特征

"基体特征"是基于草图而建立的特征，是零件模型的重要组成部分，也称为父特征。基体特征用作构建零件模型的第一个特征。基体特征通常要求先草绘出特征的一个或多个截面，然后根据某种扫掠形式进行扫掠而生成基体特征。

基体特征分为加材料特征和减材料特征。加材料就是特征的累加过程，减材料是特征的切除过程。本章主要介绍加材料的基体特征创建工具，减材料的切除特征工具的用法与加材料工具是完全相同的，只是操作结果不同。

常见的基体特征包括拉伸特征、旋转特征、扫描特征、放样特征和边界特征等。如图6-2所示为利用【拉伸凸台/基体】工具来创建的拉伸特征。

3.工程特征

"工程特征"也可称作细节特征、构造特征或子特征，是对基本特征进行局部细化操作的结果。工程特征是系统提供或自定义的模板特征，其几何形状是确定的，构建时只需要提供工程特征的放置位置和尺寸即可。常见的工程特征包括斜角特征、圆角特征、孔特征、抽壳特征等，如图6-3所示。

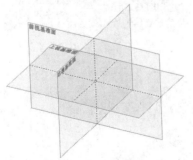

图6-1　SolidWorks基准平面

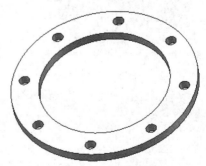

图6-2　拉伸特征

图6-3　工程特征

4.曲面特征

"曲面特征"是用来构件产品外形表面的片体特征。曲面特征建模是与实体特征建模完全不同的建模方式。实体特征建模是以实体特征进行布尔运算得到的结果，实体模型是有质量的。而曲面特征建模是通过构建无数块曲面再进行消减、缝合后，得到产品外形的表面模型。曲面模型是空心的，没有质量。如图6-4所示为由多种曲面工具的应用而构建的曲面模型。

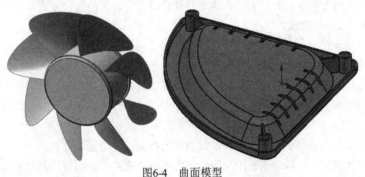

图6-4　曲面模型

6.2 拉伸凸台/基体特征

"拉伸凸台/基体特征"的意义是利用拉伸操作来创建凸台或基体特征。第一个拉伸特征系统称为"基体"，随后依序创建的拉伸特征则属于"凸台"范畴。所谓"拉伸"，就是在完成截面草图设计后，沿着法向于截面草图平面的正反方向进行推拉。

拉伸特征适合创建比较规则的实体。拉伸特征是最基本和常用的特征造型方法，而且操作比较简单。工程实践中的多数零件模型，都可以看作是多个拉伸特征相互叠加或切除的结果。

6.2.1 【凸台－拉伸】属性面板

单击【特征】选项卡中的【拉伸凸台/基体】按钮 🗐，打开如图6-5所示的【拉伸】属性面板，根据属性面板中的信息提示，选择拉伸特征截面的草绘平面。进入草图环境中绘制截面草图后，退出草图环境后将显示【凸台-拉伸】属性面板，此面板用于定义拉伸特征的属性参数。

拉伸特征可以向一个方向拉伸，也可以向相反的两个方向拉伸，默认的情况下是向一个方向拉伸，如图6-6所示。

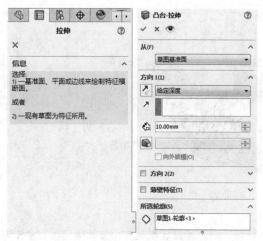

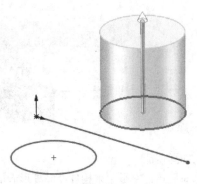

图6-5　【拉伸凸台/基体】属性面板　　　　　　图6-6　单向拉伸特征

6.2.2　拉伸的开始条件和终止条件

【凸台-拉伸】属性面板中的开始条件和终止条件就是指定截面的拉伸方式。根据建模过程的实际需要，系统提供多种定义拉伸方式。

1.开始条件

在【凸台-拉伸】属性面板中的【从】下拉列表中，包含4种截面的起始拉伸方式，如图6-7所示。

● 草图基准面：选择此拉伸方式，将从草图平面开始将截面进行拉伸。

● 曲面/面/基准面：选择此拉伸方式，将以指定的曲面、平面或基准面作为截面起始位置，将截面进行拉伸。

● 顶点：此方式是选取一个参考点，将以此点作为截面拉伸的起始位置。

● 等距：选择此方式，可以输入基于草图平面的偏距值来定位截面拉伸的起始位置。

2.终止条件

截面拉伸的终止条件，主要有以下6种。

（1）条件1：给定深度。

如图6-8所示，直接指定拉伸特征的拉伸深度，这是最常用的拉伸深度定义选项。

图6-7　【从】下拉列表中的拉伸方式　　　　　　图6-8　两种数值输入方法设定拉伸深度

（2）条件2：完全贯穿。

拉伸特征沿拉伸方向穿越已有的所有特征，如图6-9所示为切除材料的拉伸特征。

（3）条件3：成形到一顶点。

拉伸特征延伸至下一个顶点位置，如图6-10所示。

图6-9 切除材料的拉伸特征

图6-10 成形到一定顶点

（4）条件4：成形到一面。

拉伸特征沿拉伸方向延伸至指定的零件表面或一个基准面，如图6-11所示。

（5）条件5：两侧对称。

拉伸特征以草绘平面为中心向两侧对称拉伸，如图6-12所示，拉伸长度两侧均分。

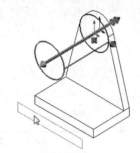

图6-11 成形到一面

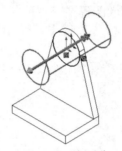

图6-12 两侧对称

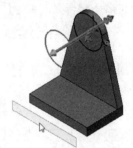

图6-13 到离指定面指定的距离

（6）条件6：到离指定面指定的距离。

拉伸特征延伸至距一个指定平面一定距离的位置，如图6-13所示。指定距离以指定平面为基准。

 此拉伸深度类型，只能选择在截面拉伸过程中所能相交的曲面，否则不能创建拉伸特征，会弹出警告提示，如图6-14所示。

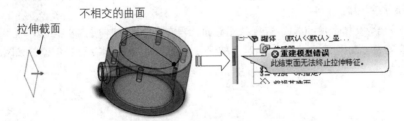

图6-14 不能创建拉伸特征的情形

3.拉伸截面的要求

在拉伸截面的过程中，需要注意以下几方面内容。

● 拉伸截面原则上必须是封闭的。如果是开放的，其开口处线段端点必须与零件模型的已有边线对齐，这种截面在生成拉伸特征时系统自动将截面封闭。

● 草绘截面可以由一个或多个封闭环组成，封闭环之间不能自相交，但封闭环之间可以嵌套。如果存在嵌套的封闭环，在生成增加材料的拉伸特征时，系统将自动认为里面的封闭环类似于孔特征。

若所绘截面不满足以上要求，则通常不能正常结束草绘进入到下一步骤。如图6-15所示，草绘截面区域外出现了多余的图元，此时在所绘截面不合格的情况下若单击【确定】按钮 ✔ ，在信息区会出现错误提示，需要将其修剪后再进行下一步操作。

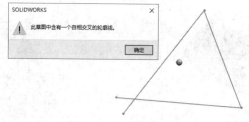

图6-15　未完成的截面

📄 动手操作——创建键槽支撑件

在原有的草绘基准平面上，用"从草绘平面以指定的深度值拉伸"拉伸方法创建特征，然后再创建切除材料的拉伸特征——孔。拉伸截面需要自行绘制。

01_ 使用Ctrl+N组合键，弹出【新建SolidWorks文件】对话框。新建零件文件进入零件设计环境中。

02_ 在【草图】选项卡中单击【草图绘制】按钮 ，选择前视基准面作为草绘平面并自动进入草绘环境，如图6-16所示。

03_ 使用【中心矩形】工具 ，在原点位置绘制一个长160、宽84的矩形，结果如图6-17所示。

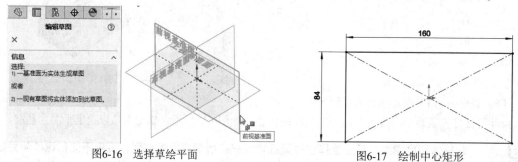

图6-16　选择草绘平面　　　　　　　　　　图6-17　绘制中心矩形

04_ 使用【圆角】工具 绘制4个半径为20的圆角，如图6-18所示。单击【草绘】选项卡中的【退出草图】按钮 退出草绘环境。

05_ 单击【拉伸凸台/基体】按钮 ，选择草图截面，再在【凸台-拉伸】属性面板中保留默认的拉伸方法，输入拉伸高度为"20mm"，单击【确定】按钮 ，完成拉伸凸台特征1的创建，如图6-19所示。

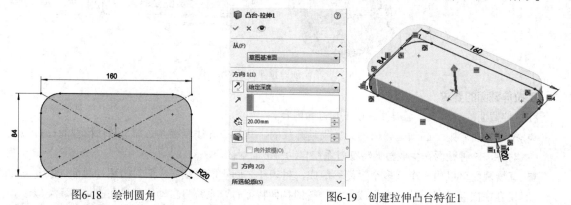

图6-18　绘制圆角　　　　　　　　　　　　图6-19　创建拉伸凸台特征1

06_ 创建拉伸切除实体。单击【拉伸切除】按钮 ，选择第1个拉伸实体的侧面作为草绘平面，进入草绘环境，如图6-20所示。

07_ 使用【矩形】工具绘制如图6-21所示的底板上的槽草图。

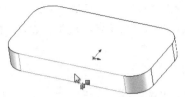

图6-20　选择草绘平面

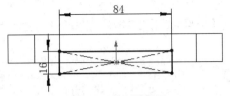

图6-21　绘制槽草图

08_ 单击【确定】按钮✔退出草绘环境。在【切除-拉伸】属性面板中更改拉伸方式为"完全贯穿"，如图6-22所示。再单击【确定】按钮✔，完成拉伸切除特征1的创建。

09_ 继续创建拉伸切除特征2。单击【拉伸切除】按钮▣，选择凸台特征1的上表面作为草绘平面，进入草绘环境绘制，如图6-23所示的圆形草图。

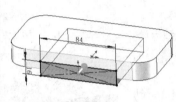

图6-22　创建拉伸切除特征1

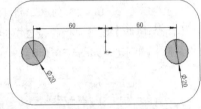

图6-23　绘制圆形草图

10_ 单击【确定】按钮✔退出草绘环境。在【切除-拉伸】属性面板中设置拉伸方法为"给定深度"，然后输入值为8，再单击【确定】按钮✔，完成第2个拉伸切除特征的创建（沉头孔的沉头部分），如图6-24所示。

11_ 重复前面的步骤，绘制如图6-25所示的拉伸切除特征3的草图截面。

图6-24　创建拉伸切除特征2

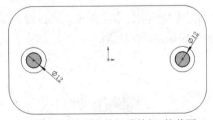

图6-25　绘制拉伸切除特征3的截面

12_ 单击【确定】按钮✔退出草绘环境。在【切除-拉伸】属性面板中设置拉伸方法为"完全贯穿"，单击【确定】按钮✔，完成第3个拉伸切除特征的创建（沉头孔的孔部分），如图6-26所示。

13_ 使用【拉伸凸台/基体】工具▣，选择凸台特征的顶面作为草绘平面，进入草绘环境，绘制如图6-27所示的拉伸草图截面，注意圆与凸台边线对齐。

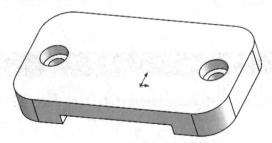

图6-26　创建拉伸切除特征3

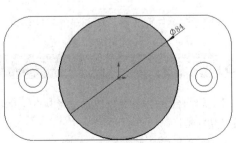

图6-27　绘制圆形草图

14_ 单击【确定】按钮✔退出草绘环境。在【凸台-拉伸】属性面板中设置拉伸方法为"给定深度"，然后输入值为"50mm"，再单击【确定】按钮✔，完成凸台特征2的创建，如图6-28所示。

15_ 使用【拉伸切除】工具▣，选择圆柱顶面作为草绘平面，进入草绘环境绘制草图截面，如图6-29所示。

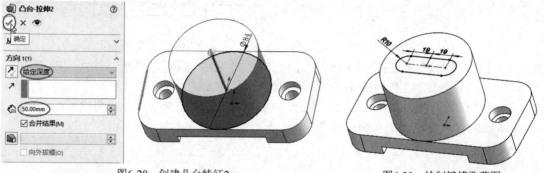

图6-28　创建凸台特征2　　　　　　　　图6-29　绘制键槽孔草图

16_ 在【切除-拉伸】属性面板中设置拉伸类型为"完全贯穿"，单击【确定】按钮✔，完成拉伸切除特征4（键槽）的创建，如图6-30所示。

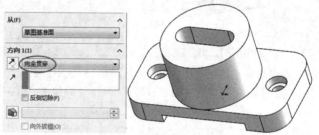

图6-30　创建拉伸切除特征4

17_ 再利用【拉伸切除】工具▣，通过绘制草图截面和设置拉伸参数，创建出拉伸切除特征5，并完成零件设计，结果如图6-31所示。

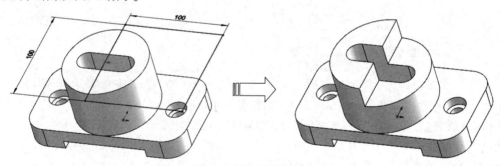

图6-31　圆柱上的槽特征

18_ 键槽支撑零件完成后，将创建的零件保存。

6.3 旋转凸台/基体特征

　　【旋转凸台/基体】命令是通过绕中心线旋转一个或多个轮廓来添加或移除材料，可以生成旋转凸台或旋转切除特征。

　　要创建旋转特征需注意以下准则。

● 实体旋转特征的草图可以包含多个相交轮廓。

● 薄壁或曲面旋转特征的草图可包含多个开环的或闭环的相交轮廓。

● 轮廓不能与中心线交叉。如果草图包含一条以上中心线，需要选择想要用作旋转轴的中心线。

　　仅对于旋转曲面和旋转薄壁特征而言，草图不能位于中心线上。

6.3.1　【旋转】属性面板

　　在【特征】选项卡中单击【旋转/凸台基体】按钮 ，弹出【旋转】属性面板。当进入草图环境完成草图绘制并退出草图环境后，再显示如图6-32所示的【旋转】属性面板。

　　草绘旋转特征截面时，其截面必须全部位于旋转中心线一侧，并且截面必须是封闭的，如图6-33所示。

图6-32　【旋转】属性面板

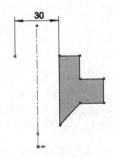

图6-33　封闭的截面

6.3.2　关于旋转类型与角度

　　旋转特征草绘截面完成后，创建旋转特征时，可按要求选择旋转类型。如图6-34所示的【旋转】属性面板中包括了系统提供的4种旋转类型。这几种旋转类型的含义与拉伸类型类似，这里不再赘述。

　　旋转特征的生成取决于旋转角度和方向控制两个方面的作用。如图6-35所示，当旋转角度为100°时，特征由草绘平面逆时针旋转100°生成。

图6-34　旋转类型

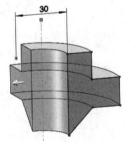

图6-35　给定角度旋转

6.3.3　关于旋转轴

　　旋转特征的旋转轴可以是外部参考（基准轴），也可以是内部参考（自身轮廓边或绘制的中心线）。默认情况下，SolidWorks会自动使用内部参考，如果用户没有绘制旋转中心线，可在退出草绘环境后创建基准轴作为参考。

⭐ 动手操作——创建轴套零件模型

利用【旋转】工具创建如图6-36所示的轴套截面。所使用的旋转方法为"给定深度"，旋转轴为内部的基准中心线。

01__ 启动SolidWorks，然后新建一个零件文件。

02__ 在功能区的【特征】选项卡中单击【旋转凸台/基体】按钮 🍥，弹出【旋转】属性面板。按信息技巧点拨选择前视基准平面作为草绘平面，然后自动进入草绘环境中。

03__ 首先使用基准中心线工具在坐标系原点位置绘制一条竖直的参考中心线。

04__ 从轴套截面图得知，旋转截面为阴影部分，但这里仅仅绘制一个阴影截面即可。使用【直线】和【圆弧】工具绘制如图6-37所示的草图。

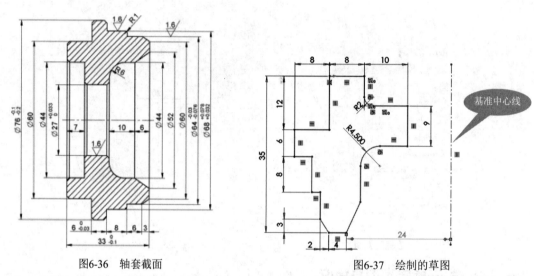

图6-36　轴套截面　　　　　　　　　　　　　　　图6-37　绘制的草图

05__ 使用【倒角】工具，对基本草图进行倒斜角处理，如图6-38所示。

06__ 退出草图环境，SolidWorks自动选择内部的基准中心线作为旋转轴，并显示旋转特征的预览，如图6-39所示。

07__ 保留旋转类型及旋转参数的默认设置，单击属性面板中的【确定】按钮 ✓，完成轴套零件的设计，结果如图6-40所示。

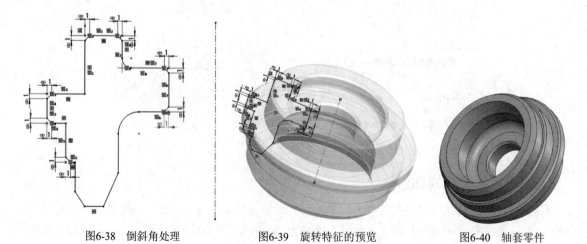

图6-38　倒斜角处理　　　　　　　图6-39　旋转特征的预览　　　　　　图6-40　轴套零件

6.4 扫描凸台/基体特征

"扫描"是在沿一个或多个选定轨迹扫描截面时，通过控制截面的方向、旋转和几何来添加或移除材料的特征创建方法。轨迹线可看成是特征的外形线，而草绘平面可看成是特征截面。

扫描凸台/基体特征主要由扫描轨迹和扫描截面构成，如图6-41所示。扫描轨迹可以指定现有的曲线、边，也可以进入草绘器进行草绘。扫描的截面包括恒定截面和可变截面。

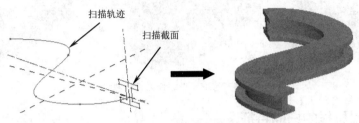

图6-41　扫描特征的构成

6.4.1　【扫描】属性面板

要创建扫描特征，必须先绘制扫描的截面和扫描轨迹（否则【扫描】命令不可用）。在【特征】选项卡中单击【扫描】按钮 🖋，弹出【扫描】属性面板，如图6-42所示。

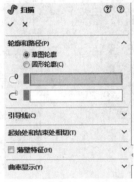

图6-42　【扫描】属性面板

6.4.2　扫描轨迹的创建方法

简单扫描特征由一条轨迹线和一个特征截面构成。轨迹线可以是开放的也可以是封闭的，但特征截面必须是封闭的，否则不能创建扫描特征，并弹出信息警告，如图6-43所示。

要创建扫描特征，不能像创建拉伸特征和旋转特征那样，从【拉伸】【旋转】属性面板开始，绘制扫描截面和轨迹。而是要事先准备好扫描截面或扫描轨迹，才能执行【扫描凸台/基体】命令来创建扫描特征。

图6-43　扫描轨迹报警信息

轨迹线可以是草图线、空间曲线或模型的边，且轨迹线必须与截面的所在平面相交。另外，扫描引导线必须与截面或截面草图中的点重合。

在零件设计过程中，常常会在已有的模型上创建附加特征（子特征），那么对于扫描特征，可以选取现有的模型边作为扫描轨迹，如图6-44所示。

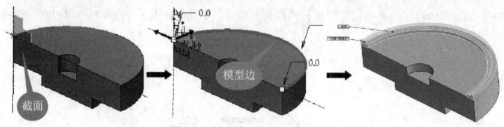

图6-44　选取模型边作为扫描轨迹

6.4.3　带引导线的扫描特征

简单扫描特征的特征截面是相同的；如果特征截面在扫描的过程中是变化的，则必须使用带引导线的方式创建扫描特征，即增加辅助轨迹线并使之对特征截面的变化规律加以约束。如图6-45和图6-46所示，添加与不添加引导线，特征形状是完全不同的。

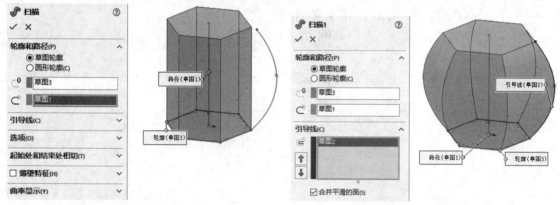

图6-45　无引导线扫描　　　　　　　　图6-46　有引导线扫描

🔲 动手操作——麻花绳建模

本实例将利用扫描的可变截面方法来创建一个麻花绳的造型。这种方法也可以针对一些不规则的截面用来设计具有造型曲面特点的弧形，由于操作简单，得到的曲面质量好，而为广大SolidWorks用户所使用。下面来详解这一操作过程。

01_ 新建零件文件。

02_ 首先单击【草图】选项卡中的【草图绘制】按钮，弹出【编辑草图】属性面板。然后选择前视基准面作为草绘平面并自动进入草绘环境。

03_ 单击【样条曲线】按钮，绘制如图6-47所示的样条曲线作为扫描轨迹。

04_ 单击【草绘】选项卡中的【确定】按钮，退出草绘环境。下一步进行扫描截面的绘制，如图6-48所示，选择右视基准面作为草绘平面。

05_ 在右视基准面中绘制如图6-49所示的圆形阵列。注意右侧方框位置，圆形阵列的中心与扫描轨迹线的端点对齐，阵列命令在后面的章节中会讲到。

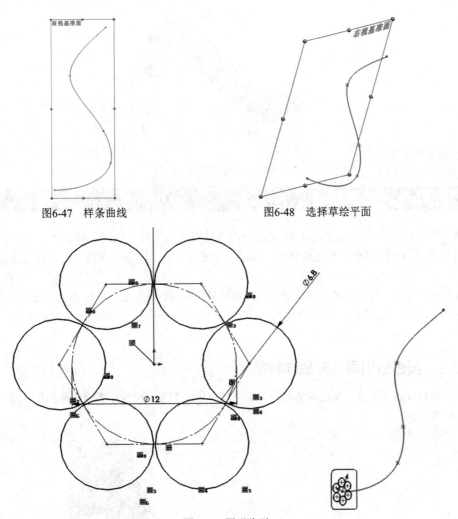

图6-47 样条曲线　　　　　　　　　图6-48 选择草绘平面

图6-49 圆形阵列

06_ 单击【扫描】按钮 ✎，打开【扫描】属性面板，设置如图6-50所示的选项。选择方向为"沿路径扭转"。如选择"随路径变化"选项，则无法实现纹路造型特征，如图6-51所示。

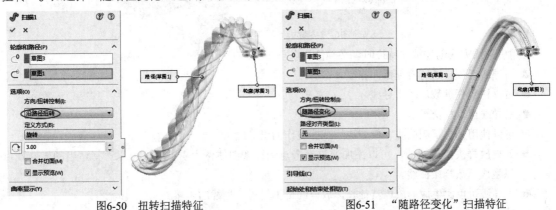

图6-50 扭转扫描特征　　　　　　　图6-51 "随路径变化"扫描特征

07_ 单击【确定】按钮 ✔，完成麻花绳扫描特征的创建，如图6-52所示。

图6-52　麻花绳扫描特征创建完成

08_ 最后将结果保存。

6.5 放样/凸台基体特征

【放样/凸台基体】命令是通过在轮廓之间进行过渡生成特征。放样可以是基体、凸台、切除或曲面，可以使用两个或多个轮廓生成放样。仅第一个或最后一个轮廓可以是点，也可以这两个轮廓均为点。

创建放样特征时，理论上各个特征截面的线段数量应相等，并且要合理地确定截面之间的对应点。如果系统自动创建的放样特征截面之间的对应点不符合用户的要求，则创建放样特征时必须使用引导线。

6.5.1 创建带引导线的放样特征

如果放样特征各个特征截面之间的融合效果不符合用户要求，可使用带引导线的方式来创建放样特征，如图6-53所示。

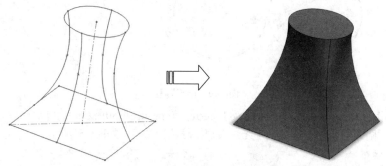

图6-53　带引导线的放样特征

使用引导线方式创建放样特征时，必须注意以下事项。

- 引导线必须与所有特征截面相交。
- 可以使用任意数量的引导线。
- 引导线可以相交于点。
- 可以使用任意草图曲线、模型边线或曲线作为引导线。
- 如果放样失败或扭曲，可以添加通过参考点的样条曲线作为引导线，可以选择适当的轮廓顶点以生成这条样条曲线。
- 引导线可以比生成的放样特征长，放样终止于最短引导线的末端。

6.5.2 创建带中心线的放样特征

放样特征在创建过程中，各个特征截面沿着一条轨迹线扫描的同时相互融合，如图6-54所示。

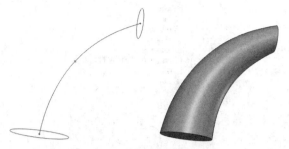

图6-54　中心参考线的放样特征

**技巧
点拨**　　　中心线参数选项卡中的截面数至少要选择50%以上，否则放样实体无法达到要求的形状。

■ 动手操作——扁瓶造型

利用拉伸、放样等方法来创建如图6-55所示的扁瓶。瓶口由拉伸命令创建，瓶体由放样特征实现。

图6-55　扁瓶

01__ 新建零件文件。

02__ 使用【拉伸凸台/基体】工具 ，选择上视基准平面作为草绘平面，绘制如图6-56所示的圆。

03__ 退出草绘环境后，创建拉伸长度为"15mm"的等距拉伸实体特征，如图6-57所示，"等距"距离为"80mm"。

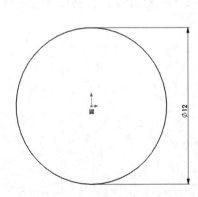

图6-56　绘制拉伸的截面草图

图6-57　等距拉伸实体

04__ 利用【基准面】工具，参照上视基准面平移"55mm"，添加基准面1，如图6-58所示。

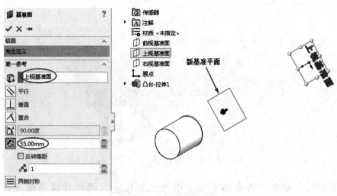

图6-58　创建基准面1

05__ 进入草绘环境，在上视基准面中绘制如图6-59所示的椭圆形，长距和短距分别为15和6。

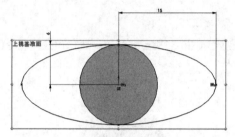

图6-59　绘制瓶底草图

06__ 在新添加的基准面1上，绘制如图6-60所示的图形。

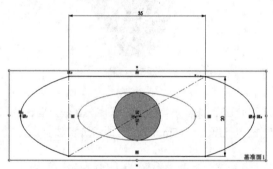

图6-60　绘制瓶身截面草图

07__ 单击【放样凸台/基体】按钮 ，打开【放样】属性面板，选择扫描截面和轨迹线后，单击【确定】按钮 完成扁瓶的制作，如图6-61所示。

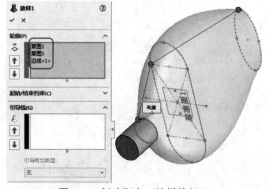

图6-61　创建瓶身（放样特征）

6.6 边界/凸台基体特征

【边界/凸台基体】命令是通过选择两个或多个截面来创建的混合形状特征。

单击【特征】选项卡上的【边界凸台/基体】按钮 ⬡，属性面板显示【边界】属性面板，如图6-62所示。

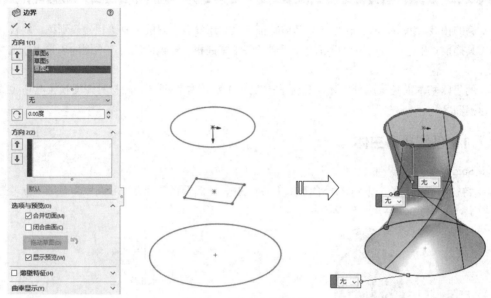

图6-62 【边界】属性面板

【边界】属性面板中各选项区选项的含义如下。

【方向1】选项组：从一个方向设置。

● 曲线：确定用于以此方向生成边界特征的曲线。选择要连接的草图曲线、面或边线。边界特征根据曲线选择的顺序生成。

● 上移 ⬆ 和下移 ⬇：调整曲线的顺序。选择曲线并调整顺序。

 如果预览显示的边界特征令人不满意，可以重新选择或重新排序草图，以连接曲线上不同的点。

【方向2】选项组：选项与上述的方向1相同。

【选项与预览】选项组：通过选项来预览边界。

● 合并切面：如果对应的线段相切，则会使所生成的边界特征中的曲面保持相切。

● 合并结果：沿边界特征方向生成一闭合实体。此选项会自动连接最后一个和第一个草图。

● 拖动草图：激活拖动模式。在编辑边界特征时，可从任何已为边界特征定义了轮廓线的 3D 草图中拖动3D草图线段、点或基准面。

● 撤销草图拖动 ↺：撤销先前的草图拖动并将预览返回到其先前状态。可撤销多个草图拖动和尺寸编辑。

● 显示预览：显示边界特征的上色预览。清除此选项，以便只查看曲线。

【薄壁特征】选项组：选择以生成一薄壁特征边界。

● 网格预览：网格密度。调整网格的行数。

● 斑马条纹：可允许查看曲面中标准显示难以分辨的小变化。斑马条纹模仿在光泽表面上反射的长光线条纹。

● 曲率检查梳形图：提供了斜面以及零件、装配体及工程图文件中大部分草图实体曲率的直观增强功能。方向 1：切换沿方向1的曲率检查梳形图显示；方向2：切换沿方向2的曲率检查梳形图显示。

6.7 综合实战——矿泉水瓶造型

在本例的拓展训练中，将会使用一些基体特征工具和还没有学习的工具进行建模训练。还没有接触学习的工具提前使用，会帮助用户更好地在后面章节中掌握相关知识的应用。本例的矿泉水瓶造型如图6-63所示。

建模的思路基本上是从瓶身主体（凸台/基体特征）到附加特征（去除材料或变换工具所生成的特征）的建模顺序。

6.7.1 创建瓶身主体

01— 新建SoidWorks零件文件。

02— 在【特征】选项卡单击【旋转/凸台基体】按钮，然后选择前视基准平面作为草图平面并进入到草图环境中，绘制如图6-64所示的草图1。

图6-63 矿泉水瓶

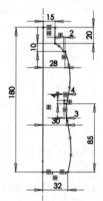

图6-64 绘制草图1

03— 退出草图环境后弹出【旋转】属性面板。选择草图中的中心线作为旋转轴，单击【确定】按钮，完成主体模型的创建，如图6-65所示。

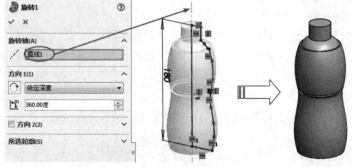

图6-65 创建旋转模型

04— 创建圆角。创建的旋转体带有尖角，这样的瓶子握在手中会扎手，这是不允许的，需要创建圆角。单击【圆角】按钮，打开【圆角】属性面板。选择主体模型底部边线进行倒圆角，圆角半径为"5mm"，最后单击【确定】按钮，完成圆角创建，如图6-66所示。

05__ 单击【圆角】按钮 , 打开【圆角】属性面板。设置圆角类型为"完整圆角" , 然后在主体模型上中段凹槽上依次选择相邻的3个面, 最后单击【确定】按钮 , 完成完整圆角创建, 如图6-67所示。

图6-66　创建圆角　　　　　　　　　　　　　　　　　图6-67　创建完整圆角

06__ 最后, 再创建多处半径相等 (半径为 "2mm") 的圆角特征, 如图6-68所示。

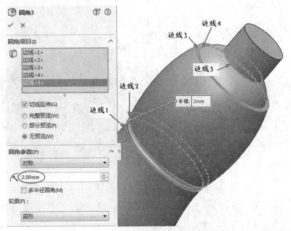

图6-68　创建其余相等半径的圆角

6.7.2　创建其他细节特征

01__ 绘制草图2。选择右视基准面作为草图进入草图环境中, 绘制一个点 (此点将作为建立三维曲面的中心参考点) , 如图6-69所示。

02__ 在【草图】选项卡单击【草图绘制】的下三角按钮, 激活【3D草图】命令。在3D草图环境中利用【点】工具 在瓶身曲面上创建如图6-70所示的两个点, 再利用【样条曲线】工具 连接起来。

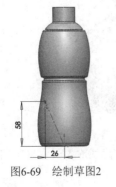

图6-69　绘制草图2

图6-70　绘制3D草图

一定要先高亮预览瓶身曲面后，再创建3D点，否则创建的3D点会在准平面上生成。

03_ 在前视基准面上利用【样条曲线】工具绘制草图3。起点与经过点与3D草图点重合（如果没有重合，请约束为"重合"），如图6-71所示。

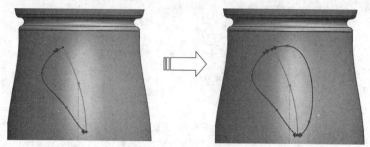

图6-71　绘制草图3

04_ 在【曲面】选项卡单击 投影曲线 按钮，选择样条曲线草图投影到瓶身曲面上，注意投影方向，如图6-72所示。

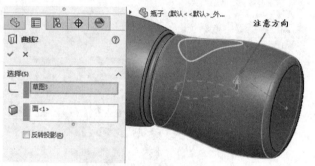

图6-72　创建投影曲线

05_ 在【曲面】选项卡单击【填充曲面】按钮，打开【曲面填充】属性面板。选择投影曲线和3D草图的样条曲线来创建填充曲面，如图6-73所示。

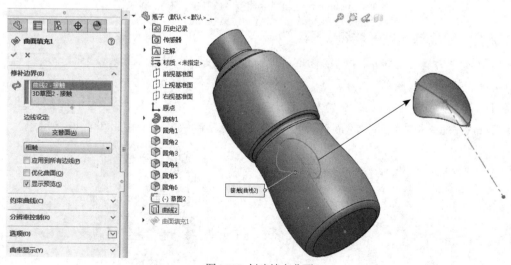

图6-73　创建填充曲面

06_ 在【曲面】选项卡中单击 使用曲面切除 按钮，选择填充曲面作为切除工具，确定切除方向指向瓶身外，单击【确定】按钮，完成切除，如图6-74所示。

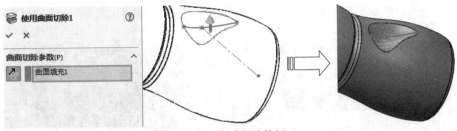

图6-74　创建切除特征

07_ 在【特征】选项卡单击 圆周阵列 按钮，打开【圆周阵列1】属性面板。选择草图1中的中心线作为阵列轴，设置阵列数目为4，再选择上步骤创建的曲面切除特征作为阵列对象，最后单击属性面板中的【确定】按钮，完成曲面切除特征的圆周阵列创建，如图6-75所示。

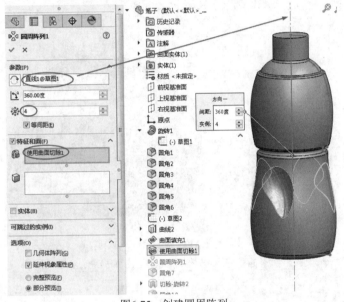

图6-75　创建圆周阵列

08_ 利用【圆角】工具在阵列的4个特征上创建半径为"5mm"的圆角特征，如图6-76所示。

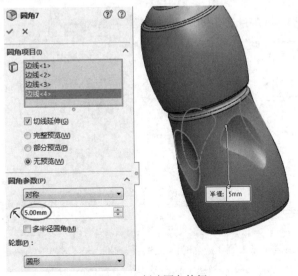

图6-76　创建圆角特征

153

09__ 在前视基准面上绘制草图4，如图6-77所示。然后利用【旋转切除】工具 ，在瓶身底部创建旋转切除特征，如图6-78所示。

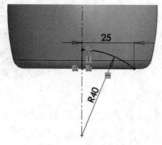
图6-77　绘制草图

图6-78　创建旋转切除

10__ 接着在旋转切除特征边线上创建圆角特征，如图6-79所示。

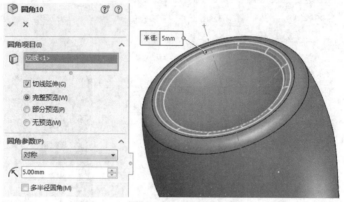
图6-79　创建圆角

11__ 在前视基准面绘制草图5（利用【等距实体】工具绘制曲线），如图6-80所示。

12__ 创建基准平面1，基于上视基准面和上步骤绘制的草图点，如图6-81所示。

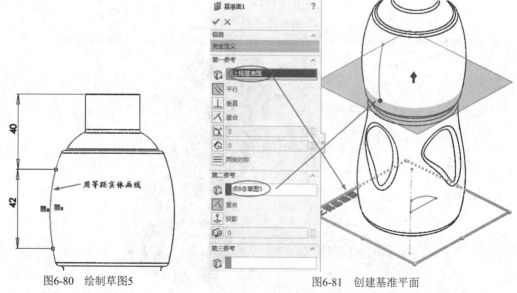
图6-80　绘制草图5

图6-81　创建基准平面

13__ 在创建的基准面上绘制草图6（圆），如图6-82所示。圆心与草图5中的点进行穿透约束。

14__ 再利用【扫描切除】工具 创建扫描切除特征，如图6-83所示。

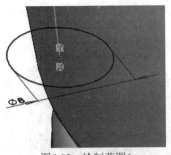

图6-82 绘制草图6

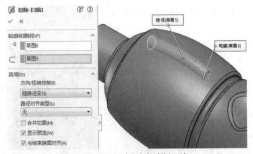

图6-83 创建扫描切除

15_ 单击【圆角】按钮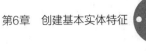先后创建半径为"2mm"的圆角特征，如图6-84所示。

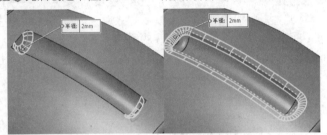

图6-84 创建圆角特征

16_ 单击 圆周阵列 按钮，创建如图6-85所示的圆周阵列。

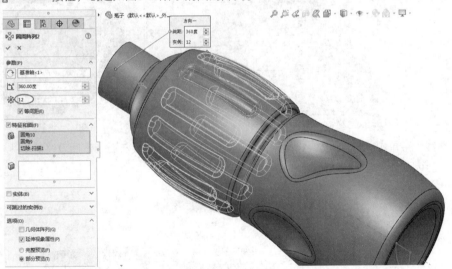

图6-85 创建圆周阵列

17_ 单击 抽壳 按钮，选择瓶口位置的端面作为抽壳的面，壳厚度为"0.5mm"，抽壳结果如图6-86所示。

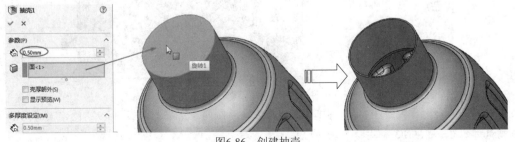

图6-86 创建抽壳

155

18— 在前视基准面上绘制草图7，如图6-87所示。然后创建旋转特征（选择草图1中的中心线作为旋转轴），如图6-88所示。

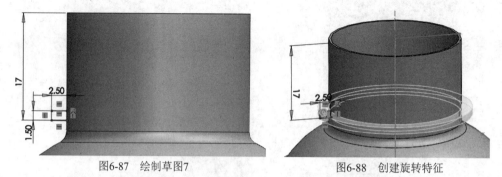

图6-87 绘制草图7　　　　　　　　　　图6-88 创建旋转特征

19— 利用【基准平面】工具创建新基准平面2，如图6-89所示。

20— 然后在新基准平面上绘制草图8（此草图圆的直径尽量比口小，避免在后面出现布尔运算问题），如图6-90所示。

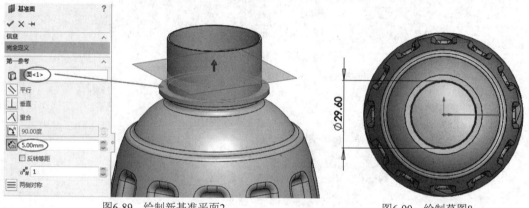

图6-89 绘制新基准平面2　　　　　　　　图6-90 绘制草图8

21— 在【曲线】菜单中单击 ⬛ 螺旋线/涡状线按钮，选择草图8为螺旋线横断面，然后设置螺旋线参数，单击【确定】按钮✓，创建螺旋线，如图6-91所示。

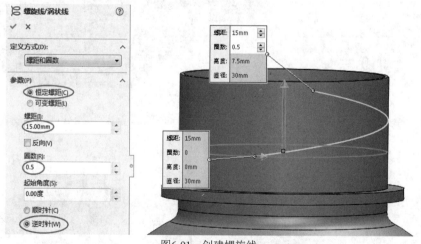

图6-91 创建螺旋线

22— 在右视基准面上绘制草图9（从螺旋线端点出发，绘制两条直线），如图6-92所示。然后以此草图直线创建新参考基准平面3，如图6-93所示。

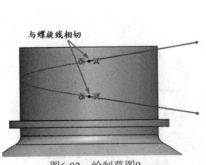

图6-92　绘制草图9

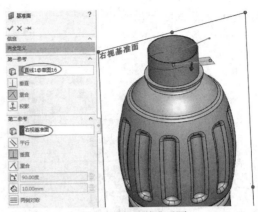

图6-93　创建基准平面3

23＿ 接下来创建新基准平面4，如图6-94所示。

24＿ 在基准平面3上绘制草图10，半径为5的圆弧，此圆弧要与螺旋线相切，如图6-95所示。

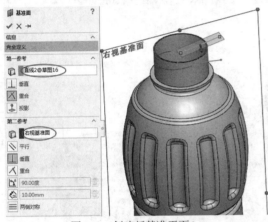

图6-94　创建新基准平面4

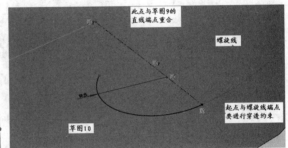

图6-95　绘制草图10

25＿ 同理，在基准平面4上绘制与草图10相同大小的圆弧（即草图11），如图6-96所示。

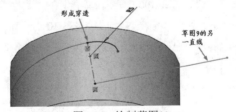

图6-96　绘制草图11

26＿ 单击【曲线】菜单中的 组合曲线 按钮，将螺旋线和与之相切的两个草图圆弧结合成一段完整曲线，如图6-97所示。

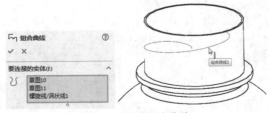

图6-97　创建组合曲线

27＿ 在前视基准面上绘制如图6-98所示的草图12，作为即将要创建扫描特征的截面。

157

28__ 单击 🖋️ 扫描，选择草图12作为截面，选择组合曲线作为路径，创建如图6-99所示的扫描特征（瓶口的螺纹）。

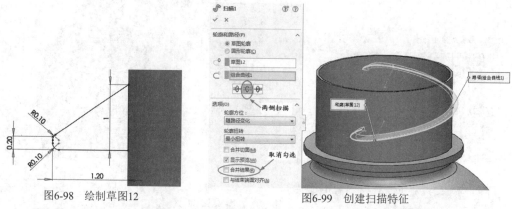

图6-98　绘制草图12　　　　　　　　　　图6-99　创建扫描特征

29__ 单击 📦 分割 按钮（需要自定义此命令），用等距曲面分割扫描特征，如图6-100所示。

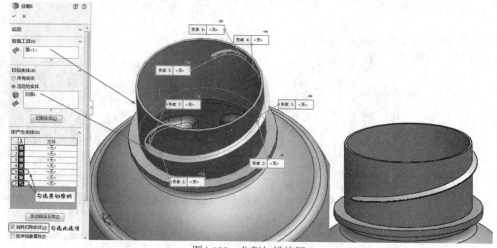

图6-100　分割扫描特征

30__ 将分割后的扫描特征进行圆周阵列，阵列个数为3，如图6-101所示。

31__ 阵列后使用【组合】工具 📦 组合 （要自定义此命令）将扫描特征与瓶身主体合并成整体，如图6-102所示。

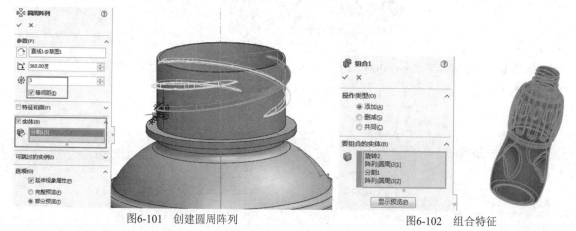

图6-101　创建圆周阵列　　　　　　　　　　图6-102　组合特征

32__ 至此完成了塑料瓶的造型。

第7章 创建高级实体特征

除了前面介绍的基础特征，SolidWorks还包括形变类型及扣合类型的高级特征。之所以称为高级，是因为这些特征在造型结构及形状都有很广泛的较复杂的建模应用。

7.1 形变特征

通过形变特征来改变或生成实体模型和曲面。常用的形变特征有自由形、变形、压凹、弯曲和包覆。下面进行详细介绍。

7.1.1 自由形

自由形是通过在点上推动和拖动而在平面或非平面上添加变形曲面。

自由形特征用于修改曲面或实体的面。每次只能修改一个面，该面可以有任意条边线。设计人员可以通过生成控制曲线和控制点，然后推拉控制点来修改面，对变形进行直接的交互式控制。使用三重轴可以约束推拉方向。

在菜单栏执行【插入】|【特征】|【自由形】命令，或者在【特征】选项卡中单击【自由形】按钮 ，弹出【自由形】属性面板。【自由形】属性面板如图7-1所示。

选择一个面以作为自由形特征进行修改。要变形的面的边界会显示边界连续性的控制方法，如图7-2所示。这些方法包括【可移动/相切】【可移动】【接触】【相切】【曲率】。

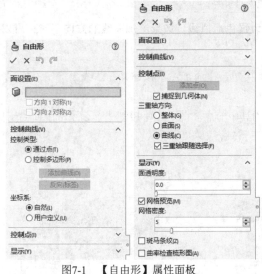

图7-1 【自由形】属性面板

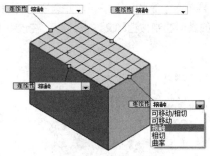

图7-2 要变形的面

动手操作——自由形形变操作

01_ 新建零件文件。

02_ 利用【拉伸凸台/基体】工具在前视基准平面上创建如图7-3所示的拉伸凸台。

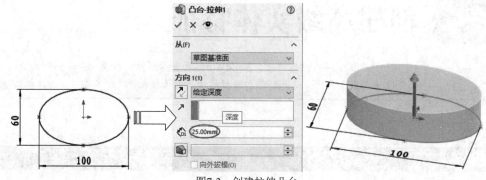

图7-3　创建拉伸凸台

03_ 单击【自由形】按钮 🖐，打开【自由形】属性面板。

04_ 在图形区选择要变形的模型上表面，然后在【控制曲线】选项中选择【通过点】选项。单击【添加曲线】按钮，再在图形区中用鼠标在实体表面大概中间的位置添加一条曲线，如图7-4所示。

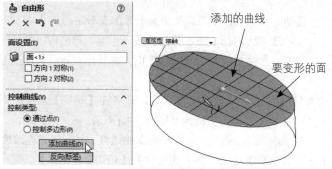

图7-4　选择变形面和控制曲线

技术要点　　控制曲线仅仅在所选变形面中生成，为绿色虚拟线。如果添加曲线的方向不对，可以单击【反向（选项卡）】按钮进行更改。

05_ 在【控制点】选项区中，选择【曲线】选项，再单击【添加点】按钮并在曲线上均匀添加3个点，如图7-5所示。

06_ 再单击【添加点】按钮，并选取3个控制点中的其中一点。此时在【控制点】选项最下面会出现3个方向的微调控制按钮和文本框，同时在该点上显示三重轴，如图7-6所示。

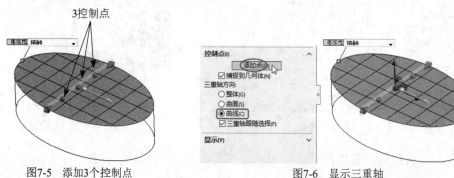

图7-5　添加3个控制点　　　　　　　　　　　图7-6　显示三重轴

07_ 拖动三重轴上竖直方向的句柄，使所选曲面变形，结果如图7-7所示。

08_ 单击属性面板中的【确定】按钮 ✔，完成"自由形"特征操作，如图7-8所示。

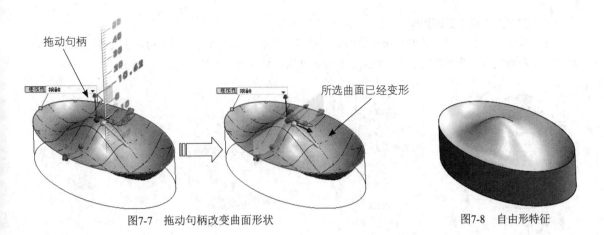

图7-7 拖动句柄改变曲面形状　　　　　　　　　　图7-8 自由形特征

7.1.2 变形

变形是将整体变形应用到实体或曲面实体。使用变形特征改变复杂曲面或实体模型的局部或整体形状，无须考虑用于生成模型的草图或特征约束。

变形提供一种的简单方法虚拟改变模型（无论是有机的还是机械的），这在创建设计概念或对复杂模型进行几何修改时很有用，因为使用传统的草图、特征或历史记录编辑需要花费很长时间。

单击【变形】按钮，弹出【变形】属性面板。【变形】属性面板如图7-9所示。

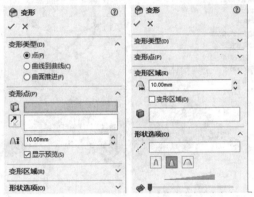

图7-9 【变形】属性面板

变形特征有3种变形类型：点、曲线到曲线和曲面推进。

1.【点】变形类型

【点】变形是改变复杂形状的最简单的方法。选择模型面、曲面、边线或顶点上的一点，或选择空间中的一点，然后选择用于控制变形的距离和球形半径，如图7-10所示。

选择点　　　　　　　　　变形方向　　　　　　　　　变形结果

图7-10 【点】变形类型

2.【曲线到曲线】变形类型

【曲线到曲线】变形是改变复杂形状的更为精确的方法。通过将几何体从初始曲线（可以是曲线、边线、剖面曲线以及草图曲线组等）映射到目标曲线组，可以变形对象，如图7-11所示。

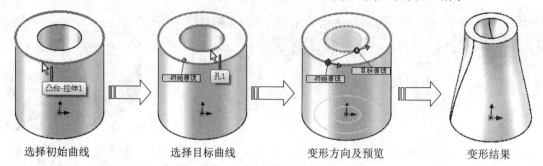

| 选择初始曲线 | 选择目标曲线 | 变形方向及预览 | 变形结果 |

图7-11　【曲线到曲线】变形类型

3.【曲面推进】变形类型

【曲面推进】变形通过使用工具实体曲面替换（推进）目标实体的曲面来改变其形状。目标实体曲面接近工具实体曲面，但在变形前后每个目标曲面之间保持一对一的对应关系，如图7-12所示。

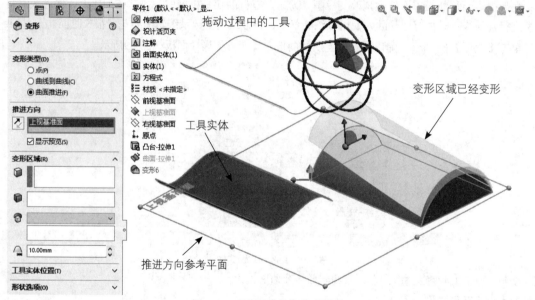

图7-12　【曲面推进】变形类型

▣ 动手操作——变形操作

01_ 新建零件文件。

02_ 利用【草图绘制】工具 ⌒·，在前视基准平面上绘制如图7-13所示的草图曲线。

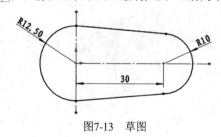

图7-13　草图

03_ 单击【基准面】按钮 ，然后参考前视基准平面和草图曲线来创建新基准平面，如图7-14所示。

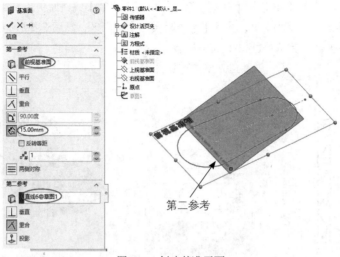

图7-14　创建基准平面

04_ 创建基准平面后，单击【拉伸凸台/基体】按钮 ，然后选择前面绘制的草图进行拉伸，结果如图7-15所示。

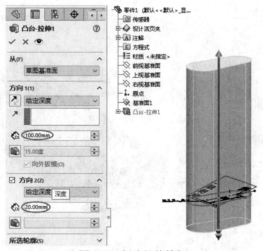

图7-15　创建拉伸特征

05_ 在菜单栏执行【插入】|【切除】|【使用曲面】命令，打开【使用曲面切除】属性面板。

06_ 选择新建的基准平面作为切除曲面，保留正确的切除方向，最后单击面板中的【确定】按钮 ，完成切除操作，如图7-16所示。

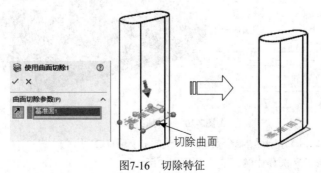

图7-16　切除特征

163

07__ 在上视基准平面绘制如图7-17所示的样条曲线（此曲线作为变形的参考）。

08__ 在菜单栏执行【插入】|【特征】|【分割】命令，打开【分割】属性面板。

09__ 选择上视基准平面作为剪裁工具，激活【所产生实体】选项区，然后选择拉伸特征作为剪裁对象，最后单击【确定】按钮 ✔，完成分割，如图7-18所示。

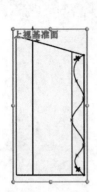

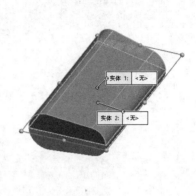

图7-17　绘制草图　　　　　　　　　　　　　　　　　图7-18　分割拉伸特征

10__ 在菜单栏执行【插入】|【特征】|【变形】命令，打开【变形】属性面板。

11__ 选择【曲线到曲线】变形类型，选取分割的实体边作为初始曲线，再选取上步骤绘制的样条曲线作为目标曲线，如图7-19所示。

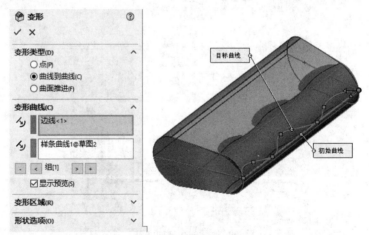

图7-19　选取变形曲线

12__ 选择固定的曲面（不能变形的区域），如图7-20所示。

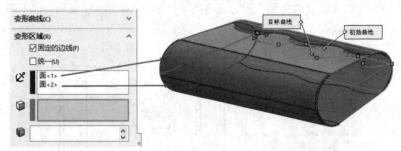

图7-20　选择固定曲面

13__ 选择要变形的实体，即分割后的2个实体同时选择，如图7-21所示。

14__ 在【形状选项】选项区选择中等固定，如图7-22所示。

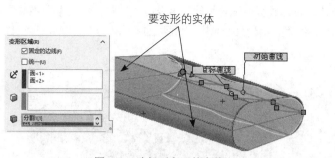

要变形的实体

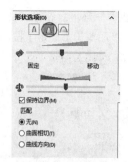

图7-21 选择要变形的实体

图7-22 选择刚度

15__ 保留属性面板中其余选项的默认设置，最后单击【确定】按钮 ✔，完成变形。变形的结果为刀把形状，如图7-23所示。

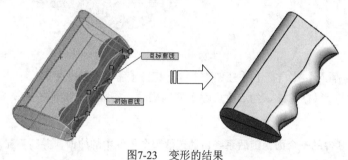

图7-23 变形的结果

7.1.3 压凹

压凹特征是以工具实体的形状在目标实体中生成袋套或突起，因此在最终实体中比在原始实体中显示更多的面、边线和顶点。这与变形特征不同，变形特征中的面、边线和顶点数在最终实体中保持不变。

创建压凹特征时的一些条件要求如下。

● 目标实体和工具实体中必须有一个为实体。

● 如想压凹，目标实体必须与工具实体接触，或者间隙值必须允许穿越目标实体的突起。

● 如想切除，目标实体和工具实体不必相互接触，但间隙值必须大到可足够生成与目标实体的交叉。

● 如想以曲面工具实体压凹（切除）实体，曲面必须与实体完全相交。

📌 动手操作——压凹特征的应用

下面利用【压凹】工具来设计铸模的型芯。

01__ 打开本例源文件"轴.sldprt"。

02__ 单击【拉伸凸台/基体】按钮 🔲，然后选择上视基准平面为草图平面，进入草图环境绘制草图，如图7-24所示。

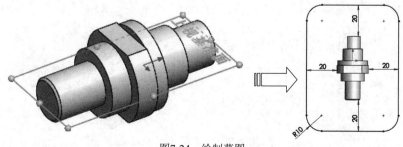

图7-24 绘制草图

03__ 退出草图环境。在【凸台-拉伸】属性面板中设置拉伸深度及拉伸方向，取消【合并结果】复选框的勾选。最后单击【确定】按钮✔️，完成拉伸特征的创建，如图7-25所示。

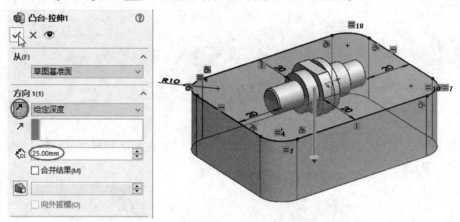

图7-25　创建拉伸特征

04__ 在菜单栏执行【插入】|【特征】|【压凹】命令，打开【压凹】属性面板。

05__ 选择拉伸特征作为目标实体，勾选【切除】复选框后，再选择轴零件上的一个面作为工具实体区域，如图7-26所示。

　选择轴零件的一个面，随后系统自动选取整个零件中的曲面，并高亮显示。

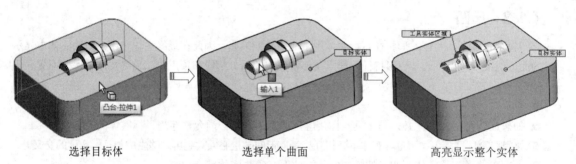

选择目标体　　　　　　　　选择单个曲面　　　　　　　高亮显示整个实体

图7-26　选择目标体和工具实体区域面

06__ 最后单击【确定】按钮完成压凹特征的创建，如图7-27所示。

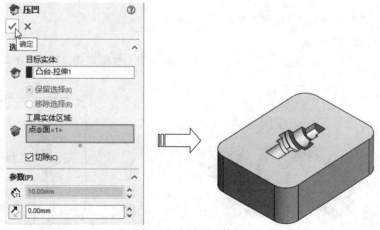

图7-27　创建压凹特征

7.1.4 弯曲

【弯曲】工具是以直观的方式对零件特征进行复杂变形的高级建模工具。它可以生成4种类型的弯曲：折弯、扭曲、锥削和伸展。

■ 动手操作——弯曲特征的应用

下面以零件设计为例，介绍如何利用选择工具结合其他建模工具展开设计工作。本例中要设计的钻头零件如图7-28所示。

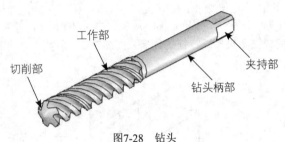

图7-28　钻头

01＿ 新建零件文件进入零件模式。

02＿ 在【特征】选项卡中单击【旋转凸台/基体】按钮，然后在图形区中选择前视基准面作为草绘平面。

03＿ 进入草图模式，绘制出如图7-29所示的旋转截面草图。

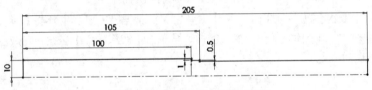

图7-29　绘制钻头的旋转截面草图

04＿ 单击【退出草图】按钮，在弹出的【旋转】属性面板中单击【确定】按钮，完成钻头主体特征的创建，如图7-30所示。

图7-30　创建钻头主体特征

在创建旋转基体特征的操作过程中，若需要修改特征，可以在特征管理器设计树中选择该特征并执行编辑命令。

05＿ 在【特征】选项卡中单击【拉伸切除】按钮，在图形区中选取钻头主体特征的一个端面作为草图平面，如图7-31所示。

06＿ 进入草图环境后，绘制出如图7-32所示的矩形截面草图，然后退出草图模式。

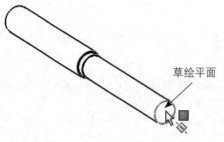

图7-31 选择草绘平面

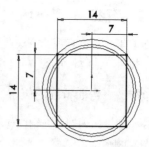

图7-32 绘制矩形截面草图

07__ 在随后弹出的【切除-拉伸】属性面板中，输入深度值为"20mm"，并勾选【反侧切除】复选框，最后单击【确定】按钮，完成钻头夹持部特征的创建，如图7-33所示。

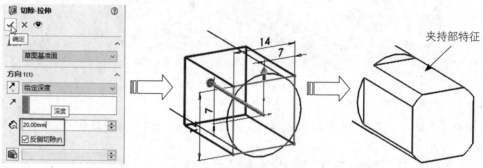

图7-33 创建钻头夹持部特征

08__ 在菜单栏执行【插入】|【特征】|【分割】命令，属性管理器中显示【分割】属性面板。按信息提示在图形区选择主体中的一个横截面作为剪裁曲面，再单击【切除零件】按钮，完成主体的分割，如图7-34所示。最后关闭该面板。

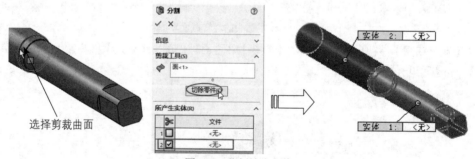

图7-34 分割钻头主体

技术要点 在这里将主体分割成两部分，是为了在其中一部分中创建钻头的工作部，即带有扭曲的退屑槽。

09__ 使用【拉伸切除】工具，在主体最大直径端创建如图7-35所示的工作部退屑槽特征。

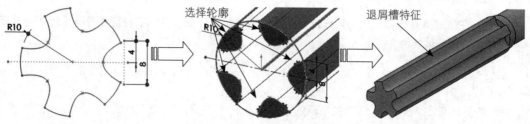

图7-35 创建工作部退屑槽特征

技术要点 在创建拉伸切除特征时，需要手动选择要切除的区域。系统无法自动识别区域。

10__ 在菜单栏执行【插入】|【特征】|【弯曲】命令，属性管理器中显示【弯曲】属性面板。

11__ 在面板的【弯曲输入】选项区中单击【扭曲】单选按钮，然后在图形区中选择钻头主体作为弯曲的实体，随后显示弯曲的剪裁基准面，如图7-36所示。

图7-36 选择弯曲类型及要弯曲的实体

12__ 在【弯曲输入】选项区中输入扭曲角度为"360度"，然后单击【确定】按钮 完成钻头工作部的创建，如图7-37所示。

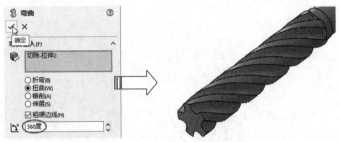

图7-37 创建钻头工作部

13__ 在特征管理器设计树中选择上视基准面，然后使用【旋转切除】工具，在工作部顶端创建切削部，如图7-38所示。

技术要点 旋转切除的草图必须是封闭的，否则将无法按设计要求来切除实体。

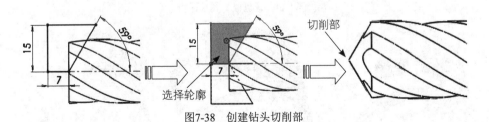

图7-38 创建钻头切削部

14__ 钻头设计完成，结果如图7-39所示。

图7-39 钻头

7.1.5 包覆

包覆是将草图轮廓闭合到面上。包覆特征是将草图包裹到平面或非平面，可从圆柱、圆锥或拉伸的模型生成一平面，也可选择一平面轮廓来添加多个闭合的样条曲线草图。包覆特征支持轮廓选择和草图再用，可以将包覆特征投影至多个面上。

单击【特征】选项卡上的【包覆】按钮并绘制草图后，弹出【包覆】属性面板。【包覆】属性面板如图7-40所示。

技术要点 包覆的草图只可包含多个闭合轮廓，但不能从包含有任何开放性轮廓的草图生成包覆特征。

包覆有3种常见类型：浮雕、蚀雕和刻划。

● 浮雕：在面上生成一突起特征，如图7-41所示。
● 蚀雕：在面上生成一缩进特征，如图7-42所示。
● 刻划：在面上生成一草图轮廓的压印，如图7-43所示。

图7-40　【包覆】属性面板

图7-41　浮雕

图7-42　蚀雕

图7-43　刻划

7.1.6 圆顶

圆顶是添加一个或多个圆顶到所选平面或非平面，可在同一模型上同时生成一个或多个圆顶特征。

在【特征】选项卡中单击【圆顶】按钮 ，弹出【圆顶】属性面板。

在实体模型上生成圆顶过程，如图7-44所示。

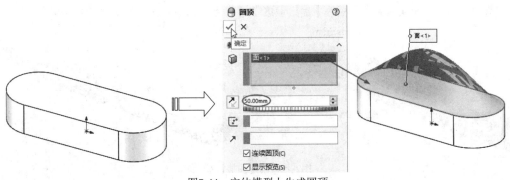

图7-44 实体模型上生成圆顶

⊠ 动手操作——圆顶工具的应用

飞行器的结构由飞行器机体、侧翼、动力装置和喷射的火焰组成，如图7-45所示。

图7-45 天际飞行器

01_ 打开本例源文件，打开的文件为飞行器机体的草图曲线，如图7-46所示。

02_ 在【特征】选项卡中单击【扫描凸台/基体】按钮 ，弹出【扫描凸台/基体】属性面板。然后在图形区中分别选取已有草图的曲线作为轮廓和路径，如图7-47所示。

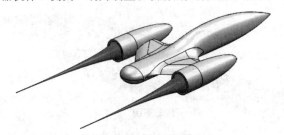

图7-46 飞行器机体的草图

图7-47 为扫描选择轮廓和路径

03_ 激活【引导线】选项区的列表，然后在图形区选择两条扫描的引导线，如图7-48所示。

图7-48 选择扫描的引导线

04 查看扫描预览，无误后单击面板的【确定】按钮✔，完成扫描特征的创建，如图7-49所示。

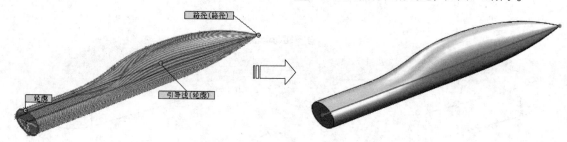

图7-49 创建扫描特征

 读者在学习本例飞行器机体的设计时，若要自己绘制草图来创建扫描特征，则扫描的轮廓（椭圆）不能为完整椭圆，即要将椭圆一分为二。否则在创建扫描特征将会出现如图7-50所示的情况。

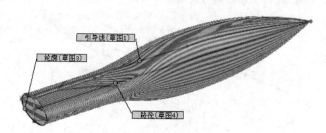

图7-50 以完整椭圆为轮廓时创建的扫描特征

05 在【特征】选项卡单击【圆顶】按钮●，弹出【圆顶】属性面板。通过该面板，在扫描特征中选择面和方向，随后显示圆顶预览，如图7-51所示。

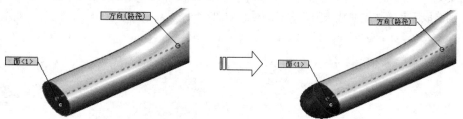

图7-51 选择到圆顶的面和方向

06 在属性面板中输入圆顶的距离为"105cm"，最后单击【确定】按钮✔完成圆顶特征的创建，如图7-52所示。扫描特征与圆顶特征即为飞行器机体。

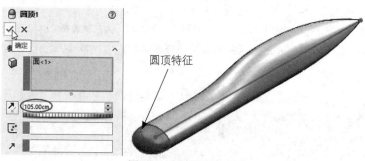

图7-52 创建圆顶特征

07 再次使用【扫描凸台/基体】工具，选择如图7-53所示的扫描轮廓、扫描路径和扫描引导线来创建扫描特征。

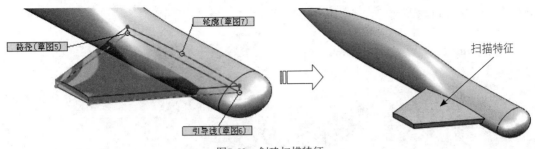

图7-53　创建扫描特征

技术要点　在【扫描凸台/基体】属性面板的【选项】选项区中勾选【合并结果】复选框，为了便于镜向操作。

08_ 使用【圆角】工具，分别在扫描特征上创建半径为"91.5cm"和"160cm"的圆角特征，如图7-54所示。

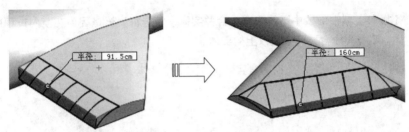

图7-54　创建圆角特征

09_ 使用【旋转凸台/基体】工具，选择如图7-55所示的扫描特征侧面作为草绘平面，然后进行草图模式绘制旋转草图。

10_ 退出草图模式后，以默认的旋转设置来完成旋转特征的创建，结果如图7-56所示。此旋转特征即为动力装置和喷射火焰。

图7-55　绘制旋转草图

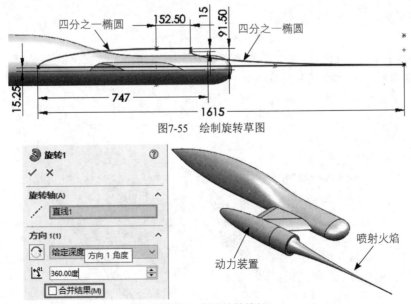

图7-56　创建旋转特征

11_ 单击【镜向】按钮，弹出【镜向】属性面板。选择右视基准面作为镜向平面，在机体另一侧镜

173

向出侧翼、动力装置和喷射火焰，结果如图7-57所示。

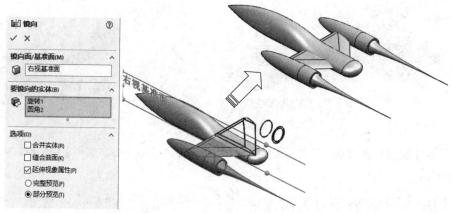

图7-57 镜向侧翼、动力装置和喷射火焰

技术要点 在【镜向】属性面板中不能勾选【合并实体】复选框。这是因为在镜向过程中，只能合并一个实体，不能同时合并两个及以上的实体。

12_ 单击【组合】按钮，将图形区中所有实体合并成一个整体，如图7-58所示。

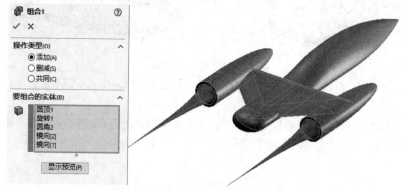

图7-58 合并所有实体

13_ 使用【圆角】工具，在侧翼与机体连接处创建半径为"120cm"的圆角特征，如图7-59所示。至此，天际飞行器的造型设计操作全部完成。

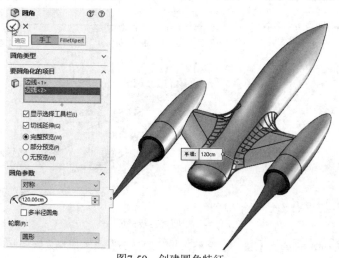

图7-59 创建圆角特征

7.2 扣合特征

扣合特征简化了为塑料和钣金零件生成共同特征的过程，可以生成装配凸台、弹簧扣、弹簧扣凹槽、通风口、唇缘和凹槽。

在功能区选项卡的空白处右击，在弹出的快捷菜单中执行【工具栏】|【扣合特征】命令，调出【扣合特征】工具栏。【扣合特征】工具栏如图7-60所示。

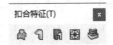

图7-60　【扣合特征】工具栏

 仅当在创建了实体特征（曲面特征不可以）以后，【扣合特征】工具栏才可用。

7.2.1　装配凸台

装配凸台生成一通常用于塑料设计的参数化装配凸台，例如BOSS柱，起加固和装配作用。

单击【装配凸台】按钮，打开【装配凸台】属性面板，如图7-61所示。

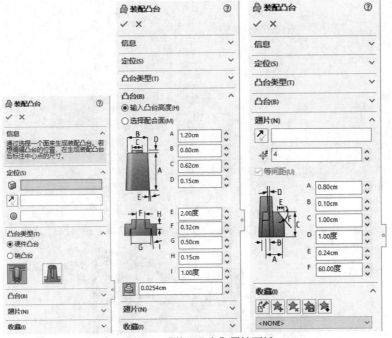

图7-61　【装配凸台】属性面板

用户须选择装配凸台的放置面或3D基准点，放置面可以是平面，也可以是曲面，如图7-62所示。

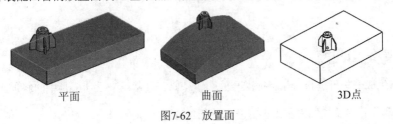

平面　　　　　　曲面　　　　　　3D点

图7-62　放置面

175

可选择圆形边线在其中心创建装配凸台。如图7-63所示为选择圆形边线后的装配凸台定位。

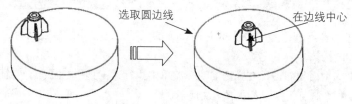

选取圆边线　在边线中心

图7-63　选择圆形边线的定位

7.2.2　弹簧扣

弹簧扣生成一通常用于塑料设计的参数化弹簧扣。弹簧扣是塑件产品中最为常见的一种结构特征，常称为"倒扣"。

单击【弹簧扣】按钮，弹出【弹簧扣】属性面板，如图7-64所示。

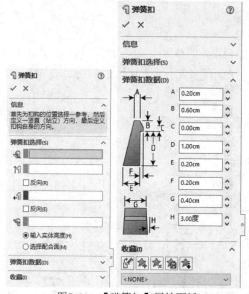

图7-64　【弹簧扣】属性面板

定义弹簧扣的放置、方向及配合面，可选择一个与弹簧扣侧面对齐配合的参考面，如图7-65所示。

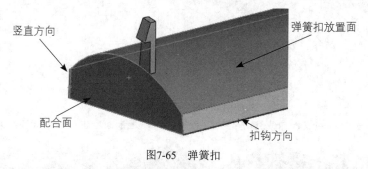

竖直方向　弹簧扣放置面　配合面　扣钩方向

图7-65　弹簧扣

7.2.3　弹簧扣凹槽

弹簧扣凹槽生成一与所选弹簧扣特征配合的凹槽。此工具常用来设计模具中的斜顶头部形状。

技术要点　要利用【弹簧扣凹槽】工具，必须首先生成弹簧扣。

生成弹簧扣凹槽特征操作过程，如图7-66所示。

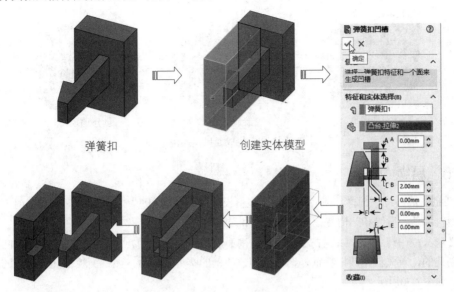

弹簧扣　　　　　　　　　　创建实体模型

移动凹槽观察模型　　生成弹簧扣凹槽　　弹簧扣凹槽预览

图7-66　生成弹簧扣凹槽扣合特征操作

7.2.4　通风口

通风口是使用草图实体在塑料或板金设计中生成通风口供空气流通。通风口使用生成的草图生成各种通风口，设定筋和翼梁数，自动计算流动区域。

 首先必须生成要生成的通风口的草图，然后才能在属性面板中设定通风口选项。

单击【通风口】按钮囲，打开【通风口】属性面板，如图7-67所示。

图7-67　【通风口】属性面板

要创建通风口，必须先绘制通风口形状的草图。生成通风口扣合特征操作过程，如图7-68所示。

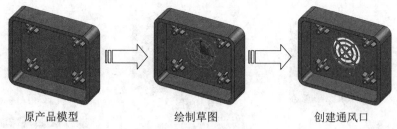

原产品模型   绘制草图   创建通风口

图7-68　生成通风口操作

7.2.5　唇缘/凹槽

唇缘/凹槽生成唇缘、凹槽，或者通常用于塑料设计中的唇缘和凹槽。唇缘和凹槽用来对齐、配合和扣合两个塑料零件。唇缘和凹槽特征支持多实体和装配体。

单击【唇缘/凹槽】按钮，打开【唇缘/凹槽】属性面板，如图7-69所示。唇缘特征和凹槽特征是分开进行创建的，首先创建凹槽特征，选取要创建凹槽的实体模型后，属性面板中展开创建凹槽特征的属性选项，如图7-70所示。

创建完成凹槽后，选取凹槽特征作为参考，属性面板将展开创建唇缘特征的属性选项，如图7-71所示。

图7-69　【唇缘/凹槽】属性面板

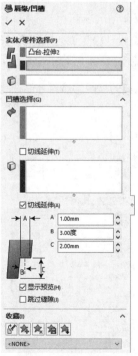

图7-70　创建凹槽特征

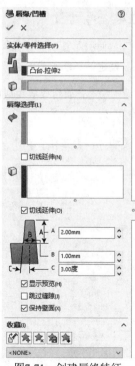

图7-71　创建唇缘特征

▶ 动手操作——设计塑件外壳

01＿ 新建零件文件。

02＿ 利用【拉伸凸台/基体】工具，在前视基准面上绘制如图7-72所示的草图。

03＿ 退出草图环境后，设置拉伸深度类型和深度值，如图7-73所示。

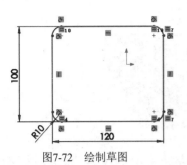

图7-72　绘制草图

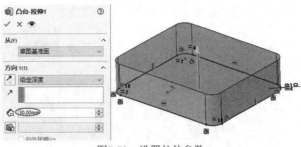

图7-73　设置拉伸参数

04__ 利用【圆角】工具，选择拉伸特征的边来创建半径为"5mm"的恒定圆角特征，如图7-74所示。

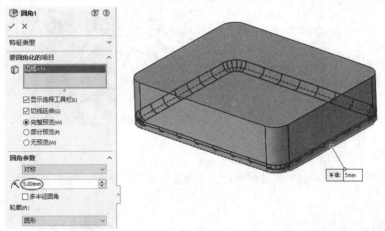

图7-74　创建圆角

05__ 利用【抽壳】工具，选择其一侧作为要移除的面，输入厚度为"3mm"，创建的抽壳特征如图7-75所示。

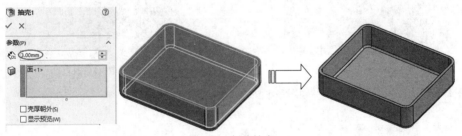

图7-75　创建抽壳

06__ 在抽壳后的外壳平面上绘制通风口草图，如图7-76所示。

07__ 单击【通风口】按钮，打开【通风口】属性面板。选择直径为42的圆为通风口的边界，如图7-77所示。

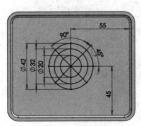

图7-76　绘制草图

图7-77　选择通风口边界

08— 接着选择4条直线创建通风口的筋，筋宽度为"2mm"，如图7-78所示。

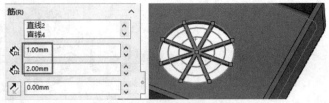

图7-78　选择代表筋的草图直线

09— 在【冀梁】选项区激活【选择代表通风口冀梁的2D草图段】收集器，然后选择直径分别为32、20的圆，随后创建冀梁，如图7-79所示。最后单击【确定】按钮✓，完成通风口的创建。

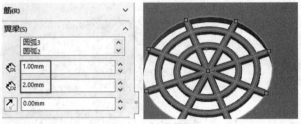

图7-79　创建冀梁

10— 绘制3D草图点，如图7-80所示。

11— 单击【装配凸台】按钮🔩，打开【装配凸台】属性面板。选取1个3D草图点，随后放置凸台，如图7-81所示。

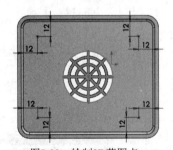

图7-80　绘制3D草图点

图7-81　选取3D点放置凸台

12— 选择【头部】凸台类型，编辑凸台参数，如图7-82所示。

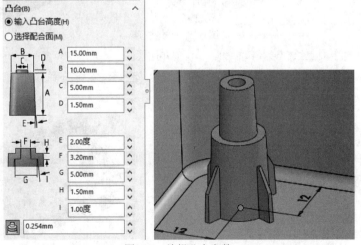

图7-82　编辑凸台参数

13_ 在【翅片】选项区设置翅片参数，如图7-83所示。

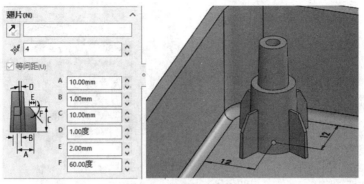

图7-83　设置翅片参数

14_ 最后单击【确定】按钮 ✅，完成凸台的装配。

15_ 同理，在其余3个3D草图点上创建相等参数的凸台特征，结果如图7-84所示。

 如果要装配相等参数的凸台，必须在装配第一凸台时，将凸台参数进行保存，即在属性面板的【收藏】选项区单击【添加或更新收藏】按钮，打开【添加或更新收藏】对话框，输入一个名称，并单击【确定】按钮，如图7-85所示。随后单击【保存收藏】按钮 保存为tutai. sldfvt。当创建第2个凸台时，选择保存的收藏，面板中的参数将与第1个凸台相同，然后选取3D草图点即可自动创建凸台，如图7-86所示。

图7-84　创建其余凸台

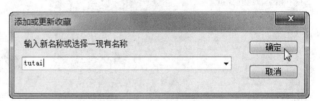

图7-85　输入收藏名称

图7-86　选择保存的收藏创建凸台

16_ 单击【唇缘/凹槽】按钮，打开【唇缘/凹槽】属性面板。首先选择壳体和定义唇缘方向的参考平面，如图7-87所示。

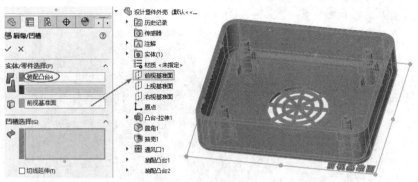

图7-87 选择壳体和参考平面

17_ 然后选择要生成唇缘的面，如图7-88所示。

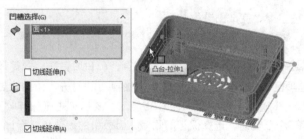

图7-88 选择要生成唇缘的面

18_ 选择外边线来移除材料，并输入唇缘参数，如图7-89所示。

19_ 最后单击【确定】按钮 ✔ 完成唇缘特征的创建，如图7-90所示。

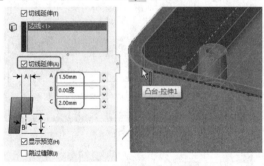

图7-89 选择外边线来移除材料

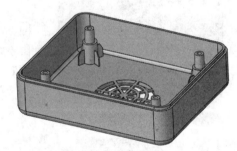

图7-90 创建唇缘特征

7.3 综合实战：轮胎与轮毂设计

　　轮胎和轮毂的设计是比较复杂的，要用到很多基本实体特征和高级实体特征命令。下面详解轮胎和轮毂的设计过程。要设计的轮胎和轮毂如图7-91所示。

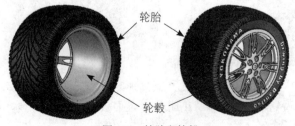

图7-91 轮胎和轮毂

7.3.1　轮毂设计

轮毂的设计过程中将用到拉伸凸台、拉伸切除、旋转切除、旋转凸台、圆角、圆周阵列、圆顶等工具命令，轮毂的整体造型如图7-92所示。

设计方法，先创建主体，然后设计局部形状（为使截图能清晰表达设计意图，可以调转下创建顺序）；先创建加材料特征，再创建减材料特征。

01__ 新建SolidWorks零件文件。

02__ 单击【拉伸凸台/基体】按钮，然后选择上基准面作为草图平面，进入草图环境绘制如图7-93所示的草图。

图7-92　轮毂造型

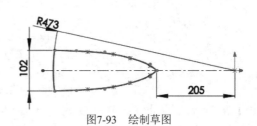

图7-93　绘制草图

03__ 退出草图环境，在【凸台-拉伸】属性面板中设置拉伸选项及参数，最后单击【确定】按钮，完成拉伸凸台的创建，如图7-94所示。

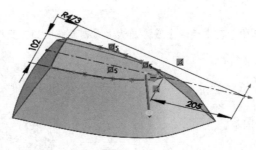

图7-94　设置拉伸参数创建凸台

04__ 单击【基准轴】按钮，打开【基准轴】属性面板。选择前视基准面和右视基准面作为参考实体，再选择【两平面】类型，最后单击【确定】按钮完成基准轴的创建，如图7-95所示。

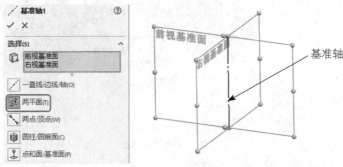

图7-95　创建基准轴

05__ 执行【圆周阵列】命令，打开【圆周阵列】属性面板。选择基座轴为阵列轴，输入实例数为7，在

【实体】选项区选择凸台-拉伸1为要阵列的实体，最后单击【确定】按钮 ✅ ，创建圆周阵列，如图7-96所示。

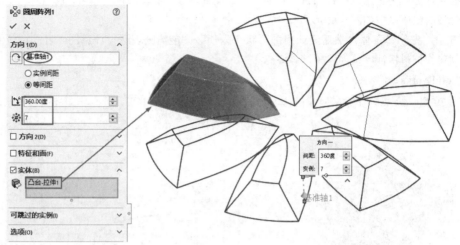

图7-96　创建圆周阵列

06__ 单击【旋转凸台/基体】按钮 🍥 ，在前视基准面上绘制旋转草图，如图7-97所示。

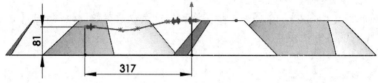

图7-97　绘制旋转草图

07__ 退出草图环境。在【旋转】属性面板上设置草图竖直的直线作为旋转轴，最终创建完成的旋转凸台如图7-98所示。

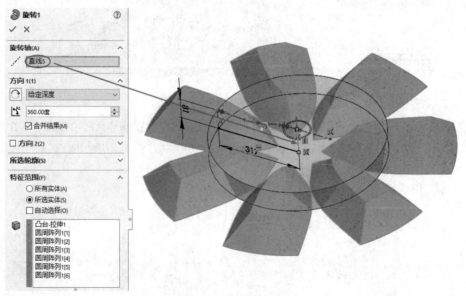

图7-98　创建旋转凸台

08__ 单击【拉伸切除】按钮 🔲 ，然后在上视基准面上先绘制出如图7-99所示的草图。然后再利用【圆周阵列草图】命令阵列草图，结果如图7-100所示。

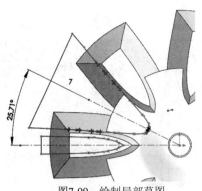

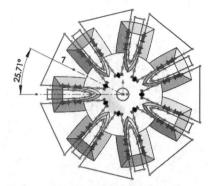

图7-99 绘制局部草图　　　　　　　　图7-100 圆周阵列草图

09_ 退出草图环境，在【切除-拉伸】属性面板中设置【完全贯穿】切除类型，更改拉伸方向。单击【确定】按钮完成切除操作，如图7-101所示。

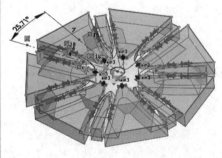
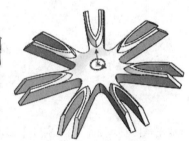

图7-101 切除拉伸

10_ 同理，再执行【旋转切除】命令，在前视基准面上绘制草图，如图7-102所示。

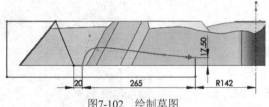

图7-102 绘制草图

11_ 退出草图后，选择中心线为旋转轴，再单击【切除-旋转】属性面板中的【确定】按钮✔，完成切除，如图7-103所示。

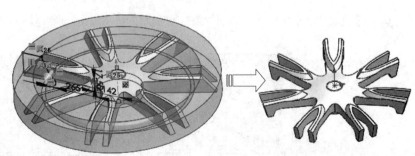

图7-103 完成切除

12_ 单击【旋转凸台/基体】按钮，在前视基准面上绘制草图，如图7-104所示。

185

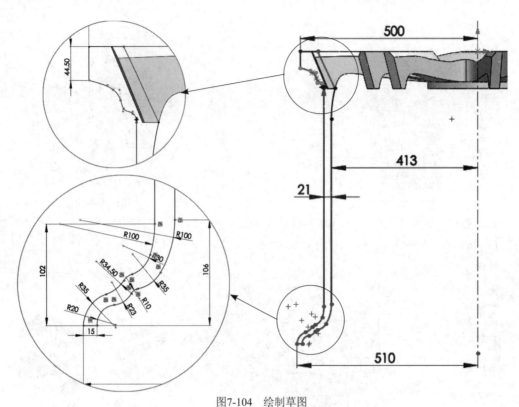

图7-104　绘制草图

13__ 退出草图环境后，在【旋转】属性面板中设置旋转轴，最后单击【确定】按钮✔，完成旋转凸台的创建，如图7-105所示。

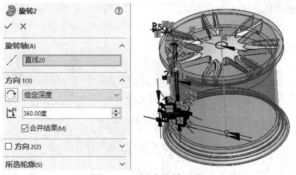

图7-105　创建旋转凸台

14__ 单击【旋转切除】按钮⚙，绘制如图7-106所示的草图后，完成旋转切除特征的创建。

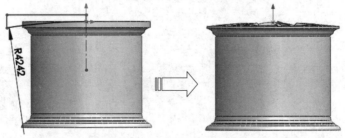

图7-106　创建旋转切除特征

15__ 利用【圆角】工具，对轮毂进行倒圆角处理，圆角半径全为4，如图7-107所示。

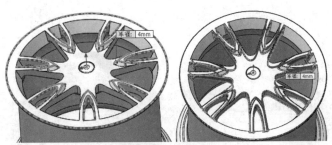

图7-107　圆角处理

16_ 利用【拉伸切除】工具，绘制图7-108所示的草图后，向下拉伸切除距离为80，完成拉伸切除特征的创建。

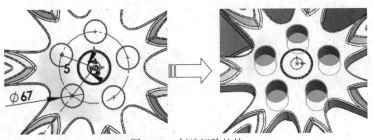

图7-108　创建切除拉伸

17_ 在拉伸切除特征上倒圆角，圆角半径为"4mm"，如图7-109所示。

18_ 至此，轮毂设计完成，结果如图7-110所示。

图7-109　创建圆角特征

图7-110　设计完成的轮毂

7.3.2　轮胎设计

轮胎的设计要稍微复杂一些，会用到部分曲面命令和形变命令。

01_ 利用【旋转凸台/基体】工具，在前视基准面上绘制草图，并完成旋转凸台的创建，如图7-111所示。

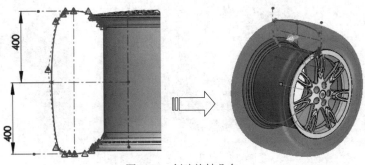

图7-111　创建旋转凸台

02_ 利用【基准面】工具，创建基准面1，如图7-112所示。

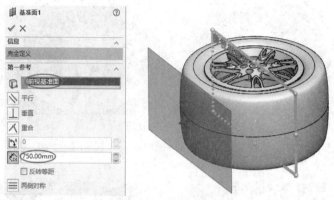

图7-112　创建基准面1

03_ 单击【包覆】按钮，选择基准面1作为草图平面，绘制如图7-113所示的草图。

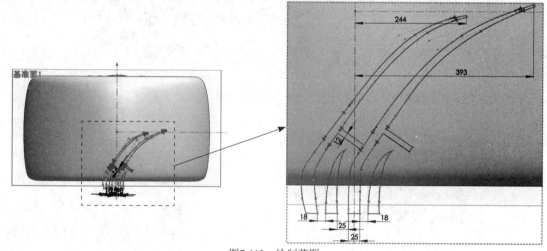

图7-113　绘制草图

04_ 退出草图环境后，在【包覆】属性面板上选择【蚀雕】类型和【分析】方法，并输入深度"10mm"，单击【确定】按钮，完成轮胎表面包覆特征的创建，如图7-114所示。

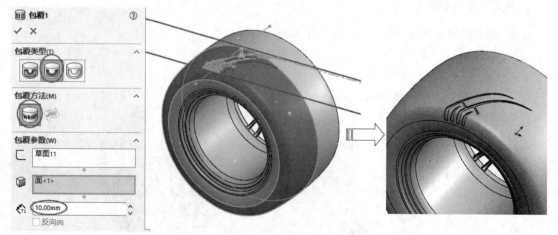

图7-114　创建轮胎表面的包覆特征

05__ 在【曲面】选项卡单击【等距曲面】按钮 🗔，打开【等距曲面】属性面板。选择包覆特征的底面作为等距曲面的参考，等距距离为"0mm"，单击【确定】按钮 ✅ 创建等距曲面，如图7-115所示。

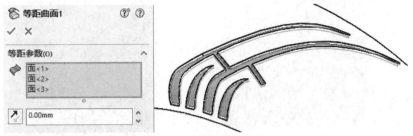

图7-115　创建等距曲面

06__ 在【曲面】选项卡单击【加厚】按钮 🗔，然后依次选择等距曲面来创建加厚特征，创建加厚特征如图7-116所示。同理，将其余两个等距曲面进行加厚。

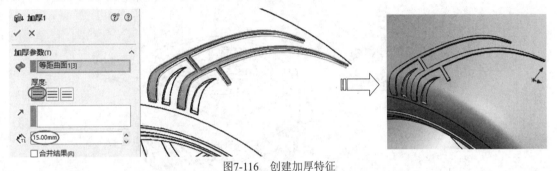

图7-116　创建加厚特征

07__ 利用【圆周草图阵列】工具，将3个加厚特征进行圆周阵列，如图7-117所示。

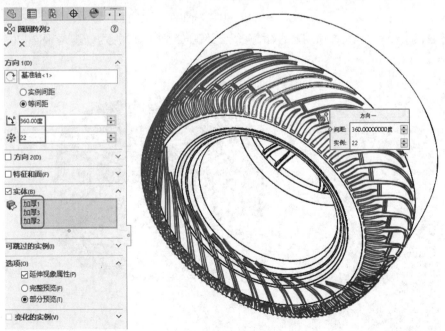

图7-117　创建圆周阵列

08__ 利用【旋转凸台/基体】工具，在前视基准面绘制草图（小矩形）后，完成旋转凸台的创建，如图7-118所示。

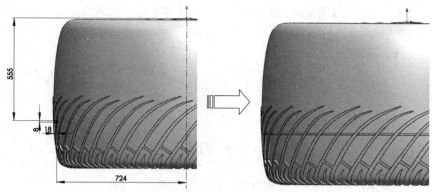

图7-118　创建旋转凸台

09 利用【基准面】工具创建基准面2，如图7-119所示。

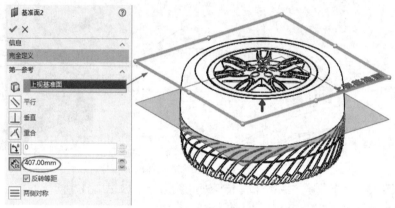

图7-119　创建基准面2

10 利用【镜向】工具，将前面所创建的轮胎花纹全部镜向到基准面2的另一侧，如图7-120所示。

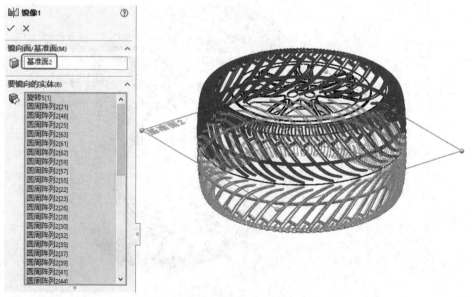

图7-120　创建镜向特征

11 利用【等距曲面】工具，选择轮胎上的一个面来创建等距曲面，如图7-121所示。

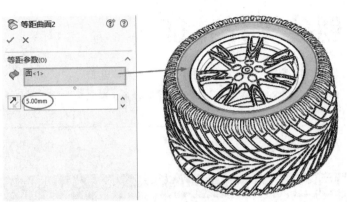

图7-121　创建等距曲面

12_ 利用【拉伸凸台/基体】工具，在上视基准面绘制草图文字，如图7-122所示。

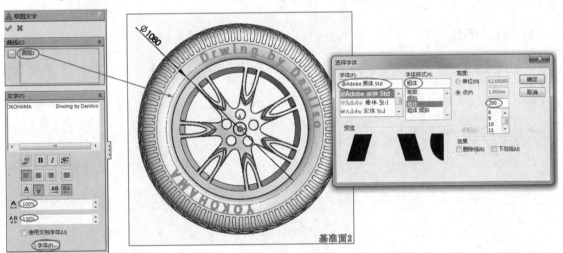

图7-122　绘制草图文字

13_ 退出草图环境，在【凸台-拉伸】对话框中设置拉伸参数，最后单击【确定】按钮✓创建字体实体特征，如图7-123所示。

14_ 在菜单栏执行【插入|特征|删除/保留实体】命令，将等距曲面2删除（以上步骤作为成形参考的等距曲面），至此就完成轮胎的设计，结果如图7-124所示。

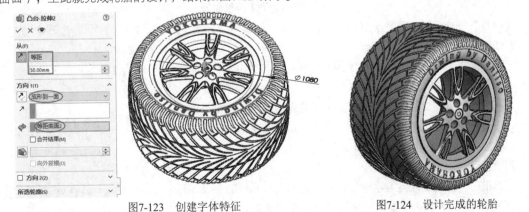

图7-123　创建字体特征　　　　图7-124　设计完成的轮胎

15_ 最后将设计结果保存。

第8章 创建工程特征

工程特征就是在不改变基体特征主要形状的前提下，对已有的特征进行局部修改的附加特征。在SolidWorks 2022中，工程特征主要包括圆角、倒角、孔、抽壳、拔模、阵列、镜向、筋等。

8.1 创建倒角与圆角特征

倒角和圆角是机械加工过程中不可缺少的工艺。在零件设计过程中，通常在锐利的零件边角处进行倒角或圆角处理，便于搬运、装配及避免应力集中等。

8.1.1 倒角

单击【特征】选项卡中的【倒角】按钮 ⚙，或执行【插入】|【特征】|【倒角】命令，弹出【倒角】属性面板，如图8-1所示。

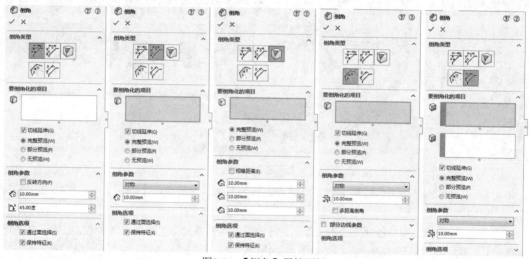

图8-1 【倒角】属性面板

【倒角】属性面板中提供了5种倒角方式。常见的倒角方式是下面3种。

1.角度距离、距离距离和顶点

"角度距离"方式是以某一条边的长度和角度来建立的倒角特征，可以从【倒角参数】选项组中定义两个选项：距离 🔧 和角度 📐。

"距离距离"方式是以斜三角形的两条直角边的长度来定义的倒角特征。

"顶点"方式是以相邻的三条相互垂直的边来定义的顶点圆角。

如图8-2所示为3种倒角类型应用案例。

2.等距面

"等距面"方式是通过偏移选定边线旁边的面来求解等距面倒角。如图8-3所示，可以选择某一个面来创建等距偏移。严格意义上，这种方式近似于"距离距离"方式。

3.面-面

"面-面"方式是选择带有角度的两个面来创建刀具，如图8-4所示。

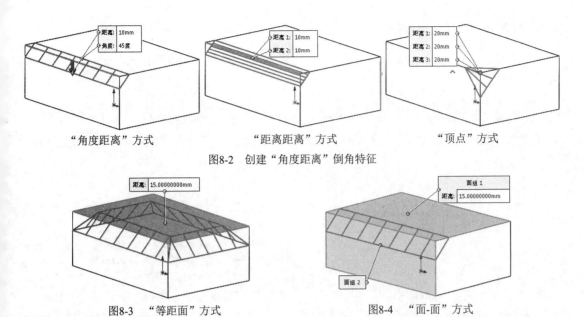

"角度距离"方式　　　　　　"距离距离"方式　　　　　　"顶点"方式

图8-2　创建"角度距离"倒角特征

图8-3　"等距面"方式　　　　　　图8-4　"面-面"方式

8.1.2　圆角特征

在零件上加入圆角特征，除了在工程上达到保护零件的目的，还有助于增强造型平滑的效果。【圆角】工具可以为一个面的所有边线、所选的多组面、单一边线或者边线环生成圆角特征，如图8-5所示。

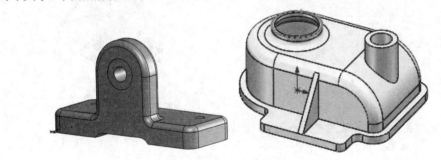

图8-5　圆角的应用

SolidWorks 2022可生成以下几种圆角特征，如图8-6所示。

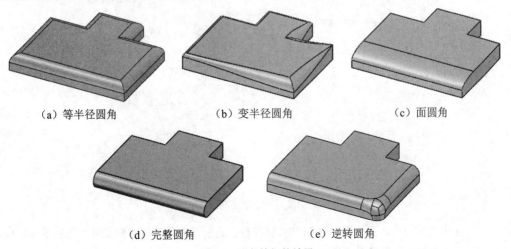

（a）等半径圆角　　　　　（b）变半径圆角　　　　　（c）面圆角

（d）完整圆角　　　　　（e）逆转圆角

图8-6　圆角特征的效果

193

📌 动手操作——创建螺母零件

前面学习了SolidWorks 2022的倒角命令，本节将通过一个简单的特征操作来掌握倒角命令的基本要求。

01_ 新建一个零件文件进入零件设计环境中。

02_ 选择前视基准面作为草绘平面自动进入到草绘环境中。绘制如图8-7所示的六边形（草图1）。

03_ 创建拉伸基体。使用【拉伸凸台/基体】工具 🔲，设置拉伸深度为3，创建如图8-8所示的拉伸凸台基体。

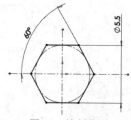

图8-7　绘制草图1

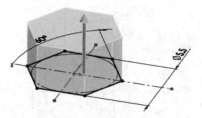

图8-8　创建拉伸特征

04_ 切除斜边。选择右视基准面，并绘制如图8-9所示的草图2，注意三角形的边线与基体对齐，并绘制旋转用的中心线。

05_ 旋转切除。单击【特征】选项卡中【旋转切除】按钮 ✏️，选定中心线，并设置方向为360°，创建旋转切除，如图8-10所示。

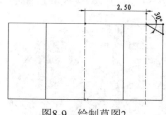

图8-9　绘制草图2

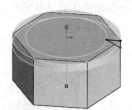

图8-10　创建旋转切除特征

06_ 创建基准面。通过3条相邻边线的中点添加新的基准面，如图8-11所示。

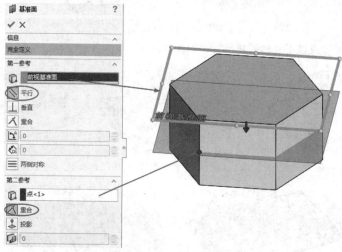

图8-11　创建基准面

技巧点拨　　这个特征也可以重复操作05和06步骤实现，通过镜向、阵列等特征可以更有效地完成模型创建，在后面章节中将逐步介绍。

07 镜向实体。单击【镜向】按钮 镜向，选择要镜向切除的特征（旋转切除特征）和镜向基准面，如图8-12所示。单击【确定】✔按钮，完成镜向。

08 拉伸切除螺栓孔。在螺栓表面绘制直径为3的圆，并通过拉伸切除实现孔特征。注意，拉伸方向为"完全贯穿"，如图8-13所示。

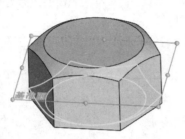
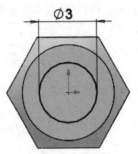

图8-12　拉伸切除底板上的槽　　　　　　　　图8-13　创建螺栓孔

09 倒角。选择螺栓孔的边线进行倒角特征的创建，倒角距离为"0.5mm"，角度为45°，如图8-14所示。

> 技巧点拨　利用【隐藏线可见】的显示方式，可以使边线的选择变得更加容易，也可以"穿过"上色的模型选择边线（仅限于圆角和倒角操作时使用）。

10 圆角。在螺栓孔的另一面选择圆角特征，选择圆角半径为"0.5mm"，切线延伸，如图8-15所示。

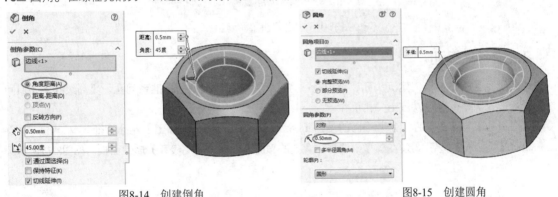

图8-14　创建倒角　　　　　　　　图8-15　创建圆角

11 螺栓零件完成后，将创建的零件保存。

8.2　创建孔特征

在SolidWorks的零件环境中可以创建4种类型的孔特征：简单直孔、高级孔、异形孔和螺纹线。简单直孔用来创建非标孔，高级孔和异形孔导向用来创建标准孔，螺纹线用来创建圆柱内、外螺纹特征。

8.2.1　简单直孔

简单直孔类似于拉伸切除特征的创建，即只能创建圆柱直孔，不能创建其他孔类型（如沉头、锥孔等）。简单直孔只能在平面上创建，不能在曲面上创建。因此，要想在曲面上创建简单直孔特征，建议使用【拉伸切除】工具或【高级孔】工具来创建。

> 提示　若【简单直孔】工具不在默认的功能区【特征】选项卡中，需要从【自定义】对话框的【命令】选项卡下调用此命令。

195

在模型表面创建简单直孔特征的操作步骤如下。

01— 在模型中选取要创建简单直孔特征的平直表面。

02— 单击【特征】选项卡中的【简单直孔】按钮 ，或执行【插入】|【特征】|【钻孔】|【简单直孔】命令。

03— 此时在属性管理器中显示【孔】属性面板，并在模型表面的光标选取位置上自动放置孔特征，通过孔特征的预览查看生成情况，如图8-16所示。

04— 【孔】属性面板的选项含义与【凸台-拉伸】属性面板中的选项含义是完全相同的，这里不再赘述。

05— 设置孔参数后单击【确定】按钮 ，完成简单直孔的创建。

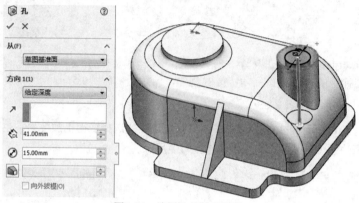

图8-16　放置孔并显示预览

8.2.2　高级孔

【高级孔】工具可以创建沉头孔、锥形孔、直孔、螺纹孔等类型的标准系列孔。【高级孔】工具可以选择标准孔类型，也可以自定义孔尺寸。

【高级孔】与【简单直孔】所不同的是，【高级孔】工具可以在曲面上创建孔特征。

单击【高级孔】按钮 ，在模型中选择放置孔的平面后，弹出【高级孔】属性面板，如图8-17所示。

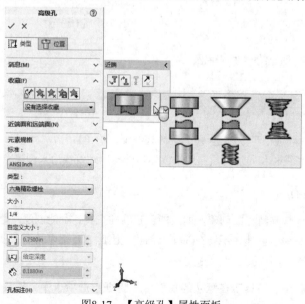

图8-17　【高级孔】属性面板

创建高级孔的步骤如下。

01__ 首先选择放置孔的平面或曲面，在【位置】选项卡下精准定义孔位置。

02__ 在属性面板右侧展开的【近端】选项面板中选择孔类型。

03__ 选择孔元素（也就是选择螺栓、螺钉等标准件）的标准、类型及大小（也叫"尺寸规格"）等选项。

04__ 也可以自定义孔大小，并设置孔标注样式。

05__ 在【近端】选项面板中单击【在活动元素下方插入元素】按钮![icon]，然后选择【孔】元素，并在【元素规格】选项区中选择孔标准、类型和大小，以及自定义的孔深度等参数。

06__ 单击【确定】按钮![icon]，完成孔的创建，如图8-18所示。

 如果在活动元素下不插入元素，那么仅创建高级孔的近端形状或远端形状。

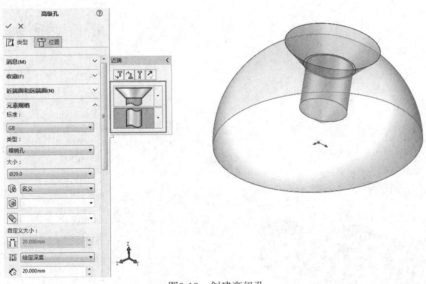

图8-18　创建高级孔

8.2.3　异形孔向导

异形孔类型包括柱形沉头孔、锥形沉头孔、孔、螺纹孔、锥螺纹孔、旧制孔、柱孔槽口、锥孔槽口及槽口等，如图8-19所示。根据需要可以选定异形孔的类型。与【高级孔】工具不同的是，【异形孔向导】工具只能选择标准孔规格，不能自定义孔尺寸。

当使用异形孔向导生成孔时，孔的类型和大小出现在【孔规格】属性面板中。

通过使用异形孔向导可以生成基准面上的孔，或者在平面和非平面上生成孔。生成异形孔步骤包括设定孔类型参数、孔的定位及确定孔的位置3个过程。

创建异形孔向导的孔类型，与创建高级孔的操作步骤基本相同，下面介绍操作方法。

▣ 动手操作——创建零件上的孔特征

01__ 新建零件文件。

02__ 在【草图】选项区中单击【草图绘制】按钮![icon]，选择前视基准面作为草绘平面进入到草绘环境中。

03__ 利用草图命令绘制如图8-19所示的草图图形。

图8-19 异形孔类型

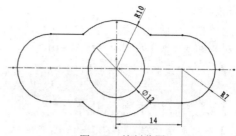

图8-20 绘制草图

04__ 使用【拉伸凸台/基体】工具，创建拉伸深度为8的凸台特征，如图8-21所示。

05__ 插入异形孔特征。单击【特征】选项卡中的【异形孔向导】按钮，在类型选项卡中设置如图8-22所示的参数。

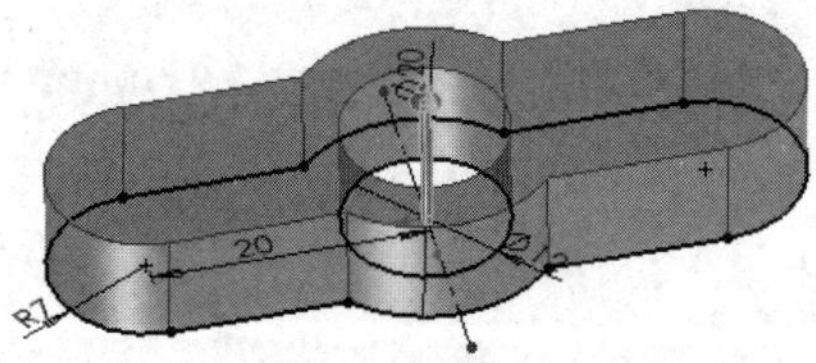

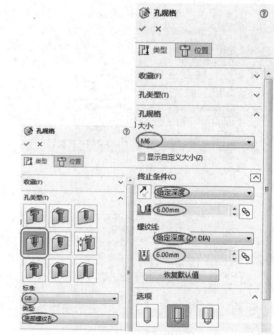

图8-21 创建凸台特征

图8-22 设置孔参数

06__ 确定孔位置。单击位置选项卡，选择3D草图绘制，以两侧圆心确定插入异形孔的位置，如图8-23所示。

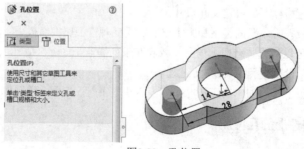

图8-23 孔位置

07__ 单击【特征】选项卡中的【确定】按钮，完成孔特征，并保存螺栓垫片零件。

用户可以通过打孔点的设置，一次选择多个同规格孔的创建，提高绘图效率。

8.2.4 螺纹线

【螺纹线】工具用来创建英制或公制螺纹特征。螺纹特征包括外螺纹（也称板牙螺纹）和内螺纹（或称"攻丝螺纹"）。

在【特征】选项卡中单击【螺纹线】按钮 ，弹出【SOLIDWORKS】警告对话框，如图8-24所示。单击【确定】按钮，弹出【螺纹线】属性面板，如图8-25所示。

 此对话框中的警告信息提示的含义大致为，【螺纹线】属性面板中的螺纹类型和螺纹尺寸仅仅是英制或公制的标准螺纹，不能用作非标螺纹的创建，若要创建非标螺纹，可修改标准螺纹的轮廓以满足生产要求。

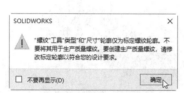

图8-24 警告信息提示

图8-25 【螺纹线】属性面板

在【螺纹线】属性面板的【规格】选项区中，包含5种标准螺纹类型，如图8-26所示。根据设计需要来选择不同的标准螺纹类型。

- Inch Die：英制板牙螺纹，主要用来创建外螺纹。
- Inch Tap：英制攻螺纹，主要用来创建内螺纹。
- Metric Die：公制板牙螺纹，主要用来创建外螺纹。
- Metric Tap：公制攻螺纹，主要用来创建内螺纹。
- SP4xx Bottle：国际瓶口标准螺纹，用来创建瓶口处的外螺纹。

图8-26 5种标准螺纹类型

🔲 动手操作——创建螺钉、螺母和瓶口螺纹

本例将在螺钉、蝴蝶螺母和矿泉水瓶中分别创建外螺纹、内螺纹和瓶口螺纹。

01_ 打开本例源文件"螺钉、螺母和矿泉水瓶.SLDPRT"，打开的模型如图8-27所示。

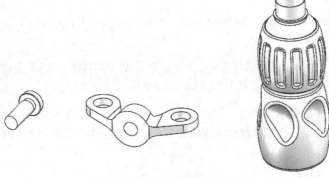

图8-27　螺钉、螺母和矿泉水瓶

02＿ 首先创建螺钉外螺纹。在【特征】选项卡中单击【螺纹线】按钮🔩，弹出【螺纹线】属性面板。

03＿ 在图形区中选取螺钉圆柱面的边线作为螺纹的参考，随后系统生成预定义的螺纹预览，如图8-28所示。

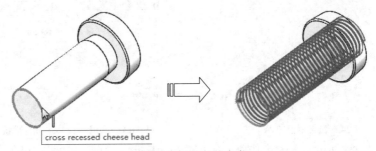

图8-28　选取螺纹参考

04＿ 在【螺纹线】属性面板的【螺纹线位置】选项区中激活【可选起始位置】选择框⬡，然后在螺钉圆柱面上再选取一条边线作为螺纹起始位置，如图8-29所示。

05＿ 在【结束条件】选项区中单击【反向】按钮↗。

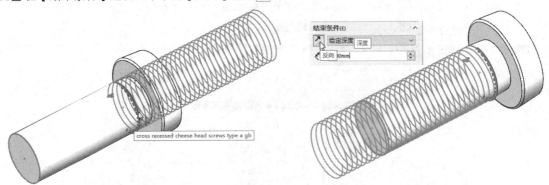

图8-29　选取螺纹起始位置　　　图8-30　更改螺纹生成方向

06＿ 在【规格】选项区【类型】列表中选择【Metric Die】类型，在【尺寸】列表中选择【M1.6×0.35】规格尺寸，其余选项保留默认，单击【确定】按钮✓，完成螺钉外螺纹的创建，如图8-31所示。

07＿ 创建蝴蝶螺母的内螺纹。在【特征】选项卡中单击【螺纹线】按钮🔩，弹出【螺纹线】属性面板。

08＿ 在图形区中选取蝴蝶螺母中的圆孔边线作为螺纹的参考，随后系统生成预定义的螺纹预览，如图8-32所示。

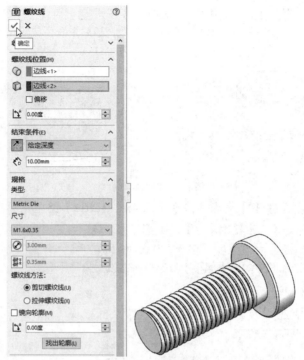

图8-31 创建外螺纹

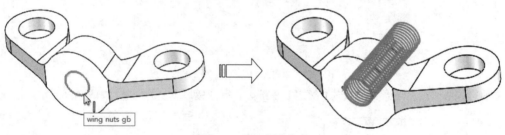

图8-32 选取螺纹参考

09 在【规格】选项区【类型】列表中选择【Metric Tap】类型，并在【尺寸】列表中选择
【M1.6×0.35】规格尺寸，其余选项保留默认，单击【确定】按钮✔，完成蝴蝶螺母内螺纹的创建，如
图8-33所示。

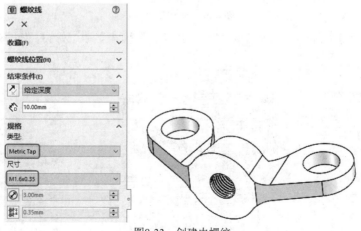

图8-33 创建内螺纹

10 创建瓶口螺纹。在【特征】选项卡中单击【螺纹线】按钮 🔩 ，弹出【螺纹线】属性面板。

11 在图形区选取瓶子瓶口上的圆柱边线作为螺纹的参考，随后系统生成预定义的螺纹预览，如图8-34所示。

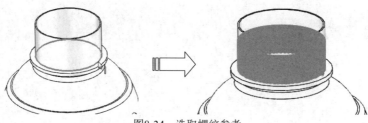

图8-34 选取螺纹参考

12 在【规格】选项区【类型】列表中选择【SP4xx Bottle】类型，并在【尺寸】列表中选择【SP400-M-6】规格尺寸，单击【覆盖螺距】按钮 🔩 ，修改螺距为"15mm"，选择【拉伸螺纹线】单选按钮。

13 在【螺纹线位置】选项区中勾选【偏移】复选框，并设置偏移距离为"5mm"。在【结束条件】选项区中设置深度值为"7.5mm"，如图8-35所示。

图8-35 设置瓶口螺纹选项及参数

14 查看螺纹线的预览无误后，单击【确定】按钮 ✔ ，完成瓶口螺纹的创建，如图8-36所示。

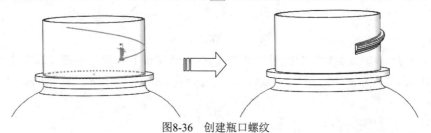

图8-36 创建瓶口螺纹

15 单击【圆周阵列】按钮 🔩 ，将瓶口螺纹特征进行圆周阵列，阵列个数为3，如图8-37所示。

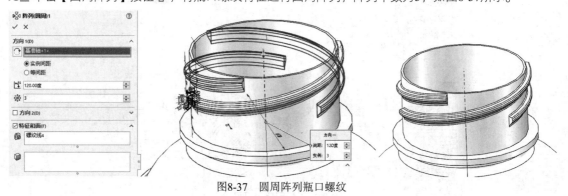

图8-37 圆周阵列瓶口螺纹

8.3　抽壳与拔模

抽壳与拔模是产品设计常用的形状特征创建方法。

8.3.1　抽壳

抽壳能产生薄壳，例如有些箱体零件和塑件产品，都需要用此工具来完成壳体的创建。单击【特征】选项卡中的【抽壳】按钮，显示【抽壳】属性面板，如图8-38所示。

从【抽壳】属性面板中可以看到，主要抽壳参数为厚度、移除面、抽壳方式等。

选择合适的实体表面，设置抽壳操作的厚度，完成特征创建。选择不同的表面，会产生不同的抽壳效果，如图8-39所示。

图8-38　【抽壳】属性面板

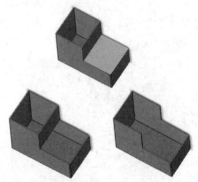

图8-39　不同抽壳效果

8.3.2　拔模

拔模可以理解为"脱模"，是来自于模具设计与制造中的工艺流程。意思是将零件或产品的外形在模具开模方向上形成一定倾斜角度，以此可将产品轻易地从模具型腔中脱出，而不至于将产品刮伤。

在SolidWorks中，可以在利用【拉伸凸台/基体】特征工具创建凸台时设置拔模斜度，也可使用【拔模】工具将已知模型进行拔模操作。

单击【拔模】按钮，弹出【拔模】属性面板。SolidWorks提供的手工拔模方法有3种，包括中性面、分型线和阶梯拔模，如图8-40所示。

● 【中性面】类型：在拔模过程中的固定面，如图8-41所示。指定下端面为中性面，矩形四周的面为拔模面。

图8-40　【拔模】属性面板

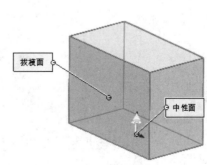

图8-41　中性面

- 【分型线】类型：可以在任意面上绘制曲线作为固定端，如图8-42所示。选取样条曲线为分型线。需要说明的是，并不是任意草绘的一条曲线都可以作为分型线，作为分型线的曲线必须同时是一条分割线。

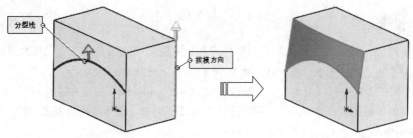

图8-42　分型线

- 【阶梯拔模】类型：以分型线为界，可以进行【锥形阶梯】拔模或【垂直阶梯】拔模。如图8-43所示为锥形阶梯拔模。

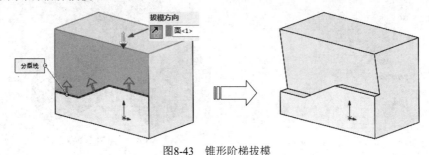

图8-43　锥形阶梯拔模

🔲 动手操作——创建花瓶模型

前面学习了抽壳命令，本节将通过一个简单的花瓶案例掌握抽壳的基本技能。

01__ 新建零件文件进入零件设计环境。

02__ 在【草图】选项卡中单击【草图绘制】按钮，选择前视基准面作为草绘平面并自动进入草绘环境中。

03__ 绘制如图8-44所示的草图。

04__ 使用【旋转凸台/基体】工具，创建旋转特征，如图8-45所示。

图8-44　选择草绘平面　　　　　　图8-45　创建旋转特征

05__ 单击【特征】选项卡中的【抽壳】按钮，选择花瓶上表面为抽壳面，壳体厚度设为"4mm"，抽壳预览如图8-46所示。

06__ 选择瓶口表面创建完整倒圆角，完成花瓶的制作，结果如图8-47所示。

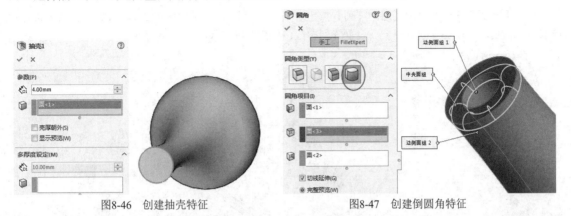

图8-46 创建抽壳特征 图8-47 创建倒圆角特征

8.4 对象的阵列与镜向

阵列按线性或圆周阵列复制所选的源特征，可以生成线性阵列、圆周阵列、曲线驱动的阵列、填充阵列，或使用草图点或表格坐标生成阵列。

对于线性阵列，先选择特征，然后指定方向、线性间距和实例总数。

对于圆周阵列，先选择特征，然后选择作为旋转中心的边线或轴，再指定实例总数及实例的角度间距，或实例总数及生成阵列的总角度。

8.4.1 阵列

SolidWorks提供了7种类型的特征阵列方式，最常用的还是线性阵列和圆周阵列。

1.线性阵列

"线性阵列"是指在一个方向或两个相互垂直的直线方向上生成的阵列特征，命令按钮为。具体操作方法如下。

（1）单击【特征】选项卡中的【线性阵列】按钮，弹出【线性阵列】属性面板。

（2）根据系统要求设置面板中的相关选项，主要选项有指定一个线性阵列的方向，指定一个要阵列的特征，设定阵列特征之间的间距和阵列的动手操作数，如图8-48所示。

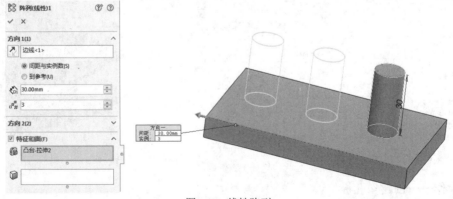

图8-48 线性阵列

2.圆周阵列

"圆周阵列"是指阵列特征绕着一个基准轴进行特征复制，主要用于圆周方向特征均匀分布的情形。

单击【特征】选项卡中的【圆周阵列】按钮 🕂 ，显示【圆周阵列】属性面板，设置相关选项，包括选取参考轴线，选取要阵列的特征，设置阵列参数，如图8-49所示。

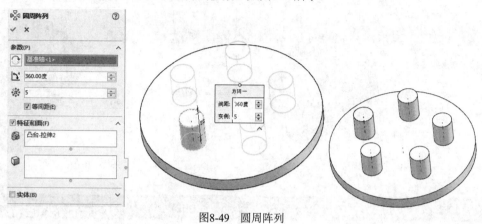

图8-49 圆周阵列

 技巧点拨 当创建特征的多个动手操作时，阵列是最好的方法。优先选择阵列的原因是可以重复使用几何体、改变随动、使用装配部件阵列和智能扣件。

8.4.2 镜向

"镜向"是绕面或基准面镜向特征、面及实体。沿面或基准面镜向，生成一个特征（或多个特征）的复制，可选择特征或构成特征的面。对于多实体零件，可使用阵列或镜向特征来阵列或镜向同一文件中的多个实体。

单击【特征】选项卡中的【镜向】按钮 🔢 ，系统显示【镜向】属性面板，如图8-50所示。根据系统要求设置面板中的相关选项主要有两项：指定一个参考平面作为执行特征镜向操作的参考平面；选取一个或多个要镜向的特征，如图8-51所示。

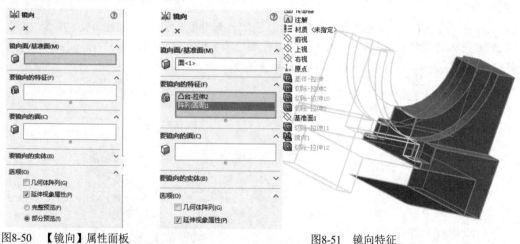

图8-50 【镜向】属性面板   图8-51 镜向特征

⭐ 动手操作——创建多孔板

前面学习了SolidWorks 2022的阵列、镜向命令，本节将通过一个简单的特征操作来掌握该特征的基本要求。

01— 新建零件文件进入零件设计环境中。

02— 选择前视基准面作为草绘平面，进入到草绘环境中，绘制如图8-52所示的草图。

03— 利用【拉伸凸台/基体】工具，创建拉伸高度为2的拉伸凸台特征，如图8-53所示。

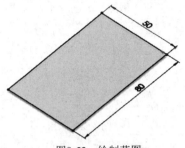

图8-52 绘制草图

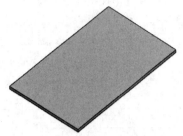

图8-53 创建拉伸凸台

04— 使用【圆角】工具 ，选中凸台四周的竖直棱边来创建半径为"2mm"的圆角，如图8-54所示。

05— 利用【拉伸切除】工具，先绘制如图8-55所示的孔草图，然后在【切除-拉伸】属性面板中设置切除高度为"1mm"，以此创建切除特征。

06— 选择上步骤创建的切除特征作为要阵列的对象特征，选择拉伸凸台的长边为方向1，其短边为方向2，单击【确定】按钮，完成特征的阵列，如图8-56所示。

07— 利用【镜向】工具，选择拉伸凸台的侧面作为镜向基准面，将拉伸凸台及阵列特征进行镜向操作，如图8-57所示。

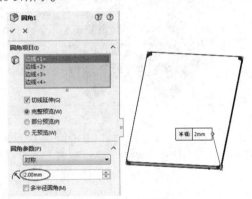

图8-54 创建圆角

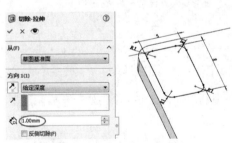

图8-55 创建第一个孔的特征

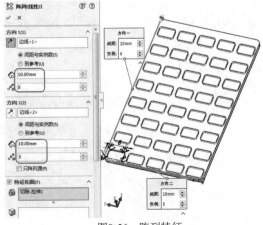

图8-56 阵列特征

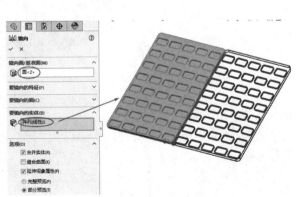

图8-57 镜向特征

8.5 筋特征

　　"筋"可以给实体零件添加薄壁支撑，是从开环或闭环绘制的轮廓所生成的特殊类型拉伸特征，在轮廓与现有零件之间添加指定方向和厚度的材料。可使用单一或多个草图生成筋，也可以用拔模生成筋特征，或者选择一要拔模的参考轮廓。

　　筋特征允许用户使用最少的草图几何元素创建筋。创建筋时，需要制定筋的厚度、位置、方向和拔模角度。

　　如表8-1所示为筋草图拉伸的典型例子。

表8-1　筋草图拉伸的典型例子

拉伸方向	图例
简单的筋草图，拉伸方向平行于草图	
简单的筋草图，拉伸方向垂直于草图	
复杂的筋草图，拉伸方向垂直于草图	

动手操作——插座造型

　　下面利用筋特征方法来创建一个插座造型，如图8-58所示。这种方法由于操作简单，从而被广大SolidWorks用户所使用。

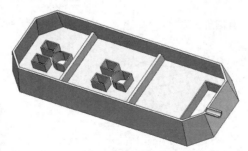

图8-58　插座造型

01__ 新建零件文件。

02__ 选择前视基准面作为草绘平面并自动进入草绘环境中。利用【直线】工具＼绘制如图8-59所示的图形作为基座。

03__ 单击【拉伸凸台/基体】工具，选择拔模角度为10°，如图8-60所示。

04__ 在基座表面绘制插头和指示灯座，如图8-61所示。选择拉伸切除命令，给定深度为5。

05__ 选择基座背面，采用【抽壳】工具，如图8-62所示，壳体厚度设置为"1mm"。

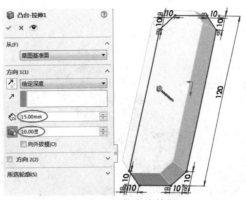

图8-59　绘制底座轮廓　　　　　图8-60　拉伸底座特征

图8-61　插座孔及指示灯孔

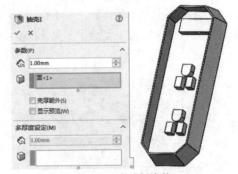

图8-62　完成插座体

 抽壳属于特征编辑命令，在后面章节中会讲到。

06_ 通过执行【拉伸切除】命令将插座孔和指示灯孔挖穿，如图8-63所示。考虑到绘图效率，可以利用【草图】中的【转换实体引用】工具 📄 更方便地选择线段。

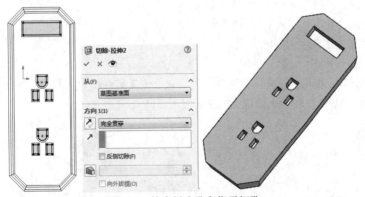

图8-63　挖穿插座孔和指示灯孔

 在这里，选择插座孔和指示灯孔的底面作为草绘平面操作。

07_ 在生成电线孔的特征时，用到了【参考几何体】中的新建基准面命令 📄，参考前视基准面，新建如图8-64所示的基准面。

08__ 在新建基准面1上，绘制如图8-65所示的半同心圆。内心圆的直径为电线直径，边线与基座底边自动对齐。

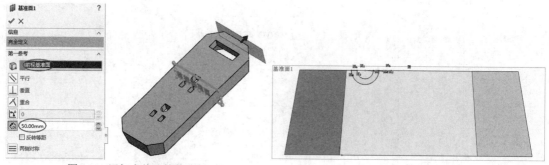

图8-64　添加电线孔的基准面　　　　　　　　图8-65　绘制电线孔

09__ 选择凸台拉伸命令完成电线孔的特征，考虑到基座侧面有10°的拔模角度，选择"成形到一面"的拉伸方法，并选择基座侧面为拉伸面，如图8-66所示。

10__ 如图8-67所示，利用【拉伸切除】工具，将基座侧壁上电线位置挖穿。

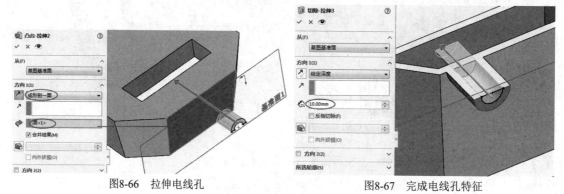

图8-66　拉伸电线孔　　　　　　　　　图8-67　完成电线孔特征

11__ 最后生成筋板，以基座底面（边线面）作为草绘平面，绘制两条直线，如图8-68所示，尺寸是未完全定义的。注意这两条线是"水平"的。

12__ 单击【筋】工具，并按如图8-69所示设置参数。

● 厚度：1.5mm，并向草图两侧创建筋 。
● 拉伸方向：垂直于草图方向 。
● 拔模角度：向外拔模3度 。

13__ 预览一下拉伸方向，如果筋拉伸的方向错了，就勾选【反转材料方向】复选框。单击【细节预览】按钮，确认是否是自己想要的状态，确认后退出，完成插座设计。

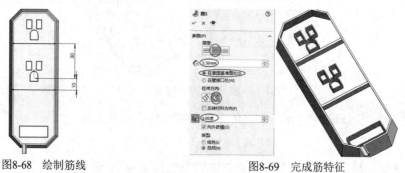

图8-68　绘制筋线　　　　　　　　　图8-69　完成筋特征

14__ 至此，插座的造型设计工作结束。最后将结果保存在工作目录中。

8.6 综合实战：中国象棋棋盘设计

象棋是中国的国棋，在SolidWorks零件建模环境下造型其实是比较简单，象棋与棋盘可以做成装配体，也可以做成一个零件。

本节中要创建的中国象棋模型如图8-70所示。

图8-70 中国象棋

01_ 新建零件文件，进入到零件建模环境中。

02_ 选择前视基准面作为草图平面，绘制如图8-71所示的草图1。

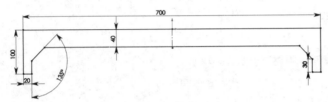

图8-71 草图1

03_ 单击【拉伸凸台/基体】按钮 🗐，选择草图1创建拉伸特征，如图8-72所示。

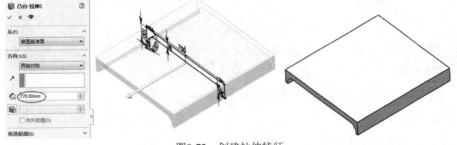

图8-72 创建拉伸特征

04_ 选择拉伸特征的一个端面（此端面与前视基准面垂直）作为草图平面，绘制如图8-73所示的草图2。

05_ 单击【拉伸切除】按钮 🗐，打开【切除-拉伸】属性面板，选择草图2创建拉伸切除特征1，如图8-74所示。完成棋桌的主体。

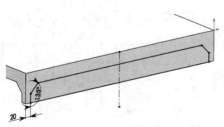

图8-73 绘制草图2

图8-74 创建拉伸切除特征1

06 选择桌面作为草图平面，绘制草图3，如图8-75所示。

07 使用【拉伸切除】工具，选择草图3创建拉伸切除特征2，如图8-76所示。此特征为棋盘格。

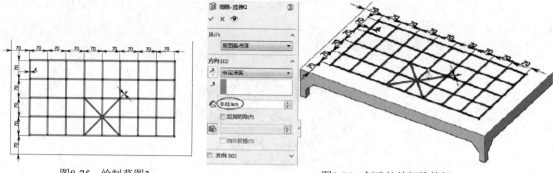

图8-75　绘制草图3　　　　　　　　　　图8-76　创建拉伸切除特征2

08 单击 镜向 按钮，打开【镜向】属性面板。选择前视基准面为镜向平面，选择拉伸切除2作为要镜向的特征，单击【确定】按钮 ✓，完成镜向操作，如图8-77所示。

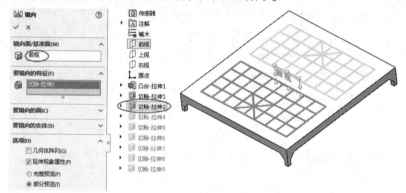

图8-77　创建棋盘格镜向

09 选择桌面作为草图平面，进入草图环境绘制文字。首先绘制"楚河"两个文字，另需要绘制一条辅助构造线，如图8-78所示。

> **技巧点拨**　不要将文字设置为粗体，否则不能创建拉伸切除。

10 同理，在下方绘制构造直线，再绘制"汉界"两字，如图8-79所示。

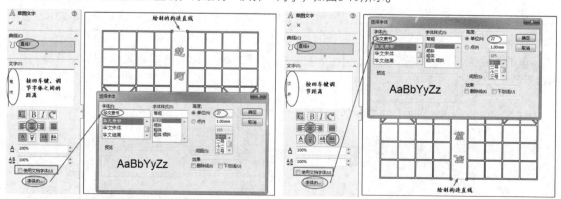

图8-78　绘制"楚河"文字　　　　　　　图8-79　绘制"汉界"文字

11 退出草图环境后使用【拉伸切除】工具，创建文字的切除特征，如图8-80所示。

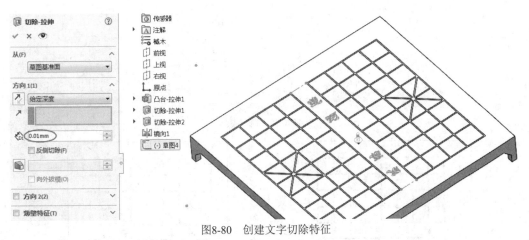

图8-80　创建文字切除特征

12— 设计象棋棋子。在右视基准面上绘制旋转截面草图，然后使用【旋转/凸台基体】工具 ✅ 创建旋转体，作为棋子的主体，如图8-81所示。

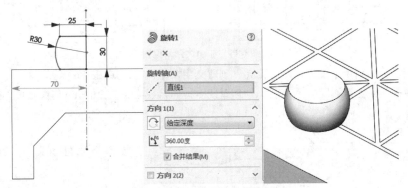

图8-81　创建棋子的主体特征

13— 给旋转特征倒圆角处理，如图8-82所示。

14— 在旋转特征上表面绘制文字草图，以黑子的"帅（繁体字）"为例，如图8-83所示。

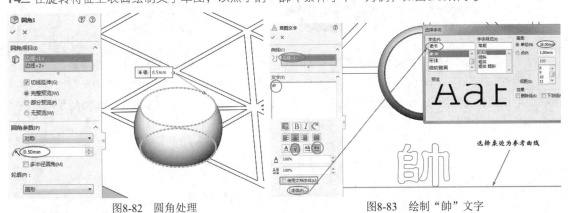

图8-82　圆角处理　　　　　　　　　图8-83　绘制"帅"文字

15— 接着将"帅"字进行定位，不能使用【移动实体】工具，可以制作成块。选中"帅"字，在显示的浮动工具栏中单击【制作块】按钮 🔳，打开【制作块】属性面板。然后拖动操纵柄定义块的插入点，单击【确定】按钮 ✓，完成块的创建，如图8-84所示。

16— 关闭块的创建。默认情况下制作的块在坐标系的原点位置，需要拖动块的插入点，直到棋子上，如图8-85所示。

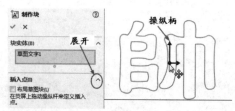

图8-84　制作块

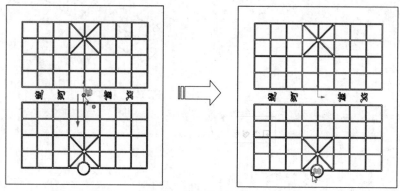

图8-85　拖动块到新位置

17 退出草图环境。利用【拉伸切除】工具，创建文字切除特征，如图8-86所示。

18 接着在棋子表面上绘制同心圆草图，并创建切除拉伸特征（深度为0.2mm），如图8-87所示。

图8-86　创建文字的拉伸切除特征

图8-87　创建拉伸切除特征

19 其他的象棋棋子不可能再——创建，需要使用到阵列和镜向操作。最后只需要修改文字即可。首先将"帅"子棋进行草图阵列。要进行草图阵列，必须先绘制草图，在桌面上绘制如图8-88所示的草图点（每个棋子的位置）。

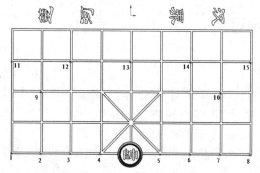

图8-88　绘制草图点（15个）

20__ 在阵列菜单中单击 草图驱动的阵列 按钮，打开【由草图驱动的阵列】属性面板。选择点草图，然后再选择特征进行草图驱动阵列，如图8-89所示。

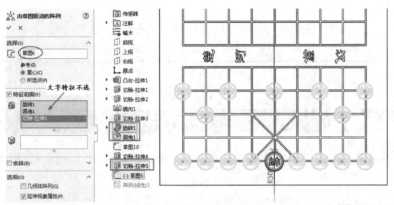

图8-89　草图驱动阵列

21__ 使用【镜向】工具，将现有的棋子全部进行到前视基准面的另一对称侧，如图8-90所示。

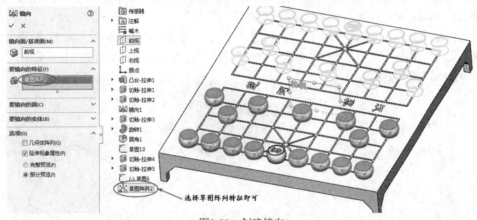

图8-90　创建镜向

22__ 最后统一在棋子表面绘制其他棋子文字草图，当然也可以分开绘制，然后创建拉伸切除特征（拉伸深度为0.2mm），最终效果如图8-91所示。

> **技巧点拨** 如果把文字制作成块后找不到，可以缩小整个视图，文字块有可能在绘图区的一个角落里，千万不要以为没有创建成功。在创建对称侧的文字时，制作块后还要把文字块进行旋转（ 旋转实体 ）。

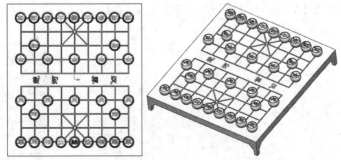

图8-91　创建其余棋子文字的拉伸切除特征

23__ 至此，完成中国象棋的建模。

215

第9章 创建曲面特征

> 本章主要介绍SolidWorks 2022的曲面特征命令、应用技巧及曲面控制方法。曲面的造型设计在实际工作中会经常用到，往往是三维实体造型的基础，因此要熟练掌握。

9.1 常规曲面特征

前面提到常规的几个曲面工具与【特征】选项卡中的几个实体特征工具属性设置相同。下面列出几种曲面的常用方法。

9.1.1 拉伸曲面

拉伸曲面与拉伸凸台/基体特征的含义是相同的，都是基于草图沿指定方向进行拉伸。不同的是结果，拉伸凸台/基体是实体特征，拉伸曲面是曲面特征。

在功能区【曲面】选项卡中单击【拉伸曲面】按钮，选择草图平面并绘制草图后将弹出【曲面-拉伸】属性面板，如图9-1所示。如图9-2所示为选择圆弧轮廓后创建的"两侧对称"拉伸曲面。

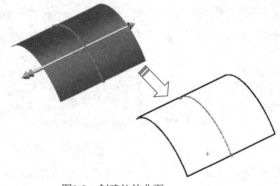

图9-1 【曲面-拉伸】属性面板　　　　　图9-2 创建拉伸曲面

📋 动手操作——废纸篓设计

01_ 新建零件文件。

02_ 单击【拉伸曲面】按钮，然后选择上视基准面为草图平面，绘制如图9-3所示的草图。

03_ 退出草图环境后，在【曲面-拉伸】属性面板中设置拉伸参数及选项，如图9-4所示。

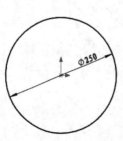
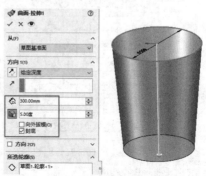

图9-3 绘制拉伸截面草图　　　　　图9-4 创建拉伸曲面

04＿ 选择上视基准面作为草图平面，进入草图环境后利用【等距实体】工具绘制如图9-5所示的等距实体草图。

05＿ 单击【填充曲面】按钮，打开【填充曲面】属性面板，然后选择拉伸曲面的边和草图2作为修补边界，创建填充曲面，如图9-6所示。

图9-5　绘制草图2　　　　　　　　图9-6　创建填充曲面

06＿ 再单击【拉伸曲面】按钮，选择前视基准面作为草图平面（先绘制矩形再进行矩形阵列），绘制如图9-7所示的草图。

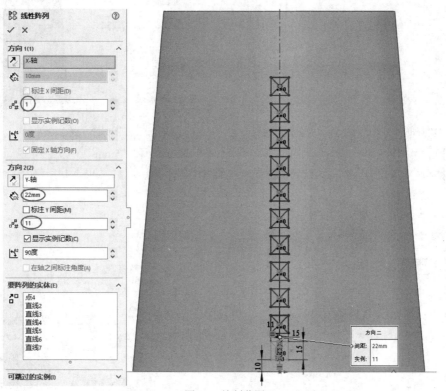

图9-7　绘制草图

07＿ 退出草图环境后，在【曲面拉伸】属性面板上设置拉伸参数，最后单击【确定】按钮，完成拉伸曲面的创建，如图9-8所示。

08＿ 单击【剪裁曲面】按钮，打开【曲面-剪裁】属性面板。选择上步骤创建的其中一个拉伸曲面作为剪裁工具，再选择圆桶面为保留部分，单击【确定】按钮，完成剪裁，如图9-9所示。

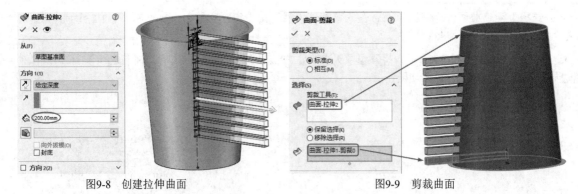

图9-8 创建拉伸曲面　　　　　　　　　　　　　　图9-9 剪裁曲面

09__ 同理，多次使用【剪裁曲面】工具，用其余的拉伸曲面对圆桶曲面进行多次剪裁，最终剪裁结果如图9-10所示。

10__ 利用【基准轴】工具创建如图9-11所示的基准轴。

11__ 单击【缝合曲面】按钮 🈯，将缝合曲面和填充曲面缝合，如图9-12所示。

图9-10 剪裁圆桶面　　　图9-11 创建基准轴　　　　图9-12 缝合曲面

12__ 单击【圆角】按钮 🔘，然后选择两条边分别倒圆角 "2mm" 和 "5mm"，如图9-13所示。

13__ 单击【加厚】按钮 🔩，然后为缝合的曲面创建加厚特征，变为实体，如图9-14所示。

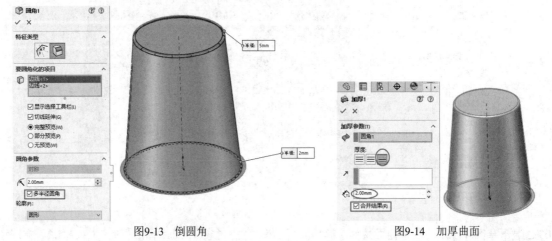

图9-13 倒圆角　　　　　　　　　　　　　　图9-14 加厚曲面

14__ 在【特征】选项卡中单击【圆周阵列】按钮，设置阵列参数后单击属性面板中的【确定】按钮 ✅，完成方孔的阵列，如图9-15所示。

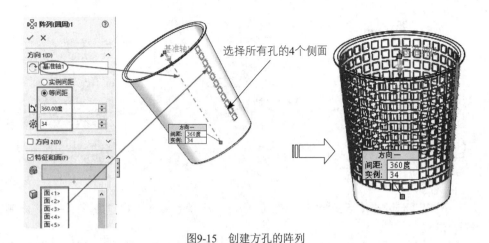

图9-15 创建方孔的阵列

15__ 至此，完成了废纸篓的设计。

9.1.2 旋转曲面

要创建旋转曲面，必须满足两个条件：旋转轮廓和选择中心线。轮廓可以是开放的，也可以是封闭的；中心线可以是草图中的直线、中心线或构造线，也可以是基准轴。

在功能区【曲面】选项卡中单击【旋转曲面】按钮🌀，选择草图平面并完成草图绘制后打开【曲面-旋转】属性面板，如图9-16所示。如图9-17所示为选择样条曲线轮廓并旋转180°后创建的旋转曲面。

图9-16 【曲面-旋转】属性面板

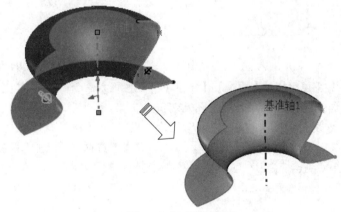

图9-17 创建旋转曲面

📌动手操作——饮水杯造型

01__ 新建零件文件。

02__ 单击【旋转曲面】按钮🌀，再选择前视基准平面作为草图平面，绘制如图9-18所示的样条曲线草图。

03__ 在【曲面-旋转】属性面板中保留默认选项设置，单击【确定】按钮✅，完成曲面的创建，如图9-19所示。

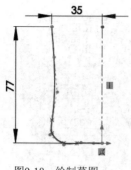

图9-18 绘制草图

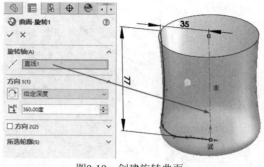

图9-19 创建旋转曲面

04 在【草图】选项卡单击【草图绘制】按钮 ，然后选择前视基准面作为草图平面，绘制出如图9-20所示的草图。

05 退出草图环境后，再在菜单栏执行【插入】|【曲线】|【分割线】命令，打开【分割线】属性面板。选择【投影】分割类型，勾选【单向】复选框，并调整投影方向，最终单击【确定】按钮完成曲面的分割，如图9-21所示。

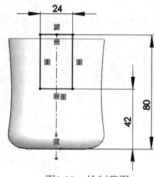

图9-20 绘制草图

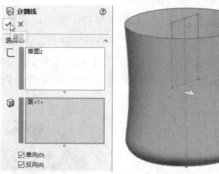

图9-21 分割曲面

06 在菜单栏执行【插入】|【特征】|【自由形】命令，打开【自由形】属性面板。选择分割出来的小块曲面作为要变形的曲面，如图9-22所示。

07 修改变形曲面4条边的连续性（3个"相切"，1个"可移动"），如图9-23所示。

08 在【面设置】选项区勾选【方向1对称】复选框，再单击【控制点】选项区的【控制点】按钮，添加控制点到连续性为"可移动"边的中点上，如图9-24所示。

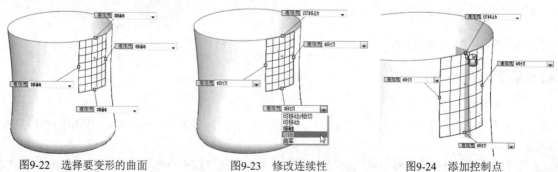

图9-22 选择要变形的曲面   图9-23 修改连续性   图9-24 添加控制点

09 按Esc键结束添加控制点操作。然后选中控制点使其显示三重轴，拖动三重轴的Z向轴，然后再拖动Y向轴，结果如图9-25所示。

10 最后单击【确定】按钮，完成曲面的变形，结果如图9-26所示。

11 利用绘制草图工具，在右视基准面上绘制如图9-27所示的草图。

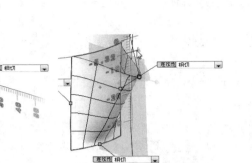

拖动Z向轴　　　　　　　　拖动Y向轴

图9-25　拖动控制点上的三重轴，改变曲面形状

图9-26　变形结果

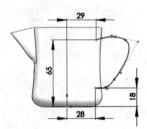

图9-27　绘制草图3

12__ 单击【基准面】按钮 ，打开【基准面】属性面板。选择草图曲线和草图曲线的端点作为第一参考和第二参考，创建垂直于曲线的基准面1，如图9-28所示。

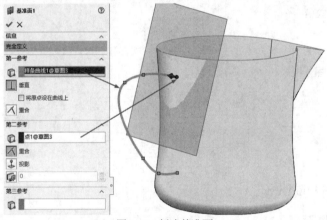

图9-28　创建基准面1

13__ 再次利用【绘制草图】工具，在基准面1上绘制如图9-29所示的草图4。

14__ 单击【扫描曲面】按钮，打开【曲面-扫描】属性面板。选择草图3作为扫描路径，草图4作为轮廓，创建如图9-30所示的扫描曲面。

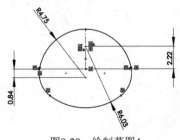

图9-29　绘制草图4

图9-30　创建扫描曲面

221

15__ 单击【剪裁曲面】按钮 ✍，打开【曲面-剪裁】属性面板。选择剪裁类型为"相互"，再选取扫描曲面和自由形曲面作为相互剪裁的曲面，如图9-31所示。

16__ 激活【要保留的部分】收集区，然后选取扫描曲面和自由形曲面大部分曲面作为要保留的部分，如图9-32所示。

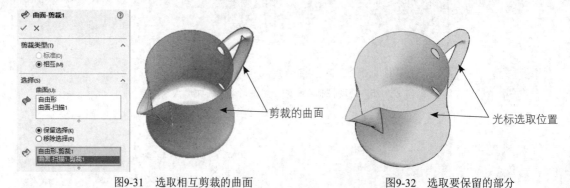

图9-31 选取相互剪裁的曲面　　　　　图9-32 选取要保留的部分

 技术要点 注意光标选取位置，光标选取的位置代表要保留的曲面部分。

17__ 单击【加厚】按钮 ✍，选择修剪后的整个曲面作为加厚对象，并单击【加厚侧边】按钮 ≡，输入加厚厚度为"1mm"，再单击【确定】按钮 ✔，完成加厚特征的创建，如图9-33所示。

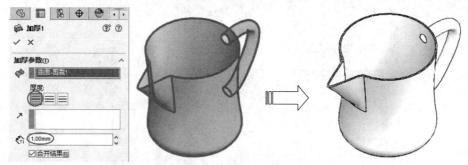

图9-33 创建加厚特征

18__ 至此，完成饮水杯的造型设计。

9.1.3 扫描曲面

"扫描曲面"是将绘制的草图轮廓沿绘制或指定的路径进行扫掠而生成的曲面特征。要创建扫描曲面需要满足两个基本条件：轮廓和路径。如图9-34所示为扫描曲面的创建过程。

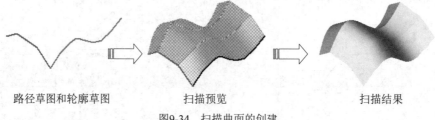

路径草图和轮廓草图　　　　　扫描预览　　　　　扫描结果
图9-34 扫描曲面的创建

 技术要点 也可以在模型面上绘制扫描路径，或在路径上使用模型边线。

⚡ 动手操作——田螺曲面造型

01__ 新建零件文件。

02__ 在菜单栏执行【插入】|【曲线】|【螺旋线/涡状线】命令，打开【螺旋线/涡状线】属性面板。

03__ 选择上视基准面为草图平面，绘制圆形草图1，如图9-35所示。

04__ 退出草图环境后，在【螺旋线/涡状线】属性面板上设置如图9-36所示的螺旋线参数。

05__ 单击【确定】按钮 ✔，完成螺旋线的创建。

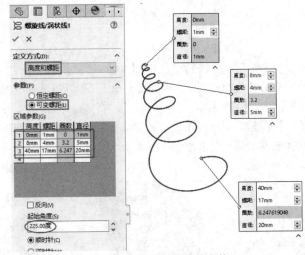

图9-35　绘制圆形草图1

图9-36　设置螺旋线参数

 　　要设置或修改高度和螺距，须选择"高度和螺距"定义方式。若再修改圈数，则选择"高度和圈数"定义方式即可。

06__ 利用【草图绘制】工具，在前视基准面上绘制如图9-37所示的草图2。

07__ 利用【基准面】工具，选择螺旋线和螺旋线端点作为第一参考和第二参考，创建垂直于端点的基准面1，如图9-38所示。

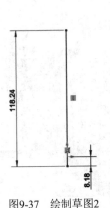

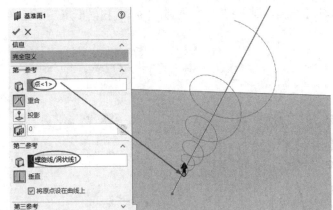

图9-37　绘制草图2

图9-38　创建基准面1

08__ 利用【草图绘制】工具，在基准面1上绘制如图9-39所示的草图3。

 　　当草绘曲线时无法利用草绘环境外的曲线进行参考绘制时，可以先随意绘制草图，然后选取草图曲线端点和草绘外曲线进行穿透约束，如图9-40所示。

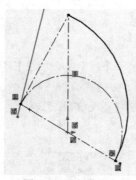

图9-39　绘制草图3

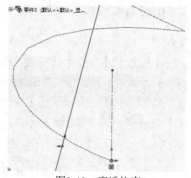

图9-40　穿透约束

09— 单击【扫描曲面】按钮 🖋️，打开【曲面-扫描】属性面板。

10— 选择草图3作为扫描截面，螺旋线为扫描路径，再选择草图2作为引导线，如图9-41所示。

11— 单击【确定】按钮 ✅，完成扫描曲面的创建。

12— 利用【螺旋线/涡状线】工具，选择上视基准面为草图平面。再在原点处绘制直径为1的圆形草图后，完成如图9-42所示的螺旋线的创建。

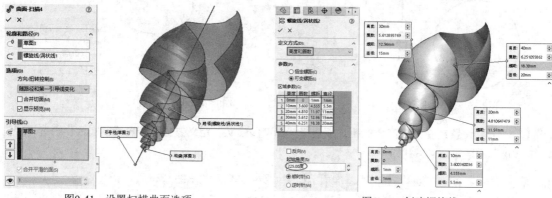

图9-41　设置扫描曲面选项

图9-42　创建螺旋线

13— 利用【草图绘制】工具，在基准面1上绘制如图9-43所示的圆弧草图。

14— 单击【扫描曲面】按钮 🖋️，打开【曲面-扫描】属性面板。按如图9-44所示的设置，创建扫描曲面。

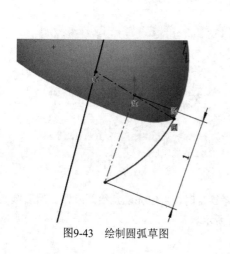

图9-43　绘制圆弧草图

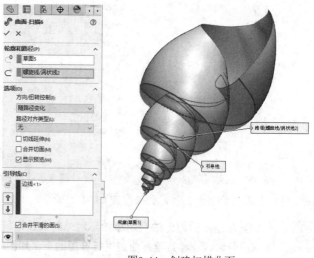

图9-44　创建扫描曲面

15_ 最终完成的结果如图9-45所示。

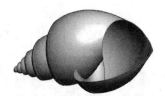

图9-45 创建完成的田螺曲面

9.1.4 放样曲面

要创建放样曲面，必须绘制多个轮廓，每个轮廓的基准平面不一定要平行。除了绘制多个轮廓，对于一些特殊形状的曲面，还要绘制引导线。

 当然，也可以在3D草图中将所有轮廓都绘制出来。

如图9-46所示为放样曲面的创建过程。

轮廓   带引导线的轮廓   使用引导线放样

图9-46 创建放样曲面的过程

动手操作——海豚曲面造型

01_ 新建零件文件。

02_ 利用【草图绘制】工具，在前视基准面上绘制如图9-47所示的草图1。

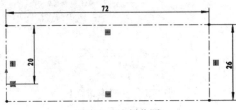

图9-47 绘制草图1

03_ 再利用【草图绘制】工具，执行【样条曲线】命令绘制如图9-48所示的草图2。

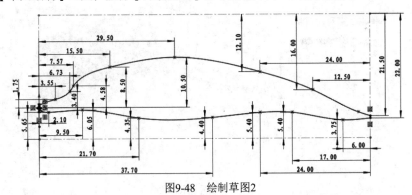

图9-48 绘制草图2

04 继续绘制草图。在前视基准面上绘制如图9-49所示的草图3。

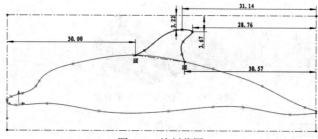

图9-49 绘制草图3

05 在前视基准面上绘制如图9-50所示的草图4（构造斜线）。

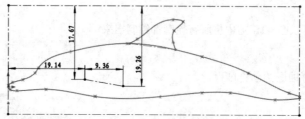

图9-50 绘制草图4

06 利用【基准面】工具，创建基准面1，如图9-51所示。

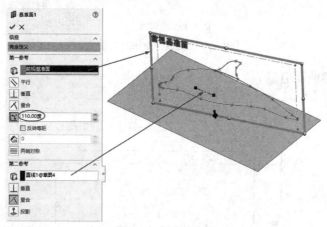

图9-51 创建基准面1

07 同理，再创建基准面2，如图9-52所示。

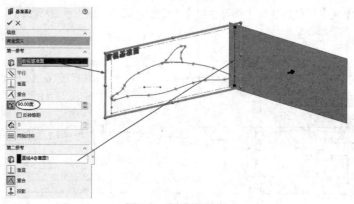

图9-52 创建基准面2

08__ 在前视基准面上绘制草图5，如图9-53所示。

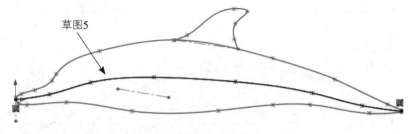
图9-53　绘制草图5

09__ 在上视基准面上绘制草图6，如图9-54所示。

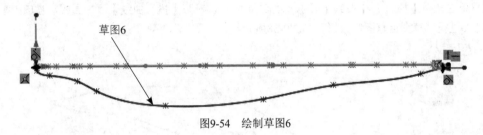
图9-54　绘制草图6

技术
要点　　绘制样条曲线前，须绘制1条竖直的构造线，用作样条曲线端点与构造线进行【相切】约束。

10__ 在新建的基准面2上绘制如图9-55所示的草图7。

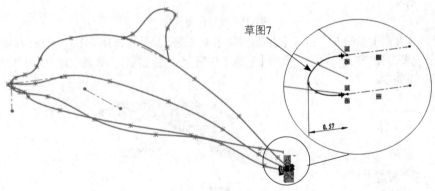
图9-55　绘制草图7

11__ 在前视基准面上绘制如图9-56所示的草图8。此草图利用【等距实体】工具，基于草图2的草图轮廓进行偏移，偏移距离为0。

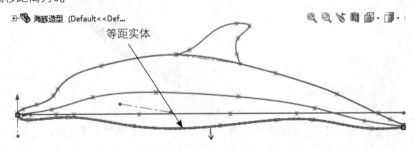
图9-56　绘制等距偏移的草图8

227

12 同理，在前视基准面绘制基于草图2的新草图9，如图9-57所示。

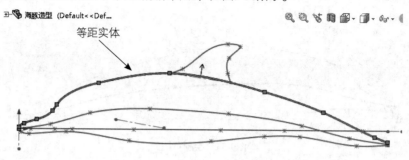

图9-57　绘制等距偏移的草图9

13 在菜单栏执行【插入】|【曲线】|【投影曲线】命令，打开【投影曲线】属性面板。按Ctrl键选择草图5、草图6进行"草图上草图"投影，如图9-58所示。

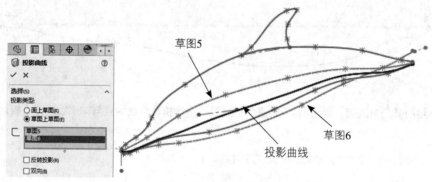

图9-58　创建投影曲线

14 单击【放样曲面】按钮，打开【曲面-放样】属性面板。然后选择草图8、草图9和投影曲线作为放样轮廓，再选择草图7作为引导线。单击【确定】按钮，完成放样曲面的创建，如图9-59所示。

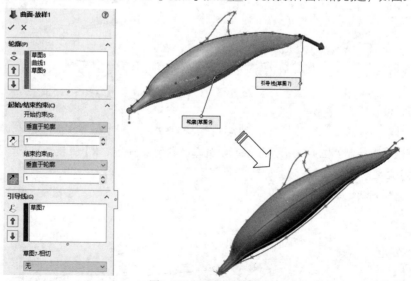

图9-59　创建放样曲面

15 在菜单栏执行【插入】|【阵列/镜向】|【镜向】命令，打开【镜向】属性面板。选择前视基准面作为镜向平面，再选择放样曲面作为要镜向的实体，单击【确定】按钮，完成曲面的镜向，如图9-60所示。

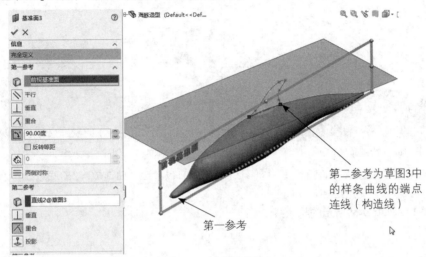

图9-60 创建镜向曲面

16__ 利用【基准面】工具，创建基准面3，如图9-61所示。

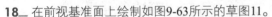

第二参考为草图3中
的样条曲线的端点
连线（构造线）

第一参考

图9-61 创建基准面3

17__ 在基准面3上绘制如图9-62所示的草图10（短轴半径为1的椭圆，长轴端点与草图3的端点重合）。

18__ 在前视基准面上绘制如图9-63所示的草图11。

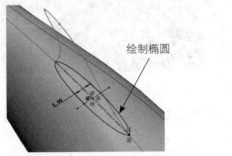

绘制椭圆

图9-62 绘制椭圆草图10

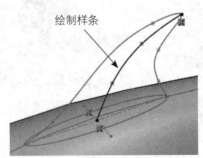

绘制样条

图9-63 绘制样条曲线草图11

19__ 进入3D草图环境，在草图16的样条曲线端点上创建点，如图9-64所示。

20__ 随后再在前视基准面上以草图3作为参考并绘制出草图12，如图9-65所示。

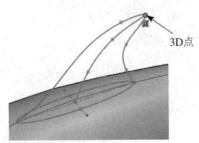

3D点

图9-64 创建3D点

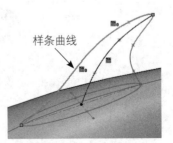

样条曲线

图9-65 绘制草图12

> **技术要点** 在基于草图3创建样条曲线时，先绘制等距实体，再将其修剪。

21__ 同理，再以草图3作为参考并绘制出草图13，如图9-66所示。

22__ 单击【曲面放样】按钮 ，打开【曲面-放样】属性面板。然后选择草图10和3D点作为放样轮廓，选择草图12和草图13作为放样引导线，如图9-67所示。再单击面板中的【确定】按钮 ，完成放样曲面的创建。

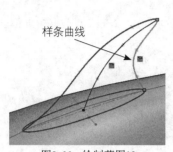

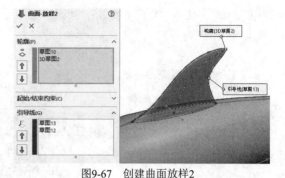

图9-66　绘制草图13　　　　　　　　　　　图9-67　创建曲面放样2

23__ 单击【延伸曲面】按钮 ，打开【曲面-延伸】属性面板。选择曲面放样2的底边线作为延伸参考，单击【确定】按钮 ，完成延伸，如图9-68所示。

24__ 绘制草图14，如图9-69所示的构造线。

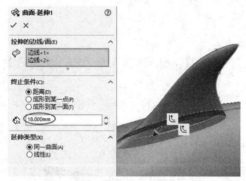

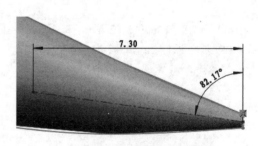

图9-68　创建延伸曲面　　　　　　　　　　图9-69　绘制草图14

25__ 利用【基准面】工具，以前视基准面和草图14的构造线作为参考，创建基准面4，如图9-70所示。

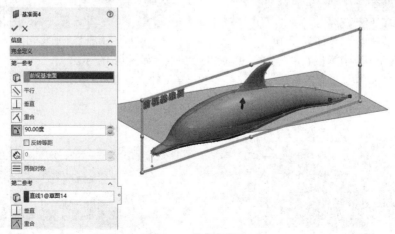

图9-70　创建基准面4

26＿ 在基准面4上绘制草图15，如图9-71所示。

27＿ 在前视基准面上绘制草图16，如图9-72所示。

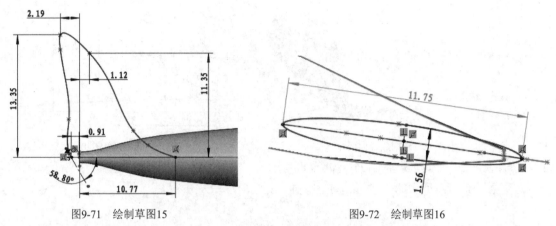

图9-71　绘制草图15　　　　　　　　图9-72　绘制草图16

28＿ 在基准面4上连续绘制草图16、草图18和草图19，结果如图9-73～图9-75所示。

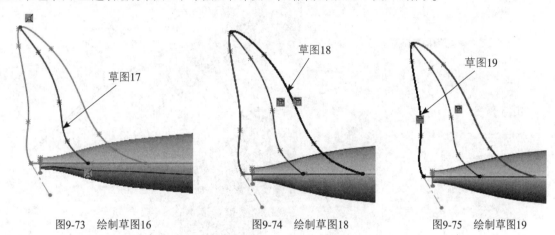

图9-73　绘制草图16　　　　图9-74　绘制草图18　　　　图9-75　绘制草图19

29＿ 进入3D草图环境，在草图16的端点上创建点，如图9-76所示。

30＿ 利用【放样曲面】工具，创建放样曲面3，如图9-77所示。

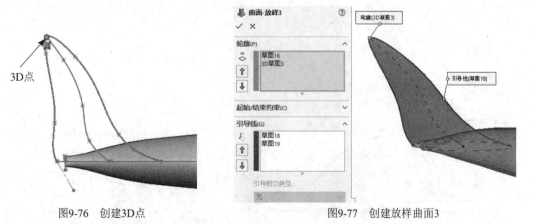

图9-76　创建3D点　　　　　　　　图9-77　创建放样曲面3

31＿ 利用【镜向】工具，将放样曲面镜向至前视基准面的另一侧，如图9-78所示。

32＿ 在基准面1上绘制如图9-79所示的草图20。

231

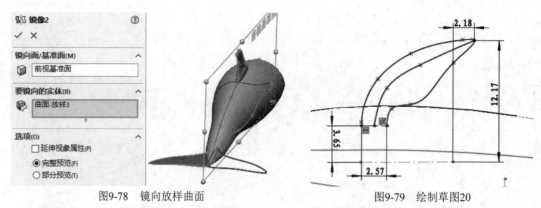

图9-78 镜向放样曲面

图9-79 绘制草图20

33_ 利用【基准面】工具创建基准面5，如图9-80所示。

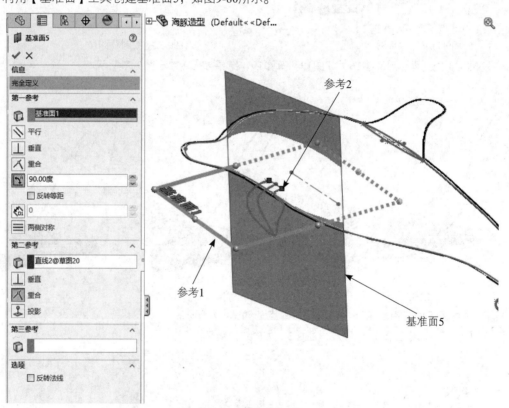

图9-80 创建基准面5

34_ 在基准面5上绘制草图21，如图9-81所示。

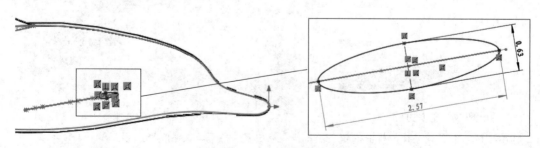

图9-81 绘制草图21

35 在基准面1上连续绘制草图22、草图23，以及进入3D草图环境、创建3D点，如图9-82～图9-84所示。

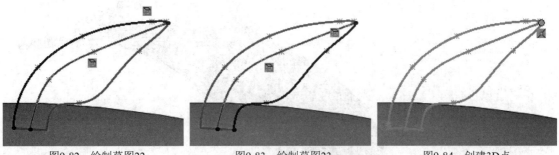

图9-82 绘制草图22　　　　图9-83 绘制草图23　　　　图9-84 创建3D点

36 利用【放样曲面】工具，创建放样曲面4，如图9-85所示。

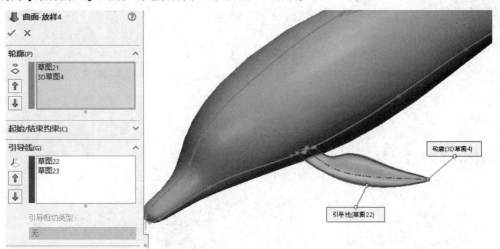

图9-85 创建放样曲面

37 创建放样曲面4后，再利用镜向工具，将其镜向至前视基准面的另一侧，结果如图9-86所示。

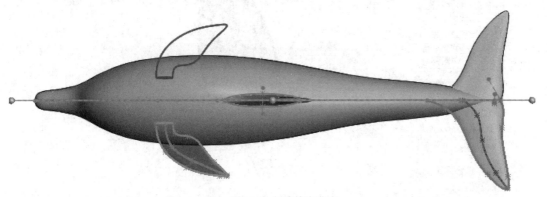

图9-86 创建镜向曲面

38 单击【剪裁曲面】按钮 ✎，打开【曲面-剪裁】属性面板。选择所有曲面作为要剪裁的曲面，然后选择所有曲面作为要保留的曲面，最后单击【确定】按钮 ✔，完成剪裁，如图9-87所示。

　在选择要保留的曲面时，注意光标选取的位置。剪裁曲面自动将曲面转换成实体。

图9-87　剪裁曲面

39__ 最后利用【圆角】工具，创建多半径的圆角特征，如图9-88所示。

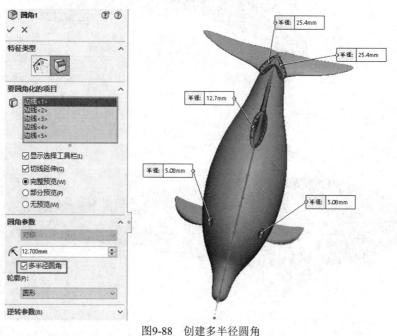

图9-88　创建多半径圆角

40__ 至此，完成海豚的曲面造型设计。最后保存结果。

9.1.5 边界曲面

　　"边界曲面"是以双向在轮廓之间生成边界曲面。边界曲面特征可用于生成在两个方向上（曲面所有边）相切或曲率连续的曲面。大多数情况下，这样产生的结果比放样工具产生的结果质量更高。

边界曲面有两种情况，一种是1个方向上的单一曲线到点，另一种是2个方向上的交叉曲线，如图9-89所示。

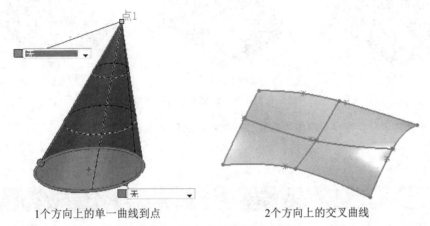

1个方向上的单一曲线到点   2个方向上的交叉曲线

图9-89 边界曲面的两种情况

 方向1和方向2在属性面板中完全可以交换。无论使用方向1还是方向2选择实体，都会获得同样的结果。

9.1.6 平面区域

"平面区域"是使用草图或一组边线来生成平面区域。利用该工具可以由草图生成有边界的平面，草图可以是封闭轮廓，也可以是一对平面实体。

可以从以下所具备的条件来创建平面区域。

● 非相交闭合草图。

● 一组闭合边线。

● 多条共有平面分型线，如图9-90所示。

● 一对平面实体，如曲线或边线，如图9-91所示。

单击【平面】按钮■，属性管理器显示【平面】属性面板。【平面】属性面板如图9-92所示。

 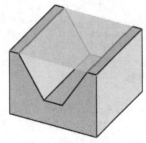 

图9-90 多条共有平面分型线   图9-91 平面实体的边线   图9-92 【平面】属性面板

 【平面区域】工具主要还是用在模具产品拆模工作上，即修补产品中出现的破孔，以此获得完整的分型面。

如图9-93所示为某产品破孔修补的过程。

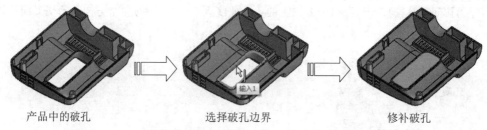

产品中的破孔　　　　　　　　选择破孔边界　　　　　　　　修补破孔

图9-93　利用【平面区域】工具修补破孔

　平面区域只能修补平面中的破孔，不能修补曲面中的破孔。

9.2　高级曲面特征

本章介绍SolidWorks高级曲面特征命令。这里所指的"高级曲面"，含义就是在已有曲面基础之上，进行一些变换操作，如填充、等距偏移、直纹曲面、中面及延展曲面等。

9.2.1　填充曲面

"填充曲面"是在现有模型边线、草图或曲线所定义的边框内建造一曲面修补。

单击【曲面】选项卡中的【填充曲面】按钮◈，或在菜单栏执行【插入】|【曲面】|【填充曲面】命令，弹出【填充曲面】属性面板，如图9-94所示。

图9-94　【填充曲面】属性面板

　【平面区域】工具只能修补平面中的破孔，而【填充曲面】工具既可以修补平面中的破孔，又能修改曲面上的破孔。

■ 动手操作——产品破孔的修补

01　打开本例的素材源文件"灯罩.sldprt"。

02　从产品上看，存在5个小孔和1个大孔，鉴于模具分模要求，将曲面修补在产品外侧，即外侧表面的孔边界上，如图9-95所示。

03__ 单击【填充曲面】按钮，打开【曲面填充】属性面板，依次选取大孔中的边界，如图9-96所示。

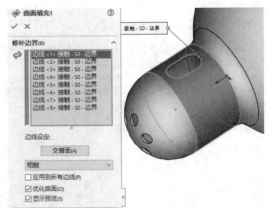

图9-95　查看孔　　　　　　　　　　图9-96　选取大孔边界

> 技术要点　修补边界可以不按顺序进行选取，不会影响修补效果。

04__ 单击【交替面】按钮，改变边界曲面，如图9-97所示。

> 技术要点　更改边界曲面可以使修补曲面与产品外表面形状保持一致。

05__ 单击【确定】按钮，完成大孔的修补，如图9-98所示。

 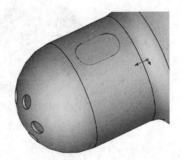

图9-97　更改边界曲面　　　　　　　图9-98　完成大孔修补

06__ 同理，再执行5次【填充曲面】命令，将其余5个小孔按此方法进行修补，曲率控制方式为"曲率"，结果如图9-99所示。

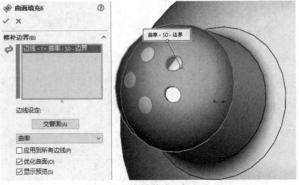

图9-99　修补其余5个小孔

9.2.2 等距曲面

"等距曲面"用来创建基于原曲面的等距缩放特征曲面，当偏移复制的距离为0时，是一个复制曲面的工具，功能等同于【移动/复制实体】工具。

单击【曲面】选项卡中的【等距曲面】按钮 ，或在菜单栏执行【插入】|【曲面】|【等距曲面】命令，打开【等距曲面】属性面板，如图9-100所示。

> 当等距距离为0时，【等距曲面】属性面板将自动切换成【复制曲面】属性面板。

图9-100　【等距曲面】属性面板

【等距曲面】属性面板仅有2个选项设置。

● 要等距的曲面或面：选取要等距复制的曲面或平面。

> 对于曲面，等距复制将产生缩放曲面。对于平面，等距复制不会缩放，如图9-101所示。

等距复制曲面，将缩放　　　　等距复制平面，无缩放

图9-101　曲面与平面的等距复制

● 反转等距方向：单击此按钮，更改等距方向，如图9-102所示。

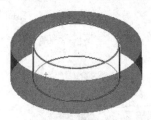 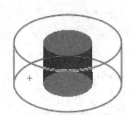

默认等距方向　　　　　　反转等距方向

图9-102　反转等距方向

📌 动手操作——金属汤勺曲面造型

01__ 新建零件文件。

02__ 利用【草图绘制】工具在前视基准面上绘制如图9-103所示的草图1。

03__ 利用【草图绘制】工具在上视基准面上绘制如图9-104所示的草图2。

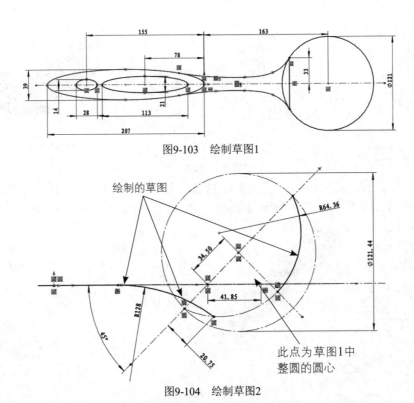

图9-103 绘制草图1

绘制的草图

此点为草图1中
整圆的圆心

图9-104 绘制草图2

> **技术要点**
>
> 由于线条比较多，为了更清楚地看到绘制了多少曲线，将原参考草图1暂时隐藏，如图9-105所示。

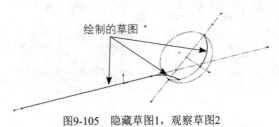

绘制的草图

图9-105 隐藏草图1，观察草图2

04__ 利用【拉伸曲面】工具，选择草图2中的部分曲线来创建拉伸曲面，如图9-106所示。

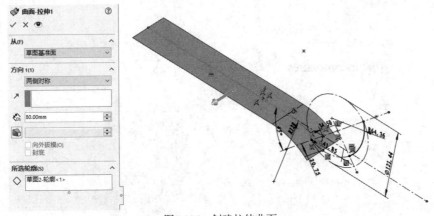

图9-106 创建拉伸曲面

05__ 利用【旋转曲面】工具，选择如图9-107所示的旋转轮廓和旋转轴来创建旋转曲面。

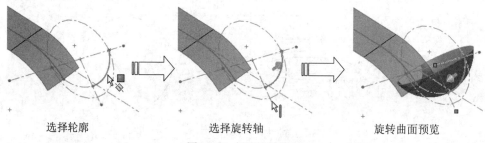

选择轮廓	选择旋转轴	旋转曲面预览

图9-107　创建旋转曲面

06__ 利用【剪裁曲面】工具，在【曲面-剪裁】属性面板中选择【标准】剪裁类型，随后选择草图1作为剪裁工具，接着在拉伸曲面中选择要保留的曲面部分，完成剪裁曲面的效果如图9-108所示。

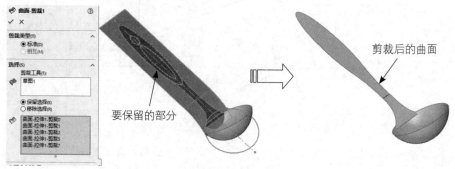

图9-108　剪裁曲面

07__ 单击【等距曲面】按钮，打开【曲面-等距】属性面板，选择如图9-109所示的曲面进行等距复制。

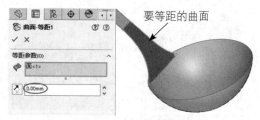

图9-109　创建等距曲面

08__ 利用【基准面】工具，创建如图9-110所示的基准面1。

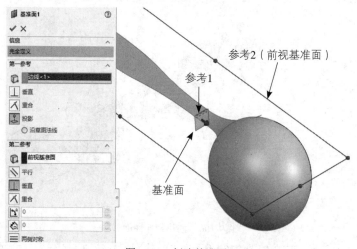

图9-110　创建基准面1

09__ 再利用【剪裁曲面】工具，以基准面1为剪裁工具，剪裁如图9-111所示的曲面（此曲面为前面剪裁后的曲面）。

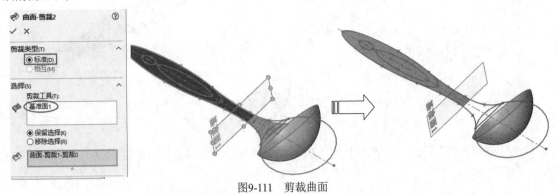

图9-111 剪裁曲面

10__ 单击【加厚】按钮 ，打开【加厚】属性面板。选择剪裁后的曲面进行加厚，厚度为"10mm"，单击【确定】按钮，完成加厚，如图9-112所示。

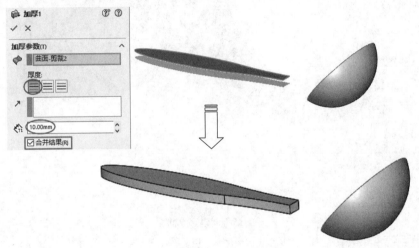

图9-112 创建加厚

11__ 利用【圆角】工具，对加厚的曲面进行圆角处理，半径为3，结果如图9-113所示。

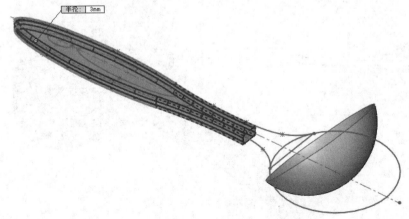

图9-113 创建圆角

12__ 单击【删除面】按钮 ，然后选择如图9-114所示的两个面进行删除。

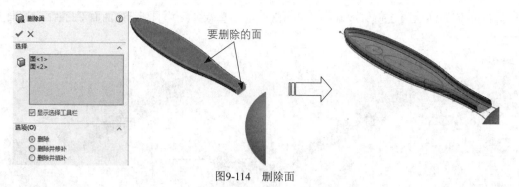

图9-114 删除面

13__ 单击【直纹曲面】按钮⬛，弹出【直纹曲面】属性面板。然后选择等距曲面1上的边来创建直纹曲面，如图9-115所示。

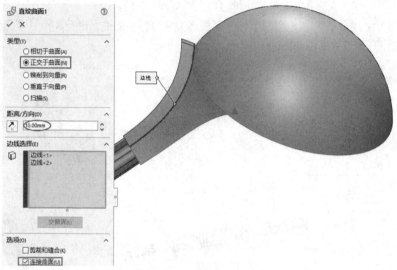

图9-115 创建直纹曲面

14__ 利用【分割线】工具，选择上视基准面作为分割工具，选择两个曲面作为分割对象，创建如图9-116所示的分割线1。

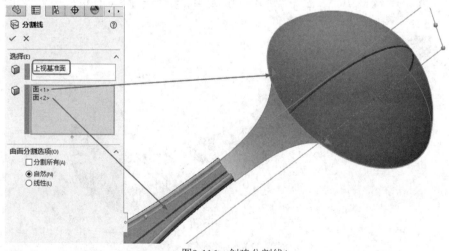

图9-116 创建分割线1

15__ 再利用【分割线】工具，创建如图9-117所示的分割线2。

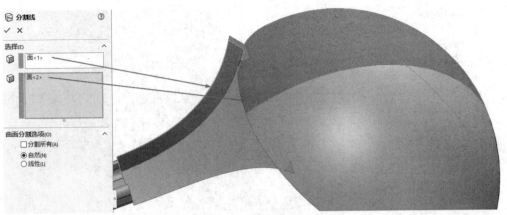

图9-117　创建分割线2

16__ 在上视基准面绘制如图9-118所示的草图3。

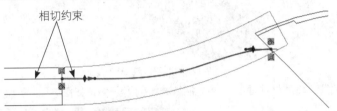

相切约束

图9-118　绘制草图3

17__ 利用【投影曲线】工具，将草图3投影到直纹曲面上，如图9-119所示。

18__ 再在上视基准面上绘制如图9-120所示的草图4。

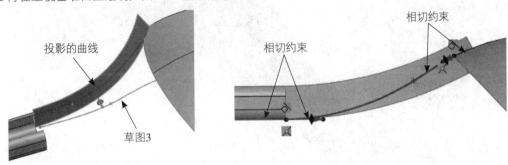

图9-119　投影草图3　　　　　　　　　图9-120　绘制草图4

19__ 利用【组合曲线】工具，选择如图9-121所示的3个边创建组合曲线。

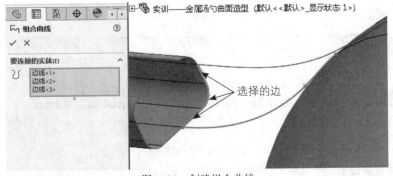

图9-121　创建组合曲线

20__ 利用【放样曲面】工具，创建如图9-122所示的放样曲面。

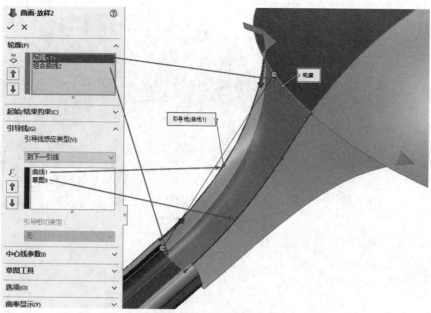

图9-122　创建放样曲面

21 利用【镜向】工具，将放样曲面镜向至上视基准面的另一侧，如图9-123所示。

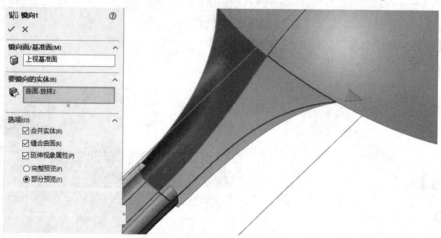

图9-123　镜向放样曲面

22 在上视基准面绘制如图9-124所示的草图5。

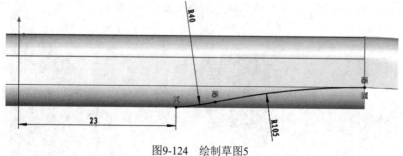

图9-124　绘制草图5

23 再利用【剪裁曲面】工具，用草图5中的曲线剪裁手把曲面，如图9-125所示。

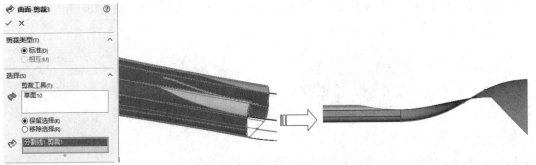

图9-125　剪裁手把曲面

24 利用【缝合曲面】工具，缝合所有曲面。再利用【加厚】工具，创建厚度为0.8的特征。

25 至此，完成汤勺的造型设计，结果如图9-126所示。

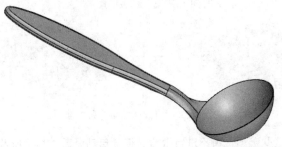

图9-126　完成的汤勺

9.2.3　直纹曲面

"直纹曲面"是通过实体、曲面的边来定义曲面。单击【直纹曲面】按钮 ，打开【直纹曲面】属性面板，如图9-127所示。属性面板中提供了5种直纹曲面的创建类型，介绍如下。

1.相切于曲面

"相切于曲面"类型可以创建相切于所选曲面的延伸面，如图9-128所示。

图9-127　【直纹曲面】属性面板

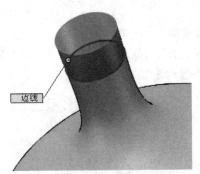

图9-128　相切于曲面的直纹面

"直纹曲面"不能创建基于草图和曲线的曲面。

● 交替面：如果所选的边线为两个模型面的共边，可以单击【交替面】按钮切换相切曲面来获取想要的曲面，如图9-129所示。

图9-129　交替面

如果所选边线为单边，【交替面】按钮将灰显不可用。

● 裁剪和缝合：当所选的边线为2个或2个以上且相连，【裁剪和缝合】选项被激活。此选项用来相互剪裁和缝合所产生的直纹曲面，如图9-130所示。

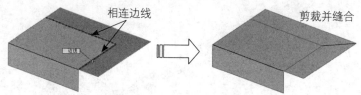

图9-130　直纹面的裁剪和缝合

如果取消勾选此选项，将不进行缝合，但会自动修剪。如果所选的多边线不相连，那么勾选此选项就不再有效。

● 连接曲面：勾选此复选框，具有一定夹角且延伸方向不一致的直纹曲面将以圆弧过渡进行连接。如图9-131所示为不连接和连接的情况。

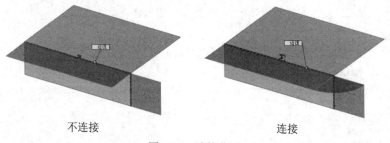

图9-131　连接曲面

2.正交于曲面

"正交于曲面"类型是创建与所选曲面边正交（垂直）的延伸曲面，如图9-132所示。单击【反向】按钮↗可改变延伸方向，如图9-133所示。

图9-132　正交于曲面

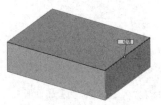

图9-133　更改延伸方向

3.锥削到向量

"锥削到向量"类型可创建沿指定向量成一定夹角（拔模斜度）的延伸曲面，如图9-134所示。

4.垂直于向量

"垂直于向量"可创建沿指定向量成垂直角度的延伸曲面，如图9-135所示。

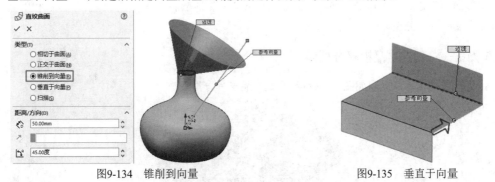

图9-134　锥削到向量　　　　　　　　　　图9-135　垂直于向量

5.扫描

"扫描"类型可创建沿指定参考边线、草图及曲线的延伸曲面，如图9-136所示。

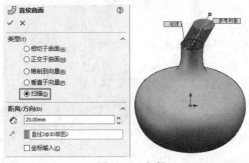

图9-136　扫描

9.2.4　中面

"中面"就是在两组实体面中间创建面。要使用此工具，须先创建实体。

中面工具可在实体上所选的合适双对面之间生成中面。合适的双对面应彼此平行，且必须属于同一实体。例如，两个平行的基准面或两个同心圆柱面即是合适的双对面。

单击【中面】按钮，弹出【中面】属性面板。选取实体的上下表面，单击【确定】按钮，即可创建中面，如图9-137所示。

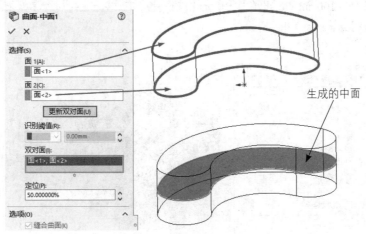

图9-137　生成中面的过程

9.2.5 延展曲面

"延展曲面"是通过选择平面参考来创建实体或曲面边线的新曲面。多数情况下，也利用此工具来
设计简单产品的模具分型面。

■ **动手操作——创建产品模具分型面**

利用延展曲面工具，创建如图9-138所示的某产品模具分型面。

图9-138 某产品模具分型面

01 打开本例源文件"产品.sldprt"。

02 单击【延展曲面】按钮 ，打开【延展曲面】属性面板。首先选择右视基准面作为延展方向参
考，如图9-139所示。

03 然后依次选取产品一侧、连续的底部边线作为要延展的边线，如图9-140所示。

 选取的边线必须是连续的。如果不连续，可以分多次来创建延展曲面，最后缝合曲面
即可。

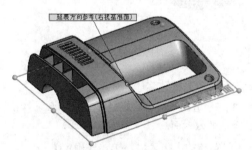

图9-139 选择延展方向参考

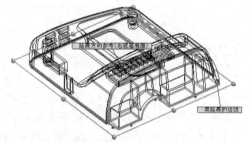

图9-140 选择要延展的、连续的一侧边线

04 输入延展距离为"100mm"，再单击【确定】按钮 ，完成延展的曲面创建，如图9-141所示。

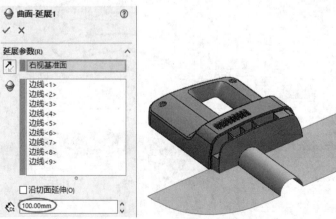

图9-141 创建产品一侧的延展曲面

05 同理，继续选择产品底部其余方向侧的边线来创建延展曲面，结果如图9-142所示。

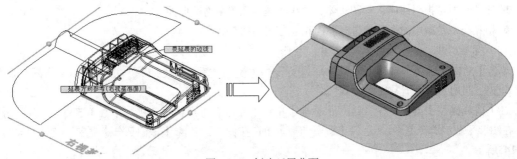

图9-142 创建延展曲面

06 最后利用【缝合曲面】工具，缝合两个延展曲面成一整体，完成模具外围分型面的创建。

9.3 曲面操作与编辑

SolidWorks 2022提供了用于曲面编辑与操作的相关命令，这些命令可以帮助用户完成复杂产品造型工作，如替换面、延展曲面、延伸曲面、缝合曲面、剪裁曲面、剪除剪裁曲面、加厚等。

9.3.1 曲面的缝合与剪裁

多个曲面片体可以缝合成一个整体曲面，也可以利用剪裁工具将单个曲面剪裁成多个曲面片体。

1.缝合曲面

【缝合曲面】工具就是曲面的布尔求和运算工具，可以将两个及两个以上的曲面缝合成一整体。如果多个曲面形成了封闭状态，可利用【缝合曲面】工具将其缝合，则空心的曲面变成实心的实体。

单击【缝合曲面】按钮 ，打开【曲面-缝合】属性面板，如图9-143所示。

图9-143 【曲面-缝合】属性面板

【缝合曲面】工具还应用于模具分型面设计，属性面板中的【缝隙控制】选项对于曲面之间缝合后的间隙控制十分有效，一般情况下保持默认公差，这样在进行分割模具体积块时不会出错。如果曲面之间有缝隙，且缝隙距离超出了默认值，那么就要适当加大缝合公差，将曲面缝合起来。

2.剪裁曲面

剪裁曲面是指在一个曲面与另一个曲面、基准面或草图交叉处修剪曲面，或者将曲面与其他曲面联合使用作为相互修剪的工具。

剪裁曲面主要有标准和相互两种方式。

● 标准类型是指用曲面、草图实体、曲线、基准面等来剪裁曲面。

● 相互类型是指用曲面自身进行曲面相互之间的剪裁。

（1）标准剪裁。

01__ 单击【曲面】选项卡中的【剪裁曲面】按钮 <u>剪裁曲面</u>，或执行【插入】|【曲面】|【剪裁】命令，弹出如图9-144所示的【剪裁曲面】属性面板。

02__ 在【剪裁类型】选项区中，选择【标准】单选按钮。在【选择】选项区中，单击 【剪裁工具】框，在图形区域中选择曲面1，选择【保留选择】单选按钮，并在 【保留部分】框中，选择曲面2，如图9-145所示。

03__ 单击【确定】按钮 ，生成剪裁曲面，如图9-146（b）所示。若在步骤02中选择【移除选择】单选按钮，其产生的剪裁曲面效果如图9-146（c）所示。

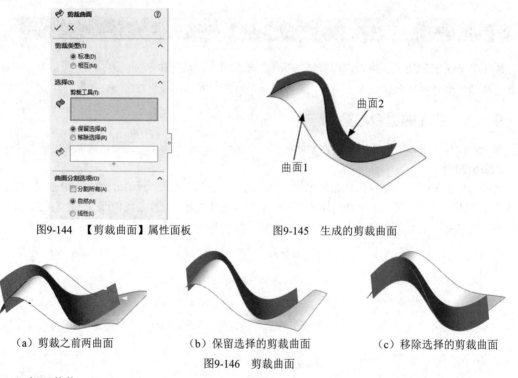

图9-144　【剪裁曲面】属性面板　　　　图9-145　生成的剪裁曲面

（a）剪裁之前两曲面　　　　（b）保留选择的剪裁曲面　　　　（c）移除选择的剪裁曲面

图9-146　剪裁曲面

（2）相互剪裁。

相互剪裁是指相交的两个曲面互为修剪和被修剪对象，能够进行相互之间的修剪，如图9-147所示。

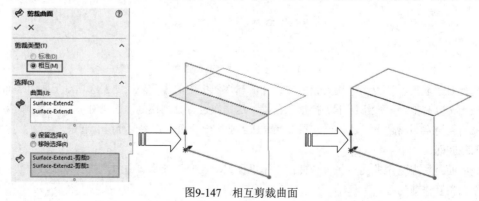

图9-147　相互剪裁曲面

3.解除剪裁曲面

如果要恢复剪裁曲面之前的结果，可以使用 解除剪裁曲面 工具，选择已经被剪裁的曲面，即可恢复原始状态，如图9-148所示。

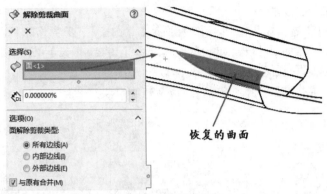

图9-148 解除剪裁曲面

9.3.2 曲面的删除与替换

用户可以对不需要的多余曲面进行删除，或者将曲面中的破孔进行删除得到完整曲面，还可以替换模型表面得到新的形状曲面。下面介绍几种曲面修改工具。

1.替换面

"替换面"是指以新曲面实体来替换曲面或者实体中的面。在替换面时，原来实体中的相邻面自动剪裁到替换曲面实体，另外，替换曲面实体可以不与旧的面具有相同的边界。

替换面通用于以下几种情况。

● 以一曲面实体替换另一个或者一组相连的面。

● 在单一操作中，用一相同的曲面实体替换一组以上相连的面。

● 在实体或曲面实体中替换面。

替换面的操作步骤如下。

01_ 单击【曲面】选项卡中的【替换面】按钮 替换面，或者执行【插入】|【面】|【替换】命令，弹出【替换面】属性面板。

02_ 在【替换的目标面】框 中，在图形区域中单击选择面1，在【替换曲面】框 中单击选择面2。

03_ 单击【确定】按钮 ，其替换效果如图9-149所示。

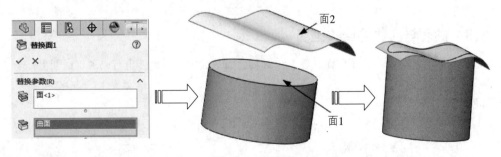

图9-149 替换面

2.删除面

利用【删除面】工具，可以从实体中删除面，使其由实体变成曲面。也可以从曲面集合中删除个别曲面。删除曲面可以采用下面的操作。

01__ 单击【曲面】选项卡中的【删除面】按钮 ![删除面]，或执行【插入】|【面】|【删除】命令，弹出【删除面】属性面板，如图9-150所示。

02__ 在属性面板中单击【选择】栏中图标 ![ ] 右侧的显示框，然后在图形区域或特征管理器中选择要删除的面。此时要删除的曲面在该显示框中显示。

03__ 如果选择【删除】单选按钮，将删除所选曲面；如果选择【删除并修补】单选按钮，则在删除曲面的同时，对删除曲面后的曲面进行自动修补；如果选择【删除并填充】单选按钮，则在删除曲面的同时，对删除曲面后的曲面进行自动填充。

04__ 单击【确定】按钮 ![✓]，完成曲面的删除，如图9-151所示。

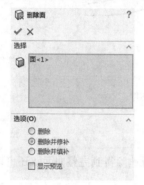

图9-150　【删除面】属性面板

图9-151　删除面的效果

3.删除孔

"删除孔"可以将曲面中的孔排除，从而修补孔得到完整曲面。单击 ![删除孔] 按钮弹出【删除孔】属性面板。选择曲面中的孔边线，再单击属性面板中的【确定】按钮 ![✓]，完成孔的删除，如图9-152所示。

图9-152　删除孔

9.3.3　曲面与实体的修改工具

在SolidWorks中，可以利用【曲面加厚】工具将曲面变成实体模型。也可以利用曲面去修剪实体，从而去改变实体的模型状态。

1.曲面加厚

"加厚"是根据所选曲面来创建具有一定厚度的实体，如图9-153所示。

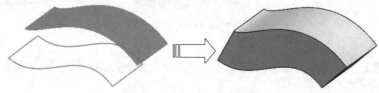

图9-153　加厚曲面生成实体

单击【加厚】按钮 加厚 ，打开【加厚】属性面板，如图9-154所示。

> **必须先创建曲面特征，【加厚】命令才变为可用。**

图9-154　【加厚】属性面板

属性面板中包括3种加厚方法：加厚侧边1、加厚两侧和加厚侧边2。

- 加厚侧边1：此加厚方法是在所选曲面的上方生成加厚特征，如图9-155（a）所示。
- 加厚两侧：在所选曲面的两侧同时加厚，如图9-155（b）所示。
- 加厚侧边2：在所选曲面的下方生成加厚特征，如图9-155（c）所示。

（a）加厚侧边1　　　　　　　（b）加厚两侧边　　　　　　　（c）加厚侧边2

图9-155　加厚方法

2.加厚切除

也可以使用【加厚切除】工具来分割实体而创建出多个实体。

> **仅当图形区中创建了实体和曲面后，【加厚切除】命令才变为可用。**

单击【加厚切除】按钮 加厚切除 ，打开【切除-加厚】属性面板，如图9-156所示。

图9-156　【切除-加厚】属性面板

该属性面板中的选项与【加厚】属性面板中完全相同。如图9-157所示为加厚切除的操作过程。

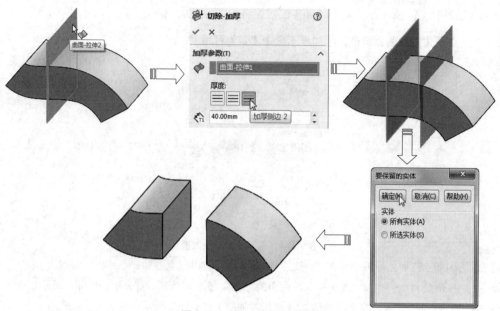

图9-157　创建加厚切除特征

3.使用曲面切除

【使用曲面切除】工具用曲面来分割实体。如果是多实体零件，可选择要保留的实体。单击【使用曲面切除】按钮 <kbd>🥞 使用曲面切除</kbd>，打开【使用曲面切除】属性面板，如图9-158所示。

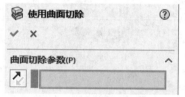

图9-158　【使用曲面切除】属性面板

如图9-159所示为曲面切除的操作过程。

图9-159　曲面切除

> **技巧点拨**　对于多实体零件，在特征范围下选择以下之一。

● 所有实体。每次特征重建时，曲面将切除所有实体。如果将被切除曲面所交叉的新实体添加到位于 FeatureManager 特征设计树中切除特征之前的模型上，则会重建这些新实体使切除生效。

● 选择实体。曲面只切除用光标选择的实体。如果将被切除曲面所交叉的新实体添加到模型上，需要右击，然后在弹出的快捷菜单中选择 **编辑特征**，选择这些实体以将其添加到所选实体的清单中。如果不将新实体添加到所选实体清单中，则其将保持完整无损（选择的实体在图形区域中高亮显示，并列举在特征范围下）。

● 自动选择（可用于所选实体）。自动选择所有相关的交叉实体。自动选择比所有实体快，因为
其只处理初始清单中的实体，并不会重建整个模型。如果消除自动选择，则必须选择用户想在
图形区域中切除的实体。

9.4 综合实战

下面以几个曲面建模案例，将产品造型设计的方法和软件工具指令结合起来，详解操作步骤。

9.4.1 案例一：塑胶小汤匙造型

利用剪裁曲面功能设计如图9-160所示的塑胶汤匙。

图9-160 塑胶汤匙造型

01__ 新建零件文件。

02__ 在前视基准面上绘制如图9-161所示的草图1。

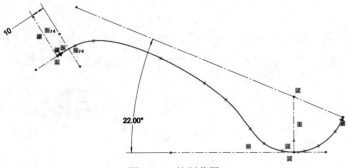

图9-161 绘制草图1

03__ 利用【旋转曲面】工具，创建如图9-162所示的旋转曲面1。

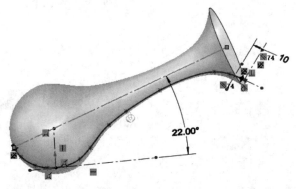

图9-162 创建旋转曲面1

255

04__ 再在前视基准面绘制如图9-163所示的草图2（样条曲线）。

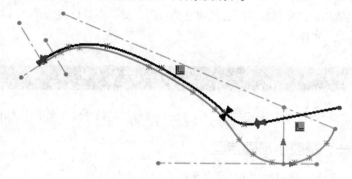

图9-163　绘制草图2

05__ 单击【剪裁曲面】按钮 ，打开【曲面-剪裁】属性面板。然后选择草图2作为剪裁工具，选择要保留的曲面，完成剪裁的结果如图9-164所示。

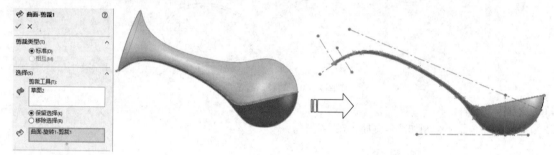

图9-164　剪裁曲面

06__ 同理，在上视基准面继续绘制草图3，如图9-165所示。

07__ 再利用【剪裁曲面】工具，选择草图3作为剪裁工具，完成曲面的剪裁操作，如图9-166所示。

图9-165　绘制草图3

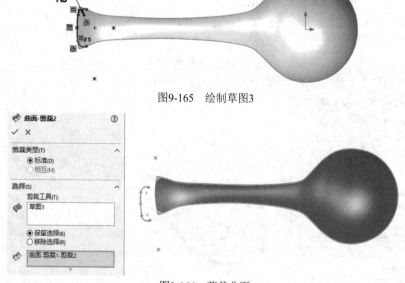

图9-166　剪裁曲面

08__ 利用【加厚】工具，创建加厚特征，结果如图9-167所示。

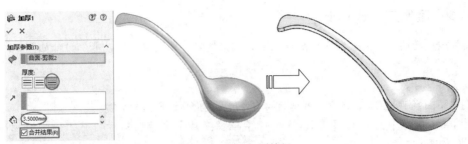

图9-167 创建加厚特征

09_ 利用【圆角】工具,创建加厚特征上的圆角特征,如图9-168所示。

10_ 新建如图9-169所示的基准面1。

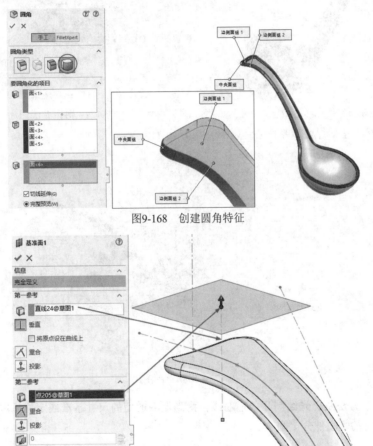

图9-168 创建圆角特征

图9-169 创建基准面1

11_ 最后利用【拉伸切除】工具,在基准面1上绘制草图5后,再创建出如图9-170所示的汤勺挂孔。

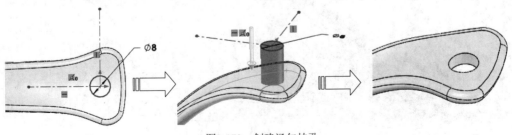

图9-170 创建汤勺挂孔

257

9.4.2 案例三：烟斗造型

下面利用旋转曲面、剪裁曲面、扫描曲面、扫描切除、曲面缝合等功能，设计如图9-171所示的烟斗。

01__ 新建零件文件。

02__ 利用【草图绘制】工具，选择右视基准面作为草图平面，进入草图环境。

03__ 在菜单栏执行【工具】|【草图工具】|【草图图片】命令，然后打开本例的素材图片"烟斗.bmp"，如图9-172所示。

图9-171 烟斗造型   图9-172 导入草图图片

04__ 双击图片，然后将图片旋转并移动到如图9-173所示的位置。

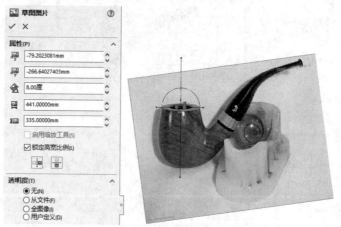

图9-173 对正草图图片

 对正的方法是，先绘制几条辅助线，找到烟斗模型的尺寸基准或定位基准，烟斗的设计基准就是烟斗的烟嘴部分（圆心）。

05__ 然后利用【样条曲线】工具按烟斗图片的轮廓来绘制草图，如图9-174所示。

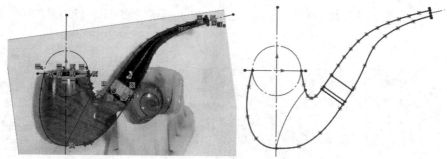

图9-174 参考图片绘制样条

06__ 利用【旋转曲面】工具，创建如图9-175所示的旋转曲面。

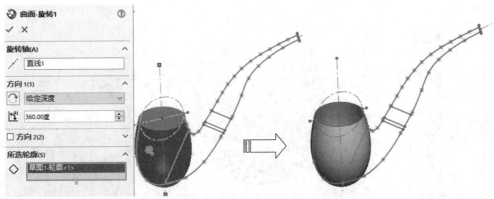

图9-175　创建旋转曲面

07__ 利用【拉伸曲面】工具拉伸曲面1，如图9-176所示。

08__ 利用【剪裁曲面】工具，用基准面1剪裁旋转曲面，结果如图9-177所示。

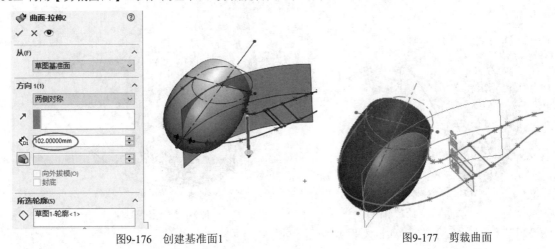

图9-176　创建基准面1　　　　　　　　　　　图9-177　剪裁曲面

09__ 利用【基准面】工具创建基准面2，如图9-178所示。

10__ 在基准面2上绘制圆草图，圆上点与草图1中直线2端点重合，如图9-179所示。

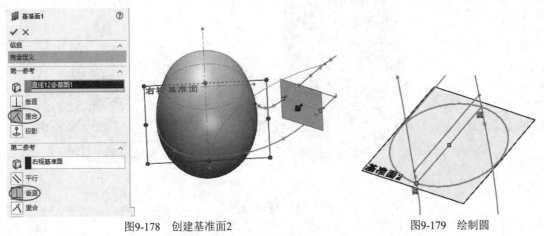

图9-178　创建基准面2　　　　　　　　　　图9-179　绘制圆

11__ 利用【拉伸曲面】工具创建拉伸曲面2，如图9-180所示。

259

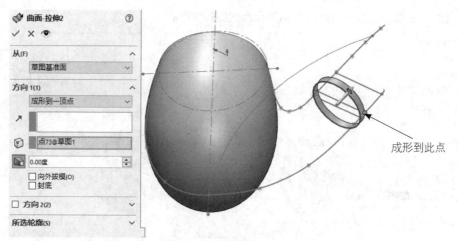

图9-180　创建拉伸曲面2

12 在右视基准平面上先后绘制草图3和草图4，如图9-181和图9-182所示。

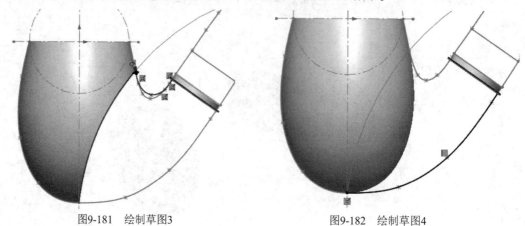

图9-181　绘制草图3

图9-182　绘制草图4

13 利用【放样曲面】工具，创建如图9-183所示的放样曲面。

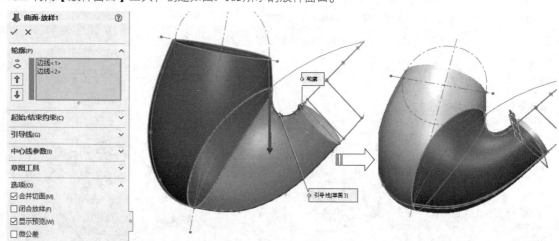

图9-183　创建放样曲面

14 利用【延伸曲面】工具，创建如图9-184所示的延伸曲面。

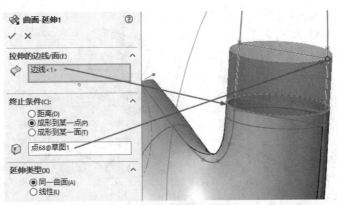

图9-184　曲面延伸

15 利用【基准面】工具创建基准面2，如图9-185所示。

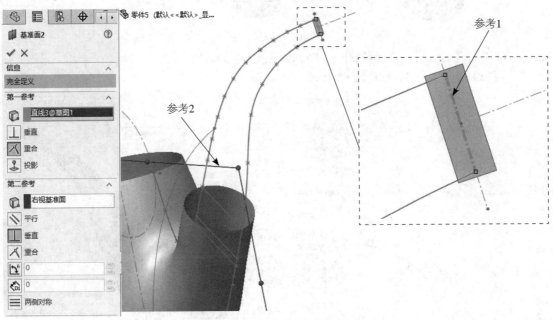

图9-185　创建基准面2

16 在基准面2上绘制草图5——椭圆，如图9-186所示。

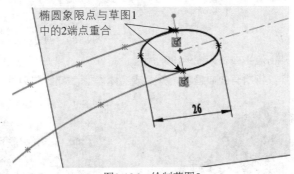

图9-186　绘制草图5

17 在右视基准面上绘制草图6，如图9-187所示。

261

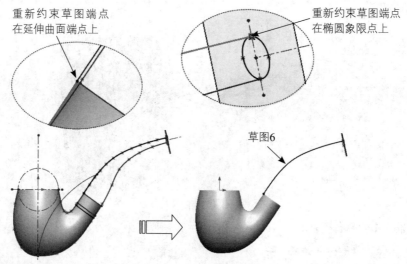

图9-187　绘制草图6

18— 同理，在草图1基础上，等距绘制出草图7，如图9-188所示。

19— 利用【放样曲面】工具，创建如图9-189所示的放样曲面。

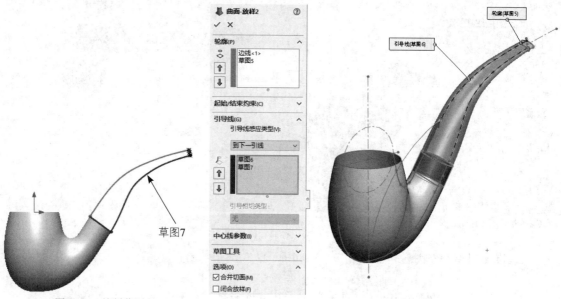

图9-188　绘制草图7

图9-189　创建放样曲面

20— 利用【平面区域】工具创建平面，如图9-190所示。

21— 利用【缝合曲面】工具，将所有曲面缝合，并生成实体模型，如图9-191所示。

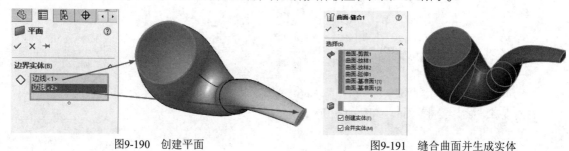

图9-190　创建平面

图9-191　缝合曲面并生成实体

22__ 在右视基准面上绘制草图8——圆弧，如图9-192所示。

23__ 再利用【特征】工具栏中的【扫描】工具，创建扫描特征，如图9-193所示。

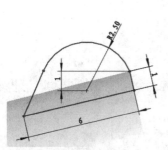

图9-192　绘制草图8

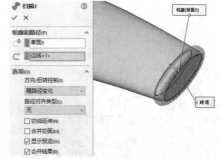

图9-193　创建扫描特征

 在创建扫描特征时，必须选择"起始处相切类型"和"结束处相切类型"的选项为"无"，否则无法创建扫描特征。

24__ 利用【旋转切除】工具，创建烟斗部分的空腔。草图与切除结果如图9-194所示。

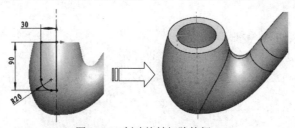

图9-194　创建旋转切除特征

25__ 在右视基准面绘制草图10，如图9-195所示。

26__ 在烟嘴平面上绘制草图11，如图9-196所示。

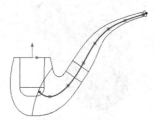

图9-195　绘制草图10

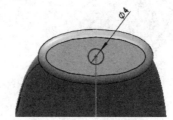

图9-196　绘制草图11

27__ 利用【扫描切除】工具，创建如图9-197所示的扫描切除特征。

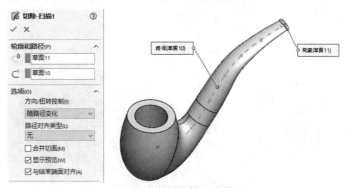

图9-197　创建扫描切除特征

263

28 利用【倒角】工具，对烟斗外侧的边创建倒角特征，如图9-198所示。

29 利用【圆角】工具，对烟斗内侧边创建圆角特征，如图9-199所示。

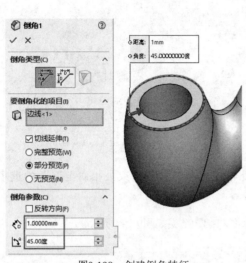

图9-198 创建倒角特征

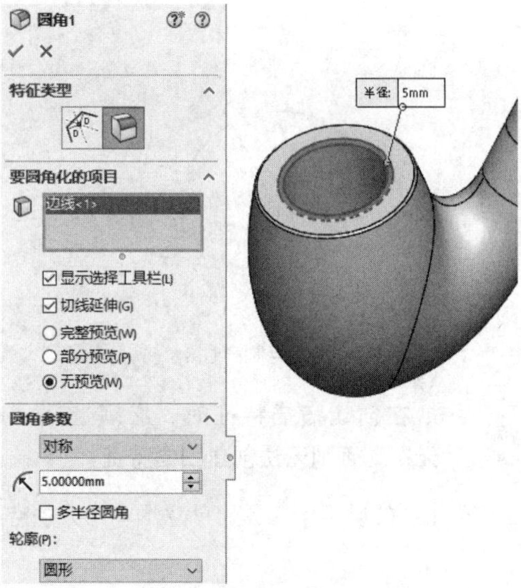

图9-199 创建圆角特征

30 最后对烟嘴部分的边进行圆角处理，如图9-200所示。

31 至此，完成了烟斗的整个造型工作，结果如图9-201所示。

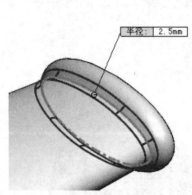

图9-200 创建烟嘴的圆角特征

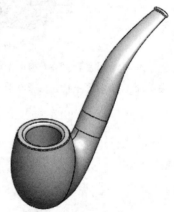

图9-201 创建完成的烟斗

第10章 零件装配设计

为了让读者了解SolidWorks 2022装配设计流程，本章全面介绍从建立装配体、零部件压缩与轻化、装配体的干涉检测、控制装配体的显示、其他装配体技术直到装配体爆炸视图的完整设计。

10.1 装配概述

"装配"是根据技术要求将若干零部件接合成部件或将若干个零部件和部件接合成产品的劳动过程。装配是整个产品制造过程中的后期工作，各部件需正确地装配，才能形成最终产品。如何从零部件装配成产品并达到设计所需要的装配精度，这是装配工艺要解决的问题。

10.1.1 计算机辅助装配

"计算机辅助装配"工艺设计是用计算机模拟装配人员编制装配工艺，自动生成装配工艺文件。因此其可以缩短编制装配工艺的时间，减少工作量，同时也提高了装配工艺的规范化程度，并能对装配工艺进行评价和优化。

1. 产品装配建模

"产品装配建模"是一个能完整、正确地传递不同装配体设计参数、装配层次和装配信息的产品模型，是产品设计过程中数据管理的核心，是产品开发和支持设计灵活变动的强有力工具。

产品装配建模不仅描述了零部件本身的信息，而且还描述产品零部件之间的层次关系、装配关系以及不同层次的装配体中的装配设计参数的约束和传递关系。

建立产品装配模型的目的在于建立完整的产品装配信息表达，一方面使系统对产品设计能进行全面支持；另一方面可以为CAD系统中的装配自动化和装配工艺规划提供信息源，并对设计进行分析和评价，如图10-1所示为基于CAD系统进行装配的产品零部件。

10.1.2 装配环境的进入

进入装配环境有两种方法，第一种是在新建文件时，在弹出的【新建SOLIDWORKS文件】对话框中选择【装配体】模板，单击【确定】按钮即可新建一个装配体文件，并进入装配环境，如图10-2所示。第二种则是在零部件环境中，执行菜单栏中的【文件】|【从零部件制作装配体】命令，切换到装配环境。

图10-1　基于CAD系统进行装配设计

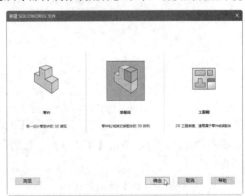

图10-2　新建装配体文件

当新建一个装配体文件或打开一个装配体文件时，即进入SolidWorks装配环境。SolidWorks装配操作界面和零部件模式的界面相似，装配体界面同样具有菜单栏、选项卡、设计树、控制区和零部件显示区。在左侧的控制区中列出了组成该装配体的所有零部件。在设计树最底端还有一个配合的文件夹，包含所有零部件之间的配合关系，如图10-3所示。

由于SolidWorks提供了用户自己定制界面的功能，本书中的装配操作界面可能与读者实际应用有所不同，但大部分界面应是一致的。

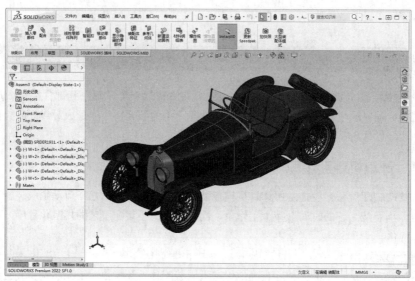

图10-3　SolidWorks装配操作界面

10.2　开始装配体

当用户新建装配体文件并进入装配环境时，属性管理器中显示【开始装配体】属性面板，如图10-4所示。

图10-4　【开始装配体】属性面板

在面板中，用户可以单击【生成布局】按钮，直接进入布局草图模式，绘制用于定义装配零部件位置的草图。

用户还可以通过单击【浏览】按钮，浏览要打开的装配体文件位置并将其插入装配环境，然后再进行装配的设计、编辑等操作。

10.2.1　插入零部件

"插入零部件"功能可以将零部件添加到新的或现有装配体中。插入零部件功能的装配方法包括插入零部件、新零部件、新装配体和随配合复制。

1. 插入零部件

【插入零部件】工具用于将零部件插入现有装配体中。用户选择自下而上的装配方式后,先在零部件模式造型,可以使用该工具将之插入装配体,然后使用"配合"来定位零部件。

单击【插入零部件】按钮 ,属性管理器中显示【插入零部件】属性面板。【插入零部件】属性面板中的选项设置与【开始装配体】属性面板是相同的,这里不再赘述。

> **技术要点**　在自上而下的装配设计过程中,第一个插入的零部件可以叫作"主零部件",因为后插入的零部件将以其作为装配参考。

2. 新零部件

使用【新零部件】工具,可以在关联的装配体中设计新的零部件。在设计新零部件时可以使用其他装配体零部件的几何特征。只有在用户选择了自上而下的装配方式后,才可使用此工具。

> **技术要点**　在生成关联装配体的新零部件之前,可指定默认行为将新零部件保存为单独的外部零部件文件或者作为装配体文件内的虚拟零部件。

在【装配体】选项卡中执行了【新零部件】命令后,特征管理器设计树中显示一个空的"[零部件1^装配体1]"的虚拟装配体文件,且光标变为 ,如图10-5所示。

当光标在设计树中移动至基准面位置时,光标则变为 ,如图10-6所示。指定一基准面后,就可以在插入的新零部件文件中创建模型。

对于内部保存的零部件,可不选取基准面,而是单击图形区域的一空白区域,此时一空白零部件就添加到装配体中了。用户可编辑或打开空白零部件文件并生成几何体。零部件的原点与装配体的原点重合,则零部件的位置是固定的。

图10-5　设计树中的新零部件文件

图10-6　欲选择基准面时的光标

3. 新装配体

当需要在任何一层装配体层次中插入子装配体时,可以使用【新装配体】工具。当创建了子装配体后,可以用多种方式将零部件添加到子装配体中。

插入新的子装配体的装配方法也是自上而下的设计方法。插入的新子装配体文件也是虚拟的装配体文件。

4. 随配合复制

当使用【随配合复制】工具复制零部件或子装配体时,可以同时复制其关联的配合。例如,在【装配体】选项卡中执行【随配合复制】命令后,在减速器装配体中复制其中一个"被动轴通盖"零部件时,属性管理器中显示【随配合复制】属性面板,面板中显示了该零部件在装配体中的配合关系,如图10-7所示。

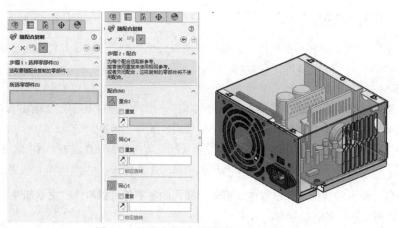

图10-7　随配合复制减速器装配体的零部件

10.2.2　配合

"配合"就是在装配体零部件之间生成几何约束关系。

当零部件被调入到装配体时，除了第一个调入的零部件或子装配体之外，其他的都没有添加"配合"，位置处于任意的"浮动"状态。在装配环境中，处于"浮动"状态的零部件可以分别沿3个坐标轴移动，也可以分别绕3个坐标轴转动，即共有6个自由度。

当给零部件添加装配关系后，可消除零部件的某些自由度，限制零部件的某些运动，此种情况称为"不完全约束"。当添加的配合关系将零部件的6个自由度都消除时，称为"完全约束"，零部件将处于"固定"状态，如同插入的第一个零部件一样（默认情况下为"固定"），无法进行拖动操作。

技术要点　　一般情况下，第一个插入的零部件位置是固定的，但也可以执行右键菜单中的【浮动】命令，取消其"固定"状态。

在【装配体】选项卡中单击【配合】按钮，属性管理器中显示【配合】属性面板。面板中的【配合】选项卡下包括用于添加标准配合、机械配合和高级配合的选项。【分析】选项卡下的选项用于分析所选的"配合"，如图10-8所示。

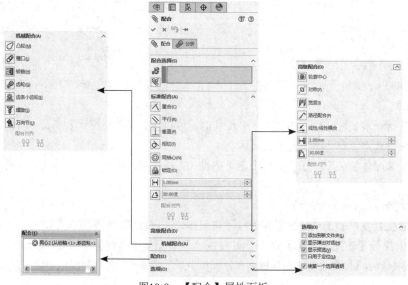

图10-8　【配合】属性面板

10.3　控制装配体

在SolidWorks装配过程中，当出现相同的多个零部件装配时使用"阵列"或"镜向"，可以避免多次插入零部件的重复操作。使用【移动】或【旋转】工具，可以平移或旋转零部件。

10.3.1　零部件的阵列

在装配环境下，SolidWorks向用户提供了3种常见的零部件阵列类型：圆周零部件阵列、线性零部件阵列和阵列驱动零部件阵列。

1. 圆周零部件阵列

"圆周零部件阵列"类型可以生成零部件的圆周阵列。在【装配体】选项卡中的【线性零部件阵列】下拉菜单中选择【圆周零部件阵列】选项 ⊞ 圆周零部件阵列，属性管理器中显示【圆周阵列】面板，如图10-9所示。当指定阵列轴、角度和实例数（阵列数）及要阵列的零部件后，就可以生成零部件的圆周阵列，如图10-10所示。

图10-9　【圆周阵列】面板

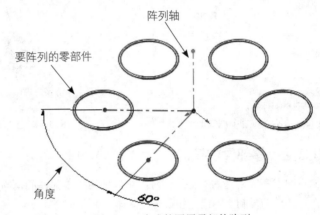

图10-10　生成的圆周零部件阵列

2. 线性零部件阵列

"线性零部件阵列"类型可以生成零部件的线性阵列。在【装配体】选项卡中单击【线性零部件阵列】按钮 ፡፡，属性管理器中显示【线性阵列】属性面板，如图10-11所示。当指定了线性阵列的方向1、方向2，以及各方向的间距、实例数之后，即可生成零部件的线性阵列，如图10-12所示。

图10-11　【线性阵列】属性面板

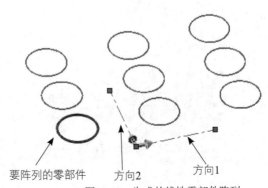

图10-12　生成的线性零部件阵列

3. 阵列驱动零部件阵列

"阵列驱动零部件阵列"类型是根据参考零部件中的特征来驱动的,在装配Tollbox标准件时特别有用。

在【装配体】选项卡中的【线性零部件阵列】下拉菜单中选择【阵列驱动零部件阵列】选项 阵列驱动零部件阵列,属性管理器中显示【阵列驱动】属性面板,如图10-13所示。例如,当指定了要阵列的零部件(螺钉)和驱动特征(孔面)后,系统自动计算出孔盖上有多少个相同尺寸的孔并生成阵列,如图10-14所示。

图10-13　【阵列驱动】属性面板

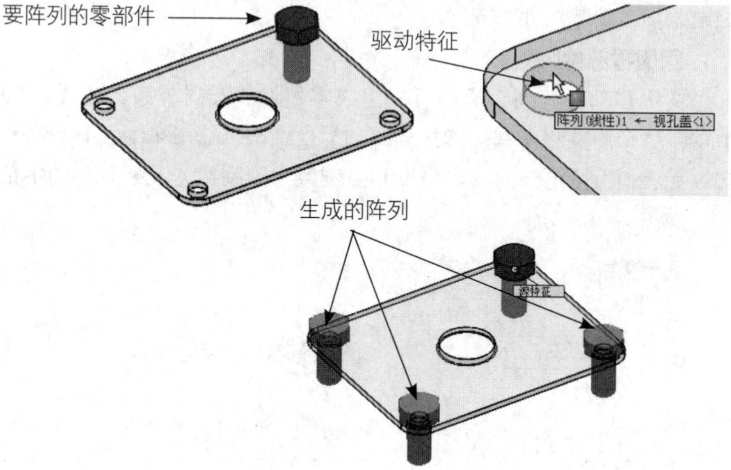

图10-14　生成阵列驱动零部件阵列

10.3.2　零部件的镜向

当固定的参考零部件为对称结构时,可以使用"零部件的镜向"工具来生成新的零部件。新零部件可以是源零部件的复制版本或是相反方位版本。

在【装配体】选项卡中的【线性零部件阵列】下拉菜单中选择【镜向零部件】选项 镜向零部件,属性管理器中显示【镜向零部件】属性面板,如图10-15所示。

当选择了镜向基准面和要镜向的零部件以后(完成第1个步骤),在面板顶部单击【下一步】按钮 进入第2个步骤。在第2个步骤中,用户可以为镜向的零部件选择镜向版本和定向方式,如图10-16所示。

图10-15　【镜向零部件】属性面板

图10-16　第2个步骤

在第2个步骤中，复制版本的定向方式有4种，如图10-17所示。

相反方位版本的定向方式仅有一种，如图10-18所示。生成相反方位版本的零部件后，图标 会显示在该项目旁边，表示已经生成该项目的一个相反方位版本。

 对于设计库中的Toolbox标准件，镜向零部件操作后的结果只能是复制类型，如图10-19所示。

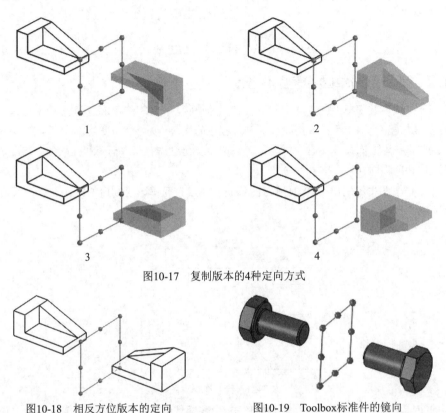

图10-17 复制版本的4种定向方式

图10-18 相反方位版本的定向　　　　图10-19 Toolbox标准件的镜向

10.4 布局草图

"布局草图"对装配体的设计是一个非常有用的工具，使用装配布局草图可以控制零部件和特征的尺寸和位置。对装配布局草图的修改会引起所有零部件的更新，如果再采用装配设计表还可进一步扩展此功能，自动创建装配体的配置。

10.4.1 布局草图的建立

由于自上而下设计是从装配模型的顶层开始，通过在装配环境建立零部件来完成整个装配模型设计的方法，为此，在装配设计的最初阶段，按照装配模型最基本的功能和要求，在装配体顶层构筑布局草图，用这个布局草图来充当装配模型的顶层骨架。随后的设计过程基本上都是在这个基本骨架的基础上进行复制、修改、细化和完善，最终完成整个设计过程。

要建立一个装配布局草图，可以在【开始装配体】面板中单击【生成布局】按钮，随后进入3D草图模式。在特征管理器设计树中将生成一个"布局"文件，如图10-20所示。

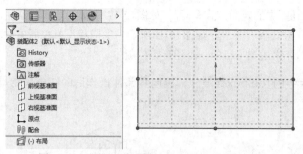

图10-20　进入3D草图模式并生成"布局"文件

10.4.2　基于布局草图的装配体设计

布局草图能够代表装配模型的主要空间位置和空间形状，能够反映构成装配体模型的各个零部件之间的拓扑关系，其是整个自上而下装配设计展开过程中的核心，是各个子装配体之间相互联系的中间桥梁和纽带。因此，在建立布局草图时，更注重在最初的装配总体布局中捕获和抽取各子装配体和零部件间的相互关联性和依赖性。

例如，在布局草图中绘制出图10-21所示的草图，完成布局草图绘制后单击【布局】按钮 ⬙，退出3D草图模式。

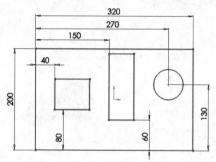

图10-21　绘制布局草图

从绘制的布局草图中可以看出，整个装配体由4个零部件组成。在【装配体】选项卡中使用【新零部件】工具，生成一个新的零部件文件。在特征管理器设计树中选中该零部件文件并执行右键菜单中的【编辑】命令，即可激活新零部件文件，也就是进入零部件设计模式创建新零部件文件的特征。

使用【特征】选项卡中的【拉伸凸台/基体】工具，利用布局草图的轮廓，重新创建2D草图，并创建拉伸特征，如图10-22所示。

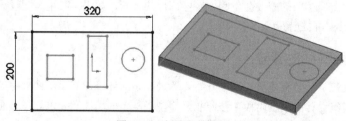

图10-22　创建拉伸特征

拉伸特征创建后在【草图】选项卡中单击【编辑零部件】按钮 ⬚，完成装配体第一个零部件的设计。同理，再使用相同操作方法依次创建出其余的零部件，最终设计完成的装配体模型如图10-23所示。

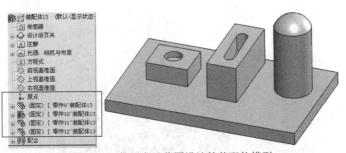

图10-23　使用布局草图设计的装配体模型

10.5 装配体检测

零部件在装配环境下完成装配以后，为了找出装配过程中产生的问题，需使用SolidWorks提供的检测工具检测装配体中各零部件之间存在的间隙、碰撞和干涉，使装配设计得到改善。

10.5.1　间隙验证

【间隙验证】工具用来检查装配体中所选零部件之间的间隙。使用该工具可以检查零部件之间的最小距离，并报告不满足指定的"可接受的最小间隙"的间隙。

在【装配体】选项卡中单击【间隙验证】按钮，属性管理器中显示【间隙验证】属性面板，如图10-24所示。

10.5.2　干涉检查

使用【干涉检查】工具，可以检查装配体中所选零部件之间的干涉。在【装配体】选项卡中单击【干涉检查】按钮，属性管理器中显示【干涉检查】属性面板，如图10-25所示。

图10-24　【间隙验证】属性面板　　　　　图10-25　【干涉检查】属性面板

10.5.3　孔对齐

在装配过程中，使用【孔对齐】工具可以检查所选零部件之间的孔是否未对齐。在【装配体】选项卡中单击【孔对齐】按钮，属性管理器中显示【孔对齐】面板。在面板中设定"孔中心误差"后，单击【计算】按钮，系统将自动计算整个装配体中是否存在孔中心误差，计算的结果将列表于【结果】选项区中，如图10-26所示。

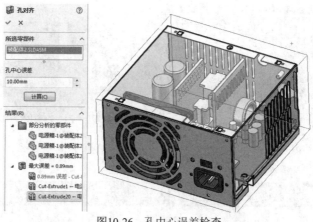

图10-26　孔中心误差检查

10.6　爆炸视图

装配体爆炸视图是装配模型中组件按装配关系偏离原来的位置的拆分图形。爆炸视图的创建可以方便用户查看装配体中的零部件及其相互之间的装配关系。装配体的爆炸视图如图10-27所示。

10.6.1　生成或编辑爆炸视图

在【装配体】选项卡中单击【爆炸视图】按钮，属性管理器中显示【爆炸】属性面板，如图10-28所示。

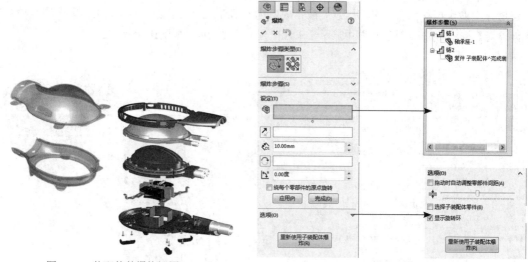

图10-27　装配体的爆炸视图　　　　　　　　图10-28　【爆炸】属性面板

- 爆炸步骤的零部件：激活此列表，在图形区选择要爆炸的零部件，随后图形区显示三重轴，如图10-29所示。

> **技术要点**　　只有在改变零部件位置的情况下，所选的零部件才会显示在【爆炸步骤】选项区列表中。

- 爆炸方向：显示当前爆炸步骤所选的方向。可以单击【反向】按钮改变方向。
- 爆炸距离：输入值以设定零部件的移动距离。

- 应用：单击此按钮，可以预览移动后的零部件位置。
- 完成：单击此按钮，保存零部件移动的位置。
- 拖动时自动调整零部件间距：勾选此复选框，将沿轴自动均匀地分布零部件组的间距。
- 调整零部件链之间的间距 ÷：拖动滑块来调整放置的零部件之间的距离。
- 选择子装配体零部件：勾选此复选框，可选择子装配体的单个零部件。反之则选择整个子装配体。
- 重新使用子装配体爆炸：使用先前在所选子装配体中定义的爆炸步骤。

除了在面板中设定爆炸参数来生成爆炸视图外，用户可以自由拖动三重轴的轴来改变零部件在装配体中的位置，如图10-30所示。

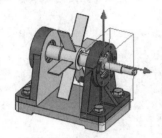

图10-29　显示三重轴

图10-30　拖动三重轴改变零部件位置

10.6.2　添加爆炸直线

爆炸视图创建完成以后，可以添加爆炸直线来表达零部件在装配体中所移动的轨迹。在【装配体】选项卡中单击【爆炸直线草图】按钮 ☜，属性管理器中显示【步路线】属性面板，并自动进入3D草图模式，且系统弹出【爆炸草图】工具条，如图10-31所示。【步路线】属性面板可以通过在【爆炸草图】选项卡中单击【步路线】按钮 ☜ 来打开或关闭。

在3D草图模式使用【直线】工具 ／ 来绘制爆炸直线，如图10-32所示。绘制后将以幻影线显示。

图10-31　【步路线】属性面板

图10-32　绘制爆炸直线

在【爆炸草图】工具条中单击【转折线】按钮 ⨅，然后在图形区中选择爆炸直线并拖动草图线条，将转折线添加到该爆炸直线中，如图10-33所示。

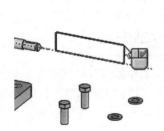

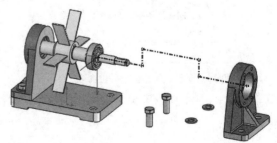

图10-33　添加转折线到爆炸直线中

10.7 综合实战案例

SolidWorks装配设计分自上而下设计和自下而上设计。下面以两个典型的装配设计实例来说明自上而下和自下而上的装配设计方法及操作过程。

10.7.1 案例一：脚轮装配设计

活动脚轮是工业产品，由固定板、支承架、塑胶轮、轮轴及螺母构成。活动脚轮即万向轮，其结构允许360°旋转。

活动脚轮的装配设计的方式是自上而下，即在总装配体结构下，依次构建出各零部件模型。装配设计完成的活动脚轮如图10-34所示。

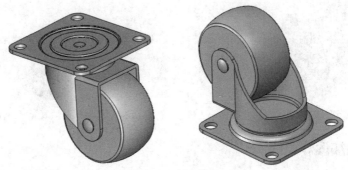

图10-34 活动脚轮

1. 创建固定板零部件

01 新建装配体文件，进入装配环境。随后关闭属性管理器中的【开始装配体】属性面板。

02 在【装配体】选项卡中单击【插入零部件】按钮 ◎ 下方的下三角按钮 ▼ ，然后选择【新零部件】选项 ◎ 新零件，随后建立一个新零部件文件，然后将该零部件文件重命名为"固定板"，如图10-35所示。

03 选择该零部件，然后在【装配体】选项卡中单击【编辑零部件】按钮 ◎ ，进入零部件设计环境。

04 在零部件设计环境中，使用【拉伸凸台/基体】工具 ◎ ，选择前视基准面作为草绘平面，进入草图模式，绘制出图10-36所示的草图。

图10-35 新建零部件文件并重命名

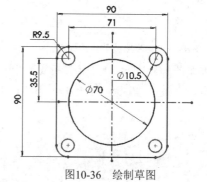

图10-36 绘制草图

05 在【凸台-拉伸】面板中重新选择轮廓草图，设置图10-37所示的拉伸参数后完成圆形实体的创建。

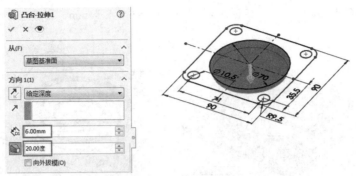

图10-37 创建圆形实体

06__ 再使用【拉伸凸台/基体】工具 🛢，选择余下的草图曲线来创建实体特征，如图10-38所示。

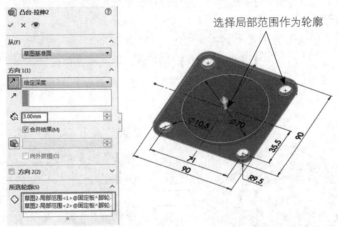

选择局部范围作为轮廓

图10-38 创建由其余草图曲线作为轮廓的实体

> **技术要点**
> 创建拉伸实体后，余下的草图曲线被自动隐藏，此时需要显示草图。

07__ 使用【旋转切除】工具 🛢，选择上视基准面作为草绘平面，然后绘制图10-39所示的草图。

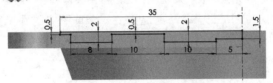

图10-39 绘制旋转实体的草图

08__ 退出草图模式后，以默认的旋转切除参数来创建旋转切除特征，如图10-40所示。

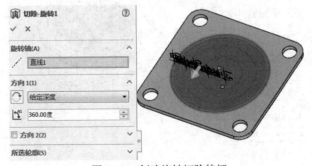

图10-40 创建旋转切除特征

09 最后使用【圆角】工具 ，为实体创建半径分别为"5mm""1mm"和"0.5mm"的圆角特征，如图10-41所示。

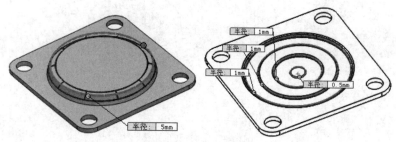

图10-41 创建圆角特征

10 在选项卡中单击【编辑零部件】按钮 ，完成固定板零部件的创建。

2. 创建支承架零部件

01 在装配环境插入第2个新零部件文件，并重命名为"支承架"。

02 选择支承架零部件，然后单击【编辑零部件】按钮 ，进入零部件设计环境。

03 使用【拉伸凸台/基体】工具 ，选择固定板零部件的圆形表面作为草绘平面，然后绘制出图10-42所示的草图。

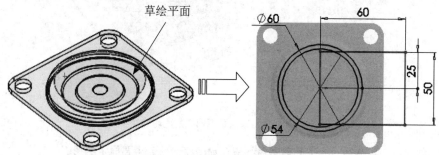

图10-42 选择草绘平面并绘制草图

04 退出草图模式后，在【凸台-拉伸】属性面板中重新选择拉伸轮廓（直径为54的圆），并输入拉伸深度值为"3mm"，如图10-43所示，最后关闭面板完成拉伸实体的创建。

05 再使用【拉伸凸台/基体】工具 ，再选择上一个草图中的圆（直径为60）来创建深度为"80mm"的实体，如图10-44所示。

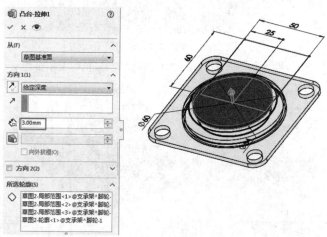

图10-43 创建拉伸实体

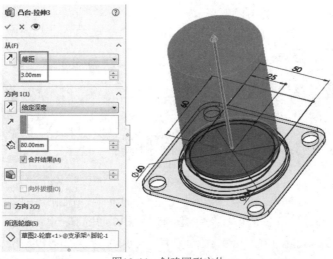

图10-44 创建圆形实体

06_ 同理，再使用【拉伸凸台/基体】工具选择矩形来创建实体，如图10-45所示。

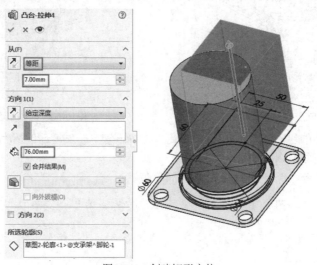

图10-45 创建矩形实体

07_ 使用【拉伸切除】工具![icon]，选择上视基准面作为草绘平面，绘制轮廓草图后再创建如图10-46所示的拉伸切除特征。

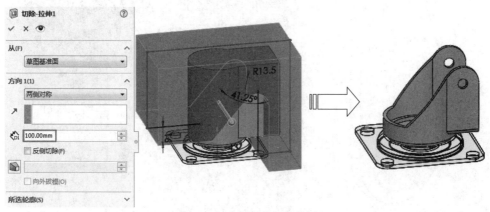

图10-46 创建拉伸切除特征

08_ 使用【圆角】工具 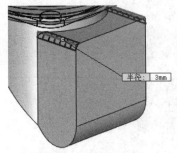，在实体中创建半径为"3mm"的圆角特征，如图10-47所示。

09_ 使用【抽壳】工具 ，选择如图10-48所示的面来创建厚度为"3mm"的抽壳特征。

图10-47 创建圆角特征　　　　　　　　　图10-48 创建抽壳特征

10_ 创建抽壳特征后，即完成了支承架零部件的创建，如图10-49所示。

11_ 使用【拉伸切除】工具 ，在上视基准面上创建出支承架的孔，如图10-50所示。

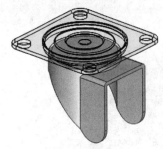

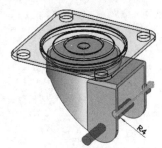

图10-49 支承架　　　　　　　　　　　图10-50 创建支承架上的孔

12_ 完成支承架零部件的创建后，单击【编辑零部件】按钮 ，退出零部件设计环境。

3. 创建塑胶轮、轮轴及螺母零部件

01_ 在装配环境下插入新零部件并重命名为"塑胶轮"。

02_ 编辑"塑胶轮"零部件进入装配设计环境。使用【点】工具 ，在支承架的孔中心创建一个点，如图10-51所示。

03_ 使用【基准面】工具 ，选择右视基准面作为第一参考，选择点作为第二参考，然后创建新基准面，如图10-52所示。

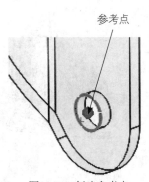

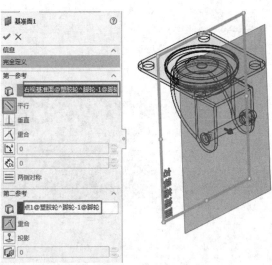

图10-51 创建参考点　　　　　　　　　图10-52 创建新基准面

在选择第二参考时，参考点是看不见的。这需要展开图形区中的特征管理器设计树，然后再选择参考点。

04_ 使用【旋转凸台/基体】工具 ，选择参考基准面作为草绘平面，绘制如图10-53所示的草图后，完成旋转实体的创建。

05_ 此旋转实体即为"塑胶轮"零部件。单击【编辑零部件】按钮 ，退出零部件设计环境。

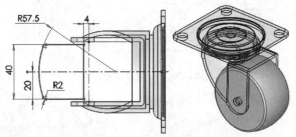
图10-53　创建旋转实体

06_ 在装配环境下插入新零部件并重命名为"轮轴"。

07_ 编辑"轮轴"零部件并进入零部件设计环境中。使用"旋转凸台/基体"工具，选择"塑胶轮"零部件中的参考基准面作为草绘平面，然后创建出如图10-54所示的旋转实体，此旋转实体即为"轮轴"零部件。

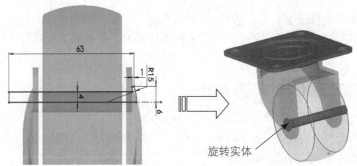
图10-54　创建旋转实体

08_ 单击【编辑零部件】按钮 ，退出零部件设计环境。

09_ 在装配环境下插入新零部件并重命名为"螺母"。

10_ 使用【拉伸凸台/基体】工具 ，选择支承架侧面作为草绘平面，然后绘制出如图10-55所示的草图。

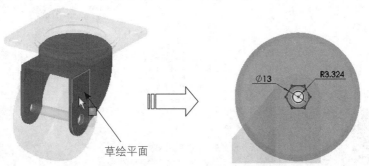
图10-55　选择草绘平面并绘制草图

11_ 退出草图模式后，创建出深度为"7.9mm"的拉伸实体，如图10-56所示。

12_ 使用【旋转切除】工具 ，选择"塑胶轮"零部件中的参考基准面作为草绘平面，进入草图模式后绘制如图10-57所示的草图，退出草图模式后创建出旋转切除特征。

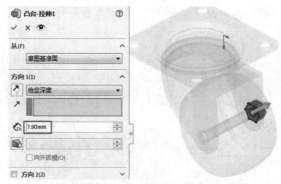

图10-56　创建拉伸实体

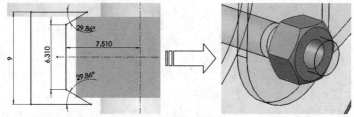

图10-57　创建旋转切除特征

13＿ 单击【编辑零部件】按钮，退出零部件设计环境。

14＿ 至此，活动脚轮装配体中的所有零部件已全部设计完成。最近将装配体文件保存，并重命名为"脚轮"。

10.7.2　案例二：台虎钳装配设计

"台虎钳"是安装在工作台上用以夹稳加工工件的工具。

台虎钳主要由两大部分构成：固定钳座和活动钳座。本例中将使用装配体的自下而上的设计方法来装配台虎钳。台虎钳装配体如图10-58所示。

1. 装配活动钳座子装配体

01＿ 新建装配体文件，进入装配环境。

02＿ 在属性管理器中的【开始装配体】面板中单击【浏览】按钮，然后将本例网盘路径下的"活动钳口.sldprt"零部件文件插入装配环境，如图10-59所示。

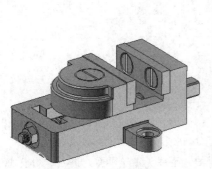

图10-58　台虎钳装配体

图10-59　插入零部件到装配环境

03 在【装配体】选项卡中单击【插入零部件】按钮，属性管理器中显示【插入零部件】属性面板。在该面板中单击【浏览】按钮，将本例网盘中的"钳口板.sldprt"零部件文件插入装配环境并任意放置，如图10-60所示。

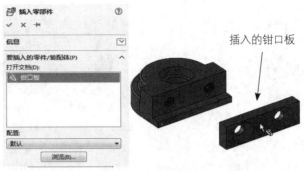

图10-60　插入钳口板

04 同理，依次将"开槽沉头螺钉.sldprt"和"开槽圆柱头螺钉.sldprt"零部件插入装配环境，如图10-61所示。

05 在【装配体】选项卡中单击【配合】按钮，属性管理器中显示【配合】属性面板。然后在图形区中选择钳口板的孔边线和活动钳口中的孔边线作为要配合的实体，如图10-62所示。

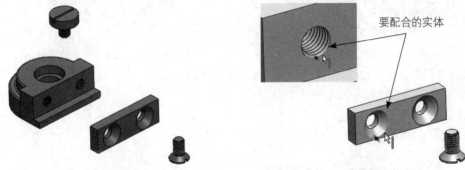

图10-61　插入零部件　　　　　　　　　　图10-62　选择要配合的实体

06 随后钳口板自动与活动钳口孔对齐，并弹出标准配合工具栏。在该工具栏中单击【添加/完成配合】按钮，完成"同轴心"配合，如图10-63所示。

07 接着在钳口板和活动钳口零部件上各选择一个面作为要配合的实体，随后钳口板自动与活动钳口完成"重合"配合，在标准配合工具栏中单击【添加/完成配合】按钮完成配合，如图10-64所示。

08 选择活动钳口顶部的孔边线与开槽圆柱头螺钉的边线作为要配合的实体，并完成"同轴心"配合，如图10-65所示。

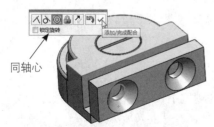

图10-63　零部件的"同轴心"配合

图10-64　零部件的"重合"配合

技术要点　　　一般情况下，有孔的零部件使用"同轴心"配合与"重合"配合或"对齐"配合。无孔的零部件可用除"同轴心"外的配合来配合。

09 选择活动钳口顶部的孔台阶面与开槽沉头螺钉的台阶面作为要配合的实体，并完成"重合"配合，如图10-66所示。

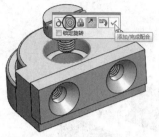
图10-65 零部件的同轴心配合

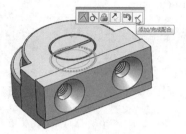
图10-66 零部件的重合配合

10 同理，对开槽沉头螺钉与活动钳口使用"同轴心"配合和"重合"配合，结果如图10-67所示。

11 在【装配体】选项卡中单击【线性零部件阵列】按钮器，属性管理器中显示【线性阵列】属性面板。然后在钳口板上选择一边线作为阵列参考方向，如图10-68所示。

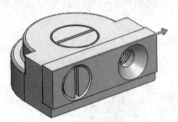
图10-67 装配开槽沉头螺钉

图10-68 选择阵列参考方向

12 选择开槽沉头螺钉作为阵列要阵列的零部件，在输入阵列距离及阵列数量后，单击属性面板中的【确定】按钮✔，完成零部件的阵列，如图10-69所示。

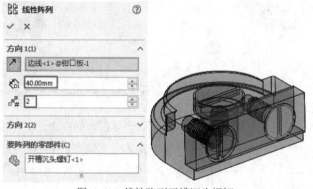
图10-69 线性阵列开槽沉头螺钉

13 至此，活动钳座装配体设计完成，最后将装配体文件另存为"活动钳座.SLDASM"，然后关闭窗口。

2. 装配固定钳座

01 新建装配体文件，进入装配环境。

02 在属性管理器中的【开始装配体】面板中单击【浏览】按钮，然后将本例网盘路径下的"钳座.sldprt"零部件文件插入装配环境，以此作为固定零部件，如图10-70所示。

03 同理，使用【装配体】选项卡中的【插入零部件】工具，执行相同操作，依次将丝杠、钳口板、螺母、方块螺母和开槽沉头螺钉等零部件插入装配环境，如图10-71所示。

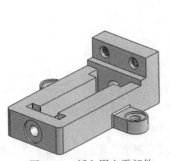

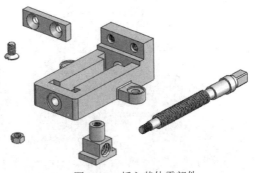

图10-70　插入固定零部件　　　　　　　　图10-71　插入其他零部件

04_ 首先装配丝杠到钳座上。使用【配合】工具 ，选择丝杠圆形部分的边线与钳座孔边线作为要配合的实体，使用"同轴心"配合。然后再选择丝杠圆形台阶面和钳座孔台阶面作为要配合的实体，并使用"重合"配合，配合的结果如图10-72所示。

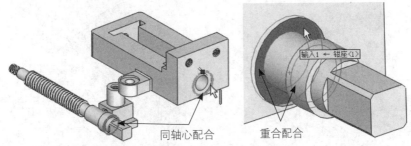

图10-72　配合丝杠与钳座

05_ 装配螺母到丝杠上。螺母与丝杠的配合也使用"同轴心"配合和"重合"配合，如图10-73所示。

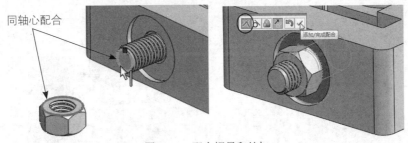

图10-73　配合螺母和丝杠

06_ 装配钳口板到钳座上。装配钳口板时使用"同轴心"配合和"重合"配合，如图10-74所示。

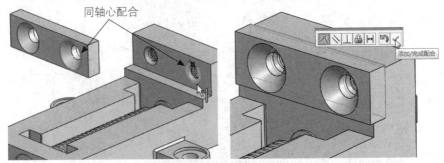

图10-74　配合钳口板与钳座

07_ 装配开槽沉头螺钉到钳口板。装配钳口板时使用"同轴心"配合和"重合"配合，如图10-75所示。

285

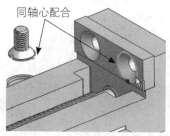
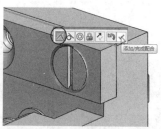

图10-75　配合开槽沉头螺钉与钳口板

08__ 装配方块螺母到丝杠。装配时方块螺母使用"距离"配合和"同轴心"配合。选择方块螺母上的面与钳座面作为要配合的实体后，方块螺母自动与钳座的侧面对齐，如图10-76所示。此时，在标准配合工具栏中单击【距离】按钮，然后在距离文本框中输入值"70mm"，再单击【添加/完成配合】按钮，完成距离配合，如图10-77所示。

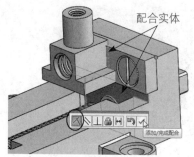
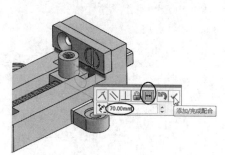

图10-76　对齐方块螺母与钳座　　　　　　　　　图10-77　完成距离配合

09__ 接着对方块螺母和丝杠再使用"同轴心"配合，配合完成的结果如图10-78所示。配合完成后，关闭【配合】属性面板。

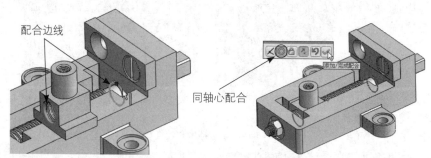

图10-78　配合方块螺母与丝杠

10__ 使用【线性阵列】工具，阵列开槽沉头螺钉，如图10-79所示。

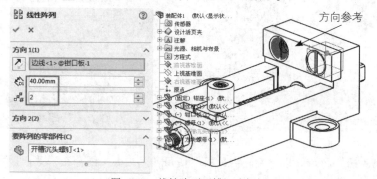

图10-79　线性阵列开槽沉头螺钉

3. 插入子装配体

01_ 在【装配体】选项卡中单击【插入零部件】按钮，属性管理器中显示【插入零部件】属性面板。

02_ 在面板中单击【浏览】按钮，然后在【打开】对话框中将先前另存为"活动钳身"的装配体文件打开，如图10-80所示。

图10-80 打开"活动钳座"装配体文件

03_ 打开装配体文件后，将其插入装配环境并任意放置。

04_ 添加配合关系，将活动钳座装配到方块螺母上。装配活动钳座时先使用"重合"配合和"角度"配合将活动钳座的方位调整好，如图10-81所示。

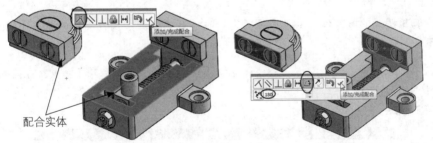

配合实体

图10-81 使用"重合"配合和"角度"配合定位活动钳座

05_ 再使用"同轴心"配合，使活动钳座与方块螺母完全地同轴配合在一起，如图10-82所示。完成配合后关闭【配合】属性面板。

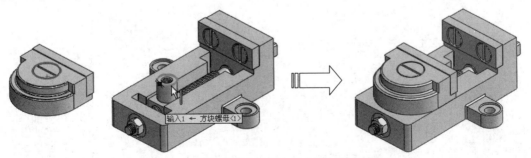

输入1 ← 方块螺母<1>

图10-82 使用"同轴心"配合完成活动钳座的装配

06_ 至此台虎钳的装配设计工作已全部完成。最后将结果另存为"台虎钳.SLDASM"装配体文件。

10.7.3　案例三：切割机工作部装配设计

型材切割机是一种高效率的电动工具，其根据砂轮磨削原理，利用高速旋转的薄片砂轮来切割各种型材。

本例中要进行装配设计的切割机工作部装配体如图10-83所示。

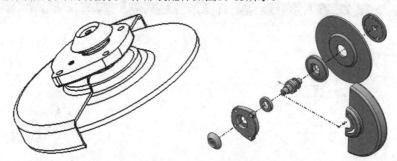

图10-83　切割机工作部装配体

针对切割机工作部装配体的装配设计做出如下分析。

● 切割机工作部的装配将采用"自下而上"的装配设计方式。

● 对于盘类、轴类的零部件装配，其配合关系大多为"同轴心"与"重合"。

● 个别零部件需要"距离"配合和"角度"配合来调整零部件在装配体中的位置与角度。

● 装配完成后，使用"爆炸视图"工具创建爆炸视图。

操作步骤如下。

01_ 新建装配体文件，进入装配环境。

02_ 在属性管理器的【开始装配体】属性面板中单击【浏览】按钮，然后将本例网盘路径下的"轴.sldprt"零部件文件打开，如图10-84所示。

 技术要点　要想插入的零部件与原点位置重合，在【开始装配】属性面板中单击【确定】按钮✅即可。

03_ 在【装配体】选项卡中单击【插入零部件】按钮，属性管理器显示【插入零部件】属性面板。在该面板中单击【浏览】按钮，然后将本例网盘路径下的"轴.sldprt"零部件文件插入到装配工具中并任意放置，如图10-85所示。

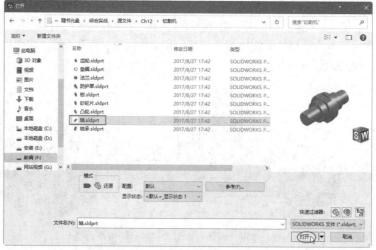

图10-84　插入轴零部件到装配环境中

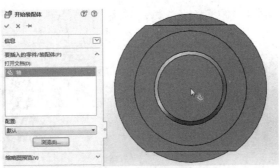

图10-85 插入轴零部件到装配环境中

04_ 下面对轴零部件进行旋转操作，这是为了便于装配后续插入的零部件。在特征管理器设计树中选中轴零部件并在弹出的菜单中选择【浮动】选项，将"固定"设定为"浮动"。

 只有当零部件的位置状态为"浮动"时，才能移动或旋转操作该零部件。

05_ 在【装配体】选项卡上单击【移动零部件】按钮 ，属性管理器显示【移动零部件】属性面板。在图形区选择轴零部件作为旋转对象，然后在面板的【旋转】选项区中选择【由三角形XYZ】选项，并输入△X的值为"180°"，再单击【应用】按钮，完成旋转操作，如图10-86所示。完成旋转操作后关闭面板。

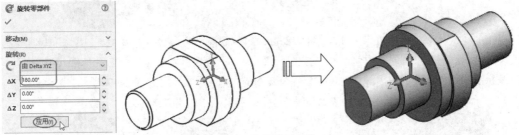

图10-86 旋转轴零部件

06_ 完成旋转操作后，重新将轴零部件的位置状态设为"固定"。

 当在【移动零部件】属性面板中展开【旋转】选项区时，面板的属性发生变化，即由【移动零部件】属性面板变为【旋转零部件】属性面板。

07_ 使用【插入零部件】工具，依次从网盘中将法兰、砂轮片、垫圈和钳零部件插入到装配体中，并任意放置，如图10-87所示。

08_ 首先装配法兰。使用【配合】工具，选择轴的边线和法兰孔边线作为要配合的实体，法兰与轴自动完成同轴心配合。单击标准配合工具栏上的【添加/完成配合】按钮 ，完成"同轴心"配合，如图10-88所示。

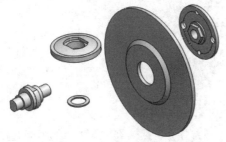

图10-87 依次插入的零部件

要配合的实体

图10-88 轴与法兰的同轴心配合

289

09— 选择轴肩侧面与法兰端面作为要配合的实体，然后使用"重合"配合来配合轴零部件与法兰零部件，如图10-89所示。

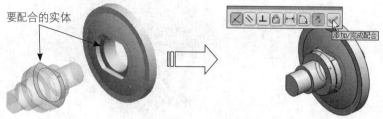

要配合的实体

添加/完成配合

图10-89　轴与法兰的重合配合

10— 装配砂轮片。装配砂轮片时，对砂轮片和法兰使用"同轴心"配合和"重合"配合，如图10-90所示。

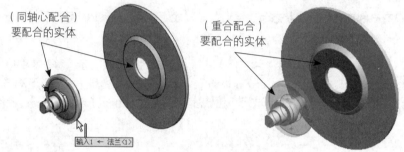

（同轴心配合）
要配合的实体

（重合配合）
要配合的实体

输入1 ← 法兰〈1〉

图10-90　对法兰和砂轮片使用"同轴心"和"重合"配合

11— 装配垫圈。装配垫圈时，对垫圈和法兰使用"同轴心"配合和"重合"配合，如图10-91所示。

12— 装配钳零部件。装配钳零部件时，首先对其进行"同轴心"配合，如图10-92所示。

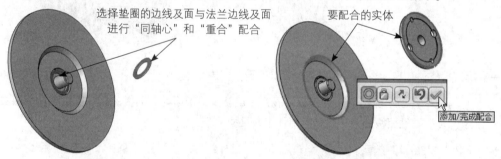

选择垫圈的边线及面与法兰边线及面
进行"同轴心"和"重合"配合

要配合的实体

添加/完成配合

图10-91　装配垫圈　　　　　　　　图10-92　钳零部件的同轴心配合

13— 再选择钳零部件的面和砂轮片的面使用"重合"配合，然后在标准配合工具栏上单击【反转配合对齐】按钮，完成钳零部件的装配，如图10-93所示。

反转配合对齐

图10-93　钳零部件的"重合"配合

14— 使用【插入零部件】工具，依次将网盘路径下其余零部件（包括轴承、凸轮、防护罩和齿轮）插入到装配体中，如图10-94所示。

依次插入的零部件

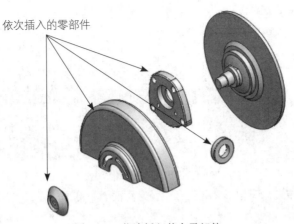

图10-94 依次插入其余零部件

15__ 装配轴承。装配轴承将使用"同轴心"配合和"重合"配合,如图10-95所示。

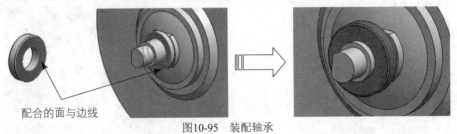

配合的面与边线

图10-95 装配轴承

16__ 装配凸轮。选择凸轮的面及孔边线分别与轴承的面及边线应用"重合"配合和"同轴心"配合,如图10-96所示。

重合配合的面

同轴心配合的边线

图10-96 装配凸轮

17__ 装配防护罩。首先对防护罩和凸轮使用"同轴心"配合,然后使用"重合"配合,如图10-97所示。

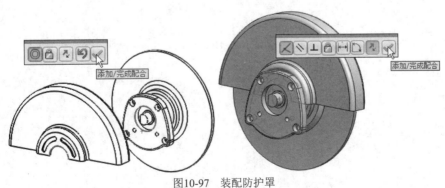

图10-97 装配防护罩

291

18 选择轴上一侧面和防护罩上一截面作为要配合的实体，然后使用"角度"配合，如图10-98所示。

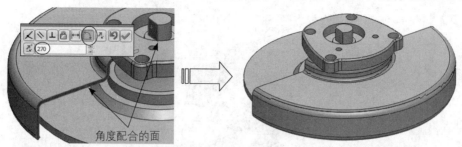

角度配合的面

图10-98　对防护罩和轴使用"角度"配合

19 最后对齿轮和凸轮使用"同轴心"配合和"重合"配合，结果如图10-99所示。完成所有配合，关闭【配合】属性面板。

20 使用【爆炸视图】工具和【爆炸直线草图】工具，创建切割机的爆炸视图，如图10-100所示。

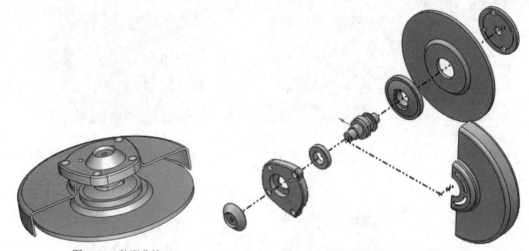

图10-99　装配凸轮　　　　　　　图10-100　创建切割机装配体爆炸视图

21 至此，切割机装配体设计完成，最后将装配体文件另存为"切割机.SLDASM"，然后关闭窗口。

第11章 机械工程图设计

可以为3D实体零件和装配体创建2D工程图。零件、装配体和工程图是互相链接的文件，对零件或装配体所做的任何更改会导致工程图文件的相应变更。一般工程图包含由模型建立的几个视图、尺寸、注解、标题栏、材料明细表等内容。本章介绍工程图的基本操作，使读者能够快速绘制出符合国家标准、用于加工制造或装配的工程图样。

11.1 工程图概述

在工程技术中，按一定的投影方法和有关标准的规定，把物体的形状用图形画在图纸上并用数字、文字相符号标注出物体的大小、材料和有关制造的技术要求、技术说明等，该图样称为工程图样。在工程设计中，图样用来表达和交流技术思想；在生产中，图样是加工制造、检验、调试、使用、维修等方面的主要依据。

可以为3D实体零件和装配体创建2D工程图。工程图包含由模型建立的几个视图，也可以由现有的视图建立视图。有多种选项可自定义工程图以符合国家标准或公司的标准及打印机或绘图机的要求。

11.1.1 设置工程图选项

不同的系统选项和文件属性设置将使生成的工程图文件内容也不同，因此在工程图绘制前首先要进行系统选项和文件属性的相关设置，符合工程图设计的一些设计要求。

1.工程图属性设置

在菜单栏中执行【工具】|【选项】命令，打开【系统选项-普通】对话框。

在【系统选项-普通】对话框的【系统选项】选项卡中，在左侧列表中单击【工程图】选项卡，右侧显示相关详细设置。

● 显示类型。主要设置工程视图显示模式和相切边线显示，如图11-1所示。
● 区域剖面线/填充。主要设置所选区域的剖面线或实体填充、阵列、比例及角度，如图11-2所示。

图11-1　指定工程图的"显示类型"

图11-2　指定工程图的"区域剖面线/填充"

2.文档属性设置

在【系统选项-普通】对话框的【文档属性】选项卡中，用户可以对工程图的显示模式、总绘图标准、注解、尺寸、表格、单位、出详图、材料属性等参数进行设置，如图11-3所示。

文件属性一定要根据实际情况设置正确，特别是总的绘图标准，否则将影响后续的投影视角和标注标准。

图11-3 【文档属性】选项卡

工程图的其他文件属性可在DimXpert、尺寸、注释、零件序号、箭头、虚拟交点、注解显示、注解字体、表格和视图标号主题中设置。

11.1.2 建立工程图文件

工程图包含一个或多个由零件或装配体生成的视图。在生成工程图之前，必须先保存与其有关的零件或装配体。可以从零件或装配体文件内生成工程图。

 工程图文件的扩展名为.slddrw，新工程图使用插入的第一个模型的名称，该名称出现在标题栏中。当保存工程图时，模型名称作为默认文件名出现在另存为对话框中，并带有默认扩展名.slddrw。保存工程图之前可以编辑该名称。

1.创建一个工程图

生成新的工程图过程如下。

01 单击【标准】工具栏上的【新建】按钮，打开【新建SOLIDWORKS文件】对话框，如图11-4所示。

02 在【新建SOLIDWORKS文件】对话框中单击【高级】按钮，弹出如图11-5所示的【模板】选项卡。在【模板】选项卡中选择GB国标的图纸模板，然后单击【确定】按钮，完成图纸模板的加载。

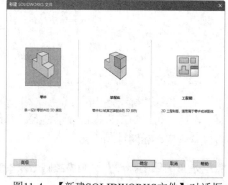

图11-4 【新建SOLIDWORKS文件】对话框

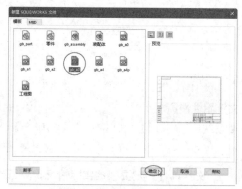

图11-5 【模板】选项卡

03 加载图纸模板后弹出【模型视图】属性面板，如果事先打开了的零件模型，可直接创建工程视图。若没有，可单击【浏览】按钮打开模型，如图11-6所示。

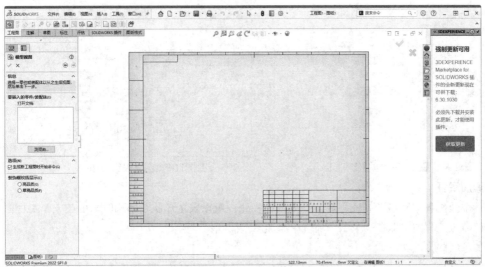

图11-6　通过单击【浏览】按钮载入零件模型

04 用户也可以关闭【模型视图】属性面板直接进入工程图制图环境，后续再导入零件模型并完成工程视图的建立和图纸注释，如图11-7所示。

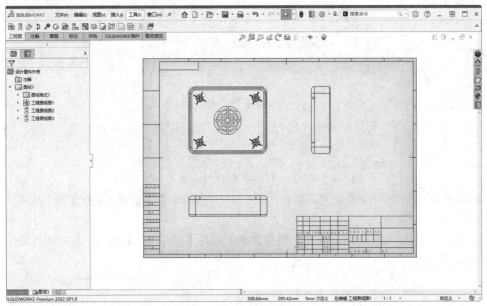

图11-7　工程图制图环境

2.从零件或装配体环境制作工程图

从零件或装配体制作工程图的过程如下。

01 在零件建模环境中载入模型，然后在菜单栏中执行【文件】|【从零件制作工程图】命令，打开【新建SOLIDWORKS文件】对话框，选择一个图纸模板后单击【确定】按钮进入工程图制图环境。

02 在窗口右侧的任务窗格【视图调色板】选项卡中，将系统自动创建的默认视图按图纸需要——拖进图纸中，如图11-8所示。

03 也可选择一个视图作为主视图，然后自行创建所需的投影视图，如图11-9所示。

图11-8　【视图调色板】选项卡

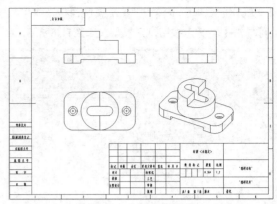

图11-9　创建投影视图

3.添加图纸

当一个装配体中有多个组成零件，需要创建多张图纸以表达形状及结构时，可在一个工程图环境中同时创建多张工程图，即在一个制图环境中添加多张图纸。

添加图纸的方法如下。

● 在窗口底部的当前图纸名右侧单击【添加图纸】按钮 ，可打开【图纸格式/大小】对话框，选择图纸模板后单击【确定】按钮完成图纸的添加，如图11-10所示。

图11-10　在窗口底部单击【确定】按钮以添加图纸

● 或者在特征设计树中右击已有图纸名，并在弹出的快捷菜单中选择【添加图纸】选项，完成图纸的添加，如图11-11所示。

● 也可在图纸空白处右击，在弹出的快捷菜单中选择【添加图纸】选项，完成图纸的添加，如图11-12所示。

图11-11　在特征树中添加图纸

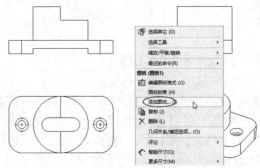

图11-12　在图纸中添加图纸

11.2　标准工程视图

可以由3D实体零件和装配体创建2D工程图。一个完整的工程图可以包括一个或几个通过模型建立的标准视图，也可以在现有标准视图的基础上建立其他派生视图。

通常开始一个工程图的标准工程视图为标准三视图、模型视图、相对视图和预定义的视图。

11.2.1　标准三视图

"标准三视图"能为所显示的零件或装配体同时生成三个相关的默认正交视图。前视图与上视图及侧视图有固定的对齐关系。上视可以竖直移动，侧视可以水平移动。俯视图和侧视图与主视图有对应关系。

■ **动手操作——创建标准三视图**

创建标准三视图的操作步骤如下。

01＿ 新建工程图文件，选择gb_a4p工程图模板进入工程图环境中，如图11-13所示。

02＿ 在随后弹出的【模型视图】属性面板中单击【取消】按钮⊠，关闭【模型视图】属性面板。

03＿ 在【视图布局】选项卡中单击【标准三视图】按钮🔳，弹出【标准三视图】属性面板，单击【浏览】按钮打开要创建三视图的零件——支撑架，如图11-14所示。

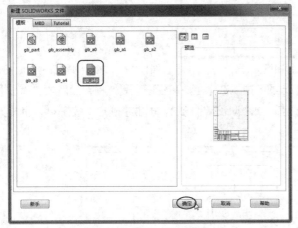

图11-13　选择工程图模板

图11-14　单击【浏览】按钮打开模型

04＿ 随后系统自动创建标准三视图，如图11-15所示。

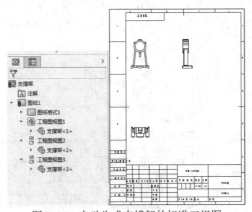

图11-15　自动生成支撑架的标准三视图

11.2.2　自定义模型视图

用户可根据零件所要表达的结构与形状，增加一些零件视图的表达方法，在制图环境中可以为零件模型自定义模型视图。将一模型视图插入到工程图文件中时，弹出【模型视图】属性面板。

◢ 动手操作——创建模型视图

创建模型视图的操作步骤如下。

01　新建工程图文件，选择gb_a4p工程图模板进入工程图环境中，如图11-16所示。

02　在随后弹出的【模型视图】属性面板中单击【浏览】按钮，选择本例源文件夹中的"支撑架.sldprt"模型文件，如图11-17所示。

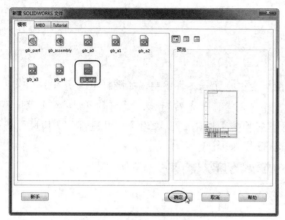
图11-16　选择工程图模板

图11-17　【模型视图】属性面板

03　在【模型视图】属性面板的【方向】选项区中勾选【生成多视图】复选框，然后依次单击【前视】【上视】和【左视】按钮，再设置用户自定义的图纸比例为1:2.2，单击【确定】按钮✔，生成支撑架的标准三视图，如图11-18所示。

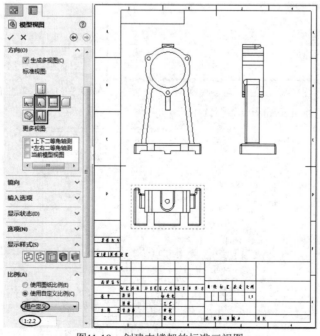
图11-18　创建支撑架的标准三视图

11.2.3 相对视图

"相对视图"是一个正交视图,由模型中两个直交面或基准面及各自的具体方位的规格定义。零件工程图中的斜视图就是用相对视图方式生成的。

动手操作——创建相对视图

创建相对视图的操作步骤如下。

01_ 单击【工程图】选项卡中的【相对视图】按钮,然后切换到零件模型窗口中。

02_ 同时打开【相对视图】属性面板。在零件上选取一个面作为第一方向(前视方向),接着再选取一个面作为第二方向(右视方向),如图11-19所示。

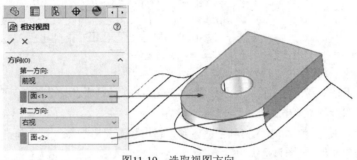

图11-19 选取视图方向

03_ 单击【确定】按钮 ✓ 返回到工程图环境中。

04_ 在图纸空白处单击来放置相对视图,如图11-20所示。

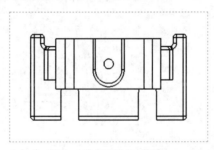

图11-20 放置相对视图

11.3 派生的工程视图

"派生的工程视图"是在现有的工程视图基础上建立起来的视图,包括投影视图、辅助视图、局部视图、剪裁视图、断开的剖视图、断裂视图、剖面视图和旋转剖视图等。

11.3.1 投影视图

"投影视图"是利用工程图中现有的视图进行投影所建立的视图,投影视图为正交视图。

动手操作——创建投影视图

创建投影视图的操作步骤如下。

01_ 打开本例源文件"支撑架工程图-1.SLDDRW"工程图文件。

02_ 单击【视图布局】选项卡中的【投影视图】按钮,弹出【投影视图】属性面板。

03__ 在图形中选择一个用于创建投影视图的视图，如图11-21所示。

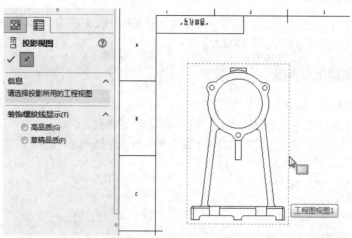

图11-21 选择要投影的视图

04__ 将投影视图向下移动到合适位置。在系统默认下，投影视图只能沿着投影方向移动，而且与源视图保持对齐，如图11-22所示。单击放置投影视图。

05__ 同理，再将另一投影视图向右平移到合适位置，单击放置投影视图。最后单击【确认】按钮 ✔ ，完成全部投影视图的创建，如图11-23所示。

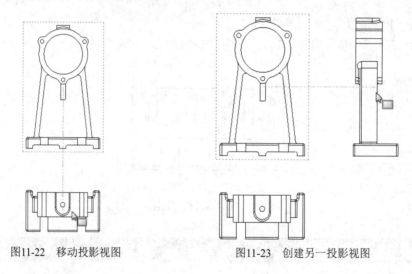

图11-22 移动投影视图   图11-23 创建另一投影视图

11.3.2 剖面视图

可以用一条剖切线来分割父视图在工程图中生成一个剖面视图。剖面视图可以是直切剖面或者是用阶梯剖切线定义的等距剖面。剖切线还可以包括同心圆弧。

■ **动手操作——创建剖面视图**

创建剖面视图的操作步骤如下。

01__ 打开本例源文件"支撑架工程图-2.SLDDRW"。

02__ 单击【视图布局】选项卡中的【剖面视图】按钮 ⊡ ，在弹出的【剖面视图辅助】属性面板中选择【水平】切割线类型，在图纸的主视图中将光标移至待剖切的位置，光标处自动显示出黄色的辅助剖切线，如图11-24所示。

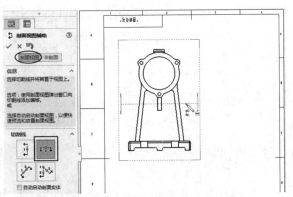

图11-24 选择切割线类型并确定剖切位置

03_ 单击放置切割线,在弹出的选项工具栏中单击【确定】按钮✓,然后在主视图下方放置剖切视图,如图11-25所示。最后单击【剖面视图A-A】属性面板中的【确定】按钮✓,完成剖面视图的创建。

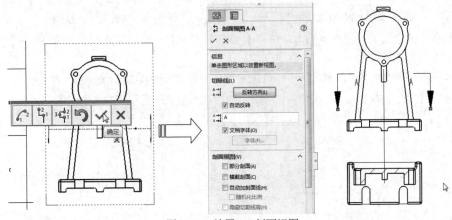

图11-25 放置A-A剖面视图

技巧
点拨 如果切割线的投影箭头向上,可以在【剖面视图A-A】属性面板中单击【反转方向】按钮改变投影方向。

04_ 再单击【剖面视图】按钮⑤,在弹出的【剖面视图辅助】属性面板中选择【对齐】切割线类型,然后在主视图中选取切割线的第1转折点,如图11-26所示。

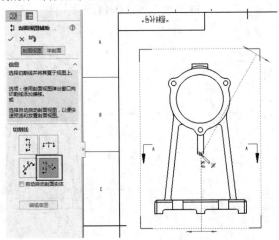

图11-26 选择切割线类型并选取第1转折点

05__ 接着选取主视图中的"圆心"约束点放置第1段切割线,如图11-27所示。

06__ 接着在主视图中选取一点来放置第2段切割线,如图11-28所示。

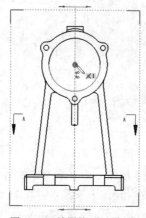
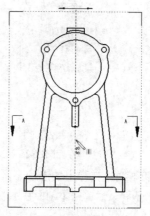

图11-27 放置第1段切割线   图11-28 放置第2段切割线

07__ 在随后弹出的选项工具栏中单击【单偏移】按钮 ,再在主视图中选取"单偏移"形式的转折点(第2转折点),如图11-29所示。

08__ 然后水平向左移动光标来选取孔的中心点来放置切割线,如图11-30所示。

09__ 单击选项工具栏中的【确定】按钮 ,将B-B剖面视图放置于主视图的右侧,如图11-31所示。

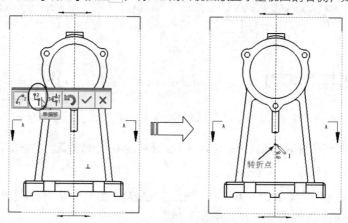

图11-29 选取第2转折点

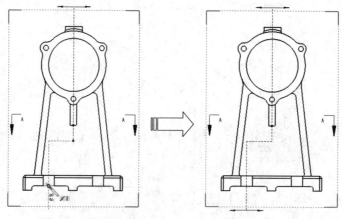

图11-30 选取孔中心点放置切割线

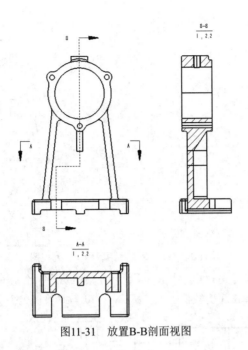

图11-31 放置B-B剖面视图

11.3.3 辅助视图与剪裁视图

"辅助视图"的用途相当于机械制图中的向视图，其是一种特殊的投影视图，是垂直于现有视图中参考边线的展开视图。

可以使用【剪裁视图】工具来剪裁辅助视图得到向视图。

 动手操作——创建向视图

创建零件向视图的步骤如下。

01_ 打开本例工程图源文件"支撑架工程图-3.SLDDRW"。打开的工程图中已经创建了主视图和两个剖切视图。

02_ 单击【视图布局】选项卡中的【辅助视图】按钮，弹出【辅助视图】属性面板。在主视图中选择参考边线，如图11-32所示。

技巧
点拨　　**参考边线可以是零件的边线、侧轮廓边线、轴线或者绘制的直线段。**

03_ 随后将辅助视图暂时放置在主视图下方的任意位置，如图11-33所示。

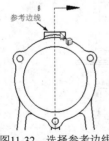

图11-32 选择参考边线

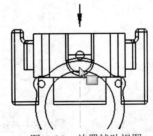

图11-33 放置辅助视图

04_ 在工程图设计树中右击"工程图视图4"，执行右键菜单中的【视图对齐】|【解除对齐关系】命令，接着再将辅助视图移动至合适位置，如图11-34所示。

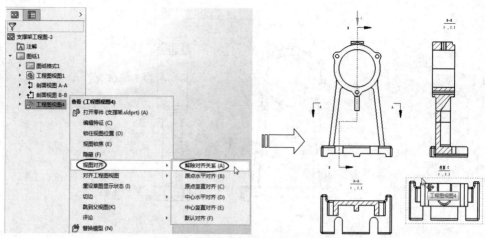

图11-34　解除对齐关系后移动辅助视图

05__ 在【草图】选项卡中单击【边角矩形】按钮□，在辅助视图中绘制一个矩形，如图11-35所示。

06__ 选中矩形的一条边，再单击【剪裁视图】按钮，完成辅助视图的剪裁，效果如图11-36所示。

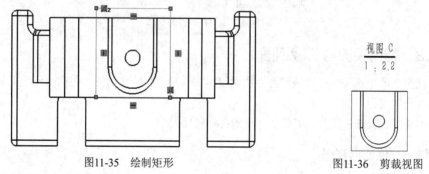

图11-35　绘制矩形

图11-36　剪裁视图

07__ 选中剪裁后的辅助视图，在弹出的【工程图视图4】属性面板中勾选【无轮廓】选项，单击【确定】按钮✔后取消向视图中草图轮廓的显示，最终完成的向视图如图11-37所示。

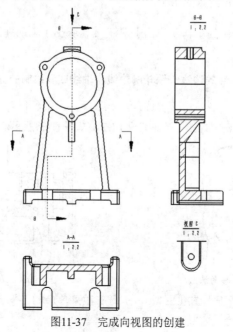

图11-37　完成向视图的创建

11.3.4　断开的剖视图

"断开的剖视图"为现有工程视图的一部分，而不是单独的视图。用闭合的轮廓定义断开的剖视图，通常闭合的轮廓是样条曲线。材料被移除到指定的深度以展现内部细节。通过设定一个数或在相关视图中选择一边线来指定深度。

不能在局部视图、剖面视图上生成"断开的剖视图"。

■ **动手操作——创建"断开的剖视图"**

创建"断开的剖视图"操作步骤如下。

01_ 打开本例工程图源文件"支撑架工程图-4.SLDDRW"。打开的工程图中已经创建了前视图、右视图和俯视图。

02_ 在【工程图】选项卡中单击【断开的剖视图】按钮，按信息提示在右视图中绘制一个封闭轮廓，如图11-38所示。

03_ 在弹出的【断开的剖视图】属性面板中输入剖切深度值为"70mm"，并勾选【预览】复选框预览剖切位置，如图11-39所示。

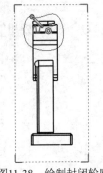

图11-38　绘制封闭轮廓

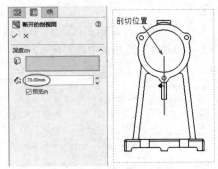

图11-39　设定剖切位置

可以勾选【预览】复选框来观察所设深度是否合理，不合理须重新设定，然后再次预览。

04_ 单击属性面板中的【确定】按钮，生成"断开的剖视图"。但默认的剖切线比例不合理，需要单击剖切线进行修改，如图11-40所示。

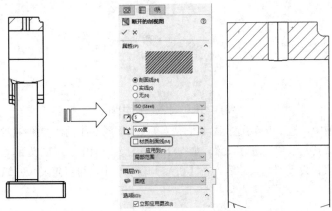

图11-40　生成"断开的剖视图"

11.4 标注图纸

工程图除了包含由模型建立的标准视图和派生视图外，还包括尺寸、注解和材料明细表等标注内容。标注是完成工程图的重要环节，通过标注尺寸、公差标注、技术要求注写等将设计者的设计意图和对零部件的要求完整表达出来。

11.4.1 标注尺寸

工程图中的尺寸标注是与模型相关联的，而且模型中的变更会反映到工程图中。通常在生成每个零件特征时即生成尺寸，然后将这些尺寸插入各个工程视图中。在模型中改变尺寸会更新工程图，在工程图中改变插入的尺寸也会改变模型。

系统默认插入的尺寸为黑色。还包括零件或装配体文件中以蓝色显示的尺寸（例如拉伸深度）。参考尺寸以灰色显示，并带有括号。

当将尺寸插入所选视图时，可以插入整个模型的尺寸，也可以有选择地插入一个或多个零部件（在装配体工程图中）的尺寸或特征（在零件或装配体工程图中）的尺寸。

尺寸只放置在适当的视图中，不会自动插入重复的尺寸。如果尺寸已经插入一个视图中，则不会再插入另一个视图中。

1.设置尺寸选项

可以设定当前文件中的尺寸选项。在菜单栏中执行【工具】|【选项】命令，在弹出的【文档属性-尺寸】对话框的【文档属性】选项卡中设置尺寸选项，如图11-41所示。

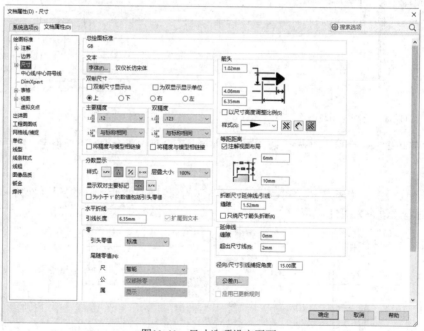

图11-41 尺寸选项设定页面

在工程图图纸区域中，选中某个尺寸后，将弹出该尺寸的属性面板，如图11-42所示。用户可以选择【数值】【引线】【其它】选项卡进行设置。如在【数值】选项卡中，可以设置尺寸公差/精度、自定义新的数值覆盖原来数值、设置双制尺寸等。在【引线】选项卡中，可以定义尺寸线、尺寸边界的样式和显示。

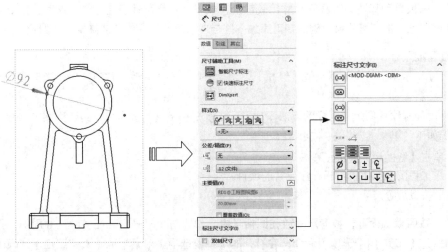

图11-42　设置尺寸属性

2.自动标注工程图尺寸

可以使用【自动标注工程图尺寸】工具将参考尺寸作为基准尺寸、链和尺寸插入工程图视图中，还可以在工程图视图内的草图中使用自动标注尺寸工具。

动手操作——自动标注工程图尺寸

自动标注工程图尺寸操作步骤如下。

01_ 打开本例源文件"键槽支撑件.SLDDRW"。

02_ 在【注解】选项卡中单击【智能尺寸】按钮，弹出【尺寸】属性面板。

03_ 单击【自动标注尺寸】选项卡并展开该选项卡选项。

04_ 在【自动标注尺寸】选项卡中设定要标注实体、水平和竖直尺寸的放置等。

05_ 设置完成后在图纸中任意选择一个视图，然后单击【尺寸】面板中的【确定】按钮，即可自动标注该视图的尺寸，如图11-43所示。

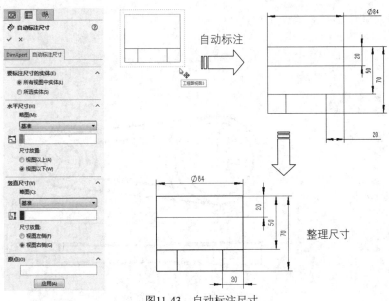

图11-43　自动标注尺寸

一般自动标注的工程图尺寸比较散乱，且不太符合零件表达要求，这时就需要用户手动去整理尺寸。把不要的尺寸删除，再添加一些合理的尺寸，这样就能满足工程图尺寸要求了。

3.标注智能尺寸

智能尺寸显示模型的实际测量值，但并不驱动模型，也不能更改其数值，但是当改变模型时，参考尺寸会相应更新。

可以使用与标注草图尺寸同样的方法添加平行、水平和竖直的参考尺寸到工程图中。标注智能尺寸的操作步骤如下。

（1）单击【智能尺寸】按钮 ℃。

（2）在工程图视图中单击想标注尺寸的项目。

（3）单击以放置尺寸。

按照默认设置，参考尺寸放在圆括号中，如要防止括号出现在参考尺寸周围，需在菜单栏中执行【工具】|【选项】命令，在打开的【系统选项】对话框的【文档属性】选项卡中的【尺寸】选项区中取消【添加默认括号】复选框的勾选。

4.插入模型项目的尺寸标注

插入模型项目的尺寸标注可以将模型文件（零件或装配体）中的尺寸、注解以及参考几何体插入到工程图中，还可以将项目插入到所选特征、装配体零部件、装配体特征、工程视图或者所有视图中。当插入项目到所有工程图视图时，尺寸和注解会以最适当的视图出现。显示在部分视图的特征、局部视图或剖面视图，会先在这些视图中标注尺寸。

将现有模型视图插入工程图中的过程如下。

（1）单击【注解】选项卡中的【模型项目】按钮 ℃。

（2）在【模型项目】属性面板中设置相关的尺寸、注释及参考几何体等选项。

（3）单击【确定】按钮 ✓，即可完成模型项目的插入。

可以按Delete键删除模型项目，或者按Shift键将模型项目拖动到另一工程图视图中，或者按Ctrl键将模型项目复制到另一工程图视图。

（4）通过插入模型项目标注尺寸如图11-44所示。

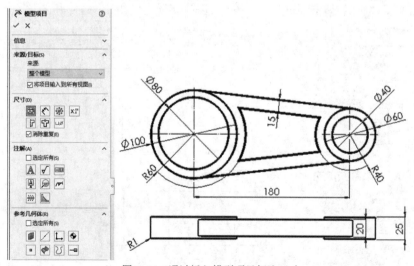

图11-44 通过插入模型项目标注尺寸

5.尺寸公差标注

尺寸公差标注可通过单击尺寸在打开的【尺寸】属性面板中的【公差/精度】选项区来定义尺寸公差与精度。

设置尺寸公差过程如下。

（1）单击视图中标注的任一尺寸，显示【尺寸】属性面板。

（2）在【尺寸】属性面板中设置尺寸公差各种选项。

（3）最后单击【确定】按钮 ，完成尺寸公差的设定，如图11-45所示。

图11-45　定义尺寸公差

11.4.2　注解的标注

注解的标注可以将所有类型的注解添加到工程图文件中，可以将大多数类型添加到零件或装配体文档中，然后将其插入工程图文档。在所有类型的SolidWorks文档中，注解的行为方式与尺寸相似，可以在工程图中生成注解。

注解包括注释、表面粗糙度、形位公差、零件序号、自动零件序号、基准特征、焊接符号、中心符号线和中心线等内容。如图11-46所示为轴零件图中所包含的注解内容。

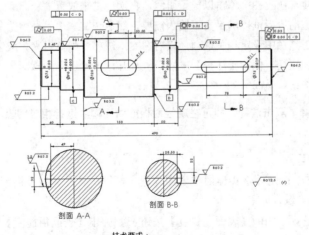

图11-46　轴零件工程图中的注解内容

1. 文本注释

在工程图中，文本注释可为自由浮动或固定的，也可带有一条指向面、边线或顶点的引线放置。文本注释可以包含简单的文字、符号、参数文字或超文本链接。

生成文本注释的过程如下。

（1）单击【注解】选项卡中的【注释】按钮 A，弹出【注释】属性面板，如图11-47所示。

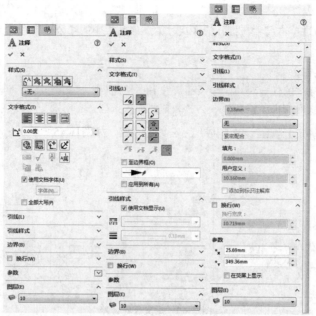

图11-47　【注释】属性面板

（2）在【注释】属性面板中设定相关的属性选项。然后在视图中单击放置文本边界框，同时会弹出【格式化】工具栏，如图11-48所示。

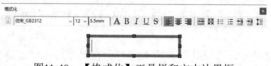

图11-48　【格式化】工具栏和文本边界框

（3）如果注释有引线，在视图中单击以放置引线，再次单击来放置注释。

（4）在输入文字前拖动边界框以满足文本输入需要，然后在文本边界框中输入文字。

（5）在【格式化】工具栏中设定相关选项。接着在文本边界框外单击来完成注释。

（6）若需要重复添加注释，保持【注释】属性面板打开，重复以上步骤即可。

（7）单击【确定】按钮✔完成注释。

　　　　若要编辑注释，双击注释，即可在属性面板或对话框中进行相应编辑。

2.标注表面粗糙度符号

使用表面粗糙度符号来指定零件实体面的表面纹理，可以在零件、装配体或者工程图文档中选择面。输入表面粗糙度的操作过程如下。

（1）单击【注解】选项卡中的【表面粗糙度】按钮✔，弹出【表面粗糙度】属性面板，如图11-49所示。

（2）在【表面粗糙度】属性面板中设置属性。

（3）在视图中单击以放置粗糙度符号。对于多个实例，根据需要多次单击以放置多个粗糙度符号与引线。

（4）编辑每个实例，可以在面板中更改每个符号实例的文字和其他项目。

（5）对于引线，如果符号带引线，单击一次放置引线，然后再次单击以放置符号。

（6）单击【确定】按钮✔完成表面粗糙度符号的创建。

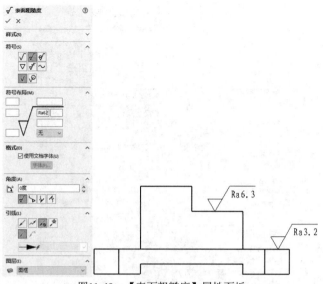

图11-49 【表面粗糙度】属性面板

3.基准特征符号

在零件或装配体中，可以将基准特征符号附加在模型平面或参考基准面上。在工程图中，可以将基准特征符号附加在显示为边线（不是侧影轮廓线）的曲面或剖面视图面上。插入基准特征符号的操作过程如下。

（1）单击【注解】选项卡中的【基准特征】按钮，或者在菜单栏中执行【插入】|【注解】|【基准特征符号】命令，弹出【基准特征】属性面板，如图11-50所示。

（2）在【基准特征】属性面板中设定选项。

（3）在图形区域中单击以放置附加项，然后放置该符号。如果将基准特征符号拖离模型边线，则会添加延伸线。

（4）根据需要继续插入多个符号。

（5）单击【确定】按钮完成基准特征符号的创建。

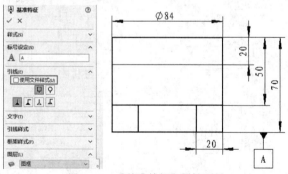

图11-50 【基准特征】属性面板

11.4.3 材料明细表

装配体是由多个零部件组成的，需要在工程视图中列出组成装配体的零件清单，这可以通过材料明细表来表述，可将材料明细表插入到工程图中。

在装配图中生成材料明细表步骤如下。

（1）在菜单栏中执行【插入】|【材料明细表】命令，打开【材料明细表】属性面板，如图11-51所示。

311

图11-51 【材料明细表】属性面板

（2）选择图纸中的主视图为生成材料明细表指定模型，随后弹出【材料明细表】属性面板，设置属性选项后，在图纸视图中的光标位置显示材料明细表格，如图11-52所示。

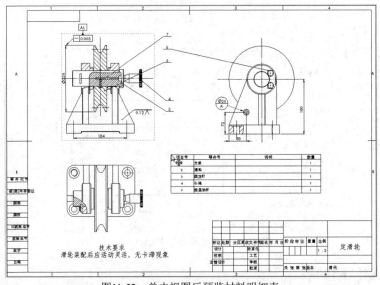

图11-52 单击视图后预览材料明细表

（3）移动光标至合适位置并单击放置材料明细表。通常会将材料明细表与标题栏表格对齐放置，如图11-53所示。

（4）在工程图中生成材料明细表后，可以双击材料明细表中的单元格来输入或编辑文本内容。由于材料明细表是参考装配体生成的，对材料明细表内容的更改将在重建时被自动覆盖。

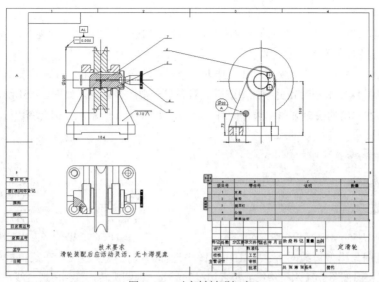

图11-53 对齐材料明细表

11.5 工程图的对齐与显示

在工程图建立完成后，往往需要对工程视图进行一些必要的操纵和显示。对视图的操纵包括对齐视图、旋转视图、复制和粘贴视图、更新视图、工程视图属性和删除视图等。对视图的隐藏和显示包括隐藏/显示视图、隐藏/显示零部件、隐藏基准面后的零部件、隐藏和显示草图等。

11.5.1 操纵视图

对建立的工程视图进一步操纵，使视图更符合设计的一些要求和规范。

1. 工程视图属性

在视图中右击，在弹出的快捷菜单中选择【属性】选项，打开【工程视图属性】属性面板。【工程视图属性】属性面板提供关于工程视图及其相关模型的信息，如图11-54所示。

图11-54 【工程视图属性】属性面板

2. 对齐视图

视图建立时可以设置与其他视图对齐或不对齐。对于默认为"未对齐"的视图，或解除了对齐关系的视图，可以更改其对齐关系。

- 使一个工程视图与另一个视图对齐：选取一个工程视图，然后在菜单栏中执行【工具】|【对齐工程图视图】|【水平对齐另一视图或竖直对齐另一视图】命令，如图11-55所示。或右击工程视图，然后在弹出的快捷菜单中选择一对齐方式，如图11-56所示。光标会变为 ，然后选择要对齐的参考视图。

| 图11-55 对齐工程视图方式选择 | 图11-56 视图对齐方式选择 |

- 将工程视图与模型边线对齐：在工程视图中选择一线性模型边线。在菜单栏中执行【工具】|【对齐工程图视图】|【水平边线或竖直边线】命令。视图旋转，直到所选边线水平或竖直定位。
- 解除视图的对齐关系：对于已对齐的视图，可以解除对齐关系并独立移动视图。在视图边界内部右击，然后执行快捷菜单中的【对齐】|【解除对齐关系】命令，或执行菜单栏中的【工具】|【对齐工程图视图】|【解除对齐关系】命令。
- 回到视图默认的对齐关系：可以使已经解除对齐关系的视图回到原来的对齐关系。在视图边框内部右击，然后执行快捷菜单中的【对齐】|【默认对齐】命令，或执行菜单栏中的【工具】|【对齐工程图视图】|【默认对齐关系】命令。

3. 剪切/复制/粘贴视图

在同一个工程图中，可以利用剪贴板工具从一张图纸剪切、复制工程图视图，然后粘贴到另一张图纸。也可以从一个工程图文件剪切、复制工程图视图，然后粘贴到另一个工程图文件。

剪切/复制/粘贴工程视图操作如下。

（1）在图纸中或特征设计树中选择要操作的视图。

（2）在菜单栏中执行【编辑】|【剪切】或【复制】命令。

（3）切换到目标图纸或工程图文档，在想要粘贴视图的位置处单击，然后执行【编辑】|【粘贴】命令，即可将工程视图粘贴。

 如要一次对多个视图执行操作，可在选取视图时按住Ctrl键。

4. 移动视图

要想移动视图，须先解锁视图，然后才可用拖动视图进行平移，如图11-57所示。

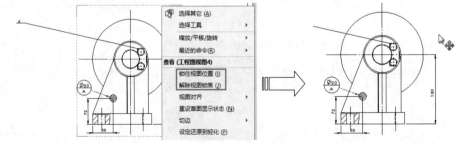

图11-57 移动视图

11.5.2　工程视图的隐藏和显示

在工程图上工作时，可以隐藏一视图。隐藏视图后，可以再次显示此视图。

当隐藏具有从属视图（局部、剖面或辅助视图）的视图时，可选择是否隐藏这些视图。再次显示母视图或其中一个从属视图时，同样可选择是否显示相关视图。

隐藏/显示视图操作。

（1）在图纸或特征设计树中右击视图，然后在弹出的快捷菜单中选择【隐藏】选项。如果视图有从属视图（局部、剖面等），则将被询问是否也要隐藏从属视图。

（2）如要再次显示视图，右击视图，在弹出的快捷菜单中选择【显示】选项。如果视图有从属视图（局部、剖面或辅助视图），则将被询问是否也要显示从属视图。

如要查看图纸中隐藏视图的位置但不将其显示，可在菜单栏中执行【视图】|【被隐藏的视图】命令，显示隐藏视图的边界如图11-58所示。

图11-58　显示被隐藏视图的边界

11.6　打印工程图

SolidWorks为工程图的打印提供了多种设定选项。可以打印或绘制整个工程图纸，或只打印图纸中的所选区域。可以选择用黑白打印或用彩色打印。可为单独的工程图纸指定不同的设定。

11.6.1　为单独的工程图纸指定设定

在菜单栏中执行【文件】|【页面设置】命令，打开【页面设置】对话框。通过此对话框设置打印页面的相关选项。例如设置图纸比例、图纸纸张的大小、打印方向等，如图11-59所示。

单击【预览】按钮可以预览图纸打印效果，如图11-60所示。

图11-59　工程图页面设置

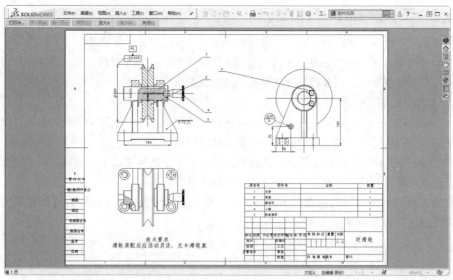

图11-60　打印预览

11.6.2　打印整个工程图图纸

完成了工程图的视图创建、尺寸标注及文字注释等操作后可以将其打印出图。在菜单栏中执行【文件】|【打印】命令，弹出【打印】对话框，如图11-61所示。

若用户创建了多张图纸，可在【打印范围】选项组中勾选【所有图纸】选项，或者选择【图纸】选项并设置输入图纸的数量。也可选择【当前图纸】选项或【当前荧屏图像】选项来打印单张图纸。

在【文件打印机】选项组的【名称】列表中选择打印机硬件设备，如果没有安装打印机设备，可以选择虚拟打印机来打印PDF文档，便于日后图纸打印，还可单击【页面设置】按钮重新设定页面。打印设置完成后单击【确定】按钮，可自动打印工程图图纸。

图11-61　工程图打印设置

11.7　综合实战：阶梯轴工程图

阶梯轴的工程图包括一组视图、尺寸和尺寸公差、形位公差、表面粗糙度和一些必要的技术说明等。

本例练习阶梯轴的工程图绘制，阶梯轴工程图如图11-62所示。

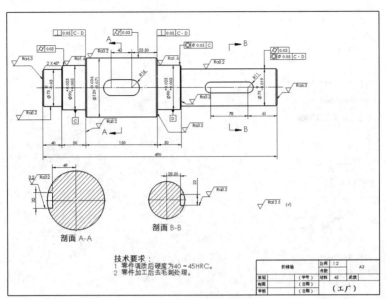

图11-62　阶梯轴工程图

1.生成新的工程图

01＿单击【新建】按钮，在【新建SOLIDWORKS文件】对话框中单击【高级】按钮进入【模板】选项卡。

02＿在【模板】选项卡中选择gb_a3横幅图纸模板，再单击【确定】按钮加载图纸，如图11-63所示。

03＿进入工程图环境后，指定图纸属性。在工程图图纸绘图区中右击，在弹出的快捷菜单中选择【属性】选项，在【图纸属性】属性面板中进行设置，如图11-64所示，名称为"阶梯轴"，比例为1∶2，选择【第一视角】投影类型。

图11-63　选择图纸模板

图11-64　【图纸属性】属性面板

2.将模型视图插入工程图

01＿单击【视图布局】选项卡中的【模型视图】按钮，在打开的【模型视图】属性面板中设定选项，如图11-65所示。

02＿单击【下一步】按钮。在【模型视图】属性面板中设定额外选项，如图11-66所示。

03＿单击【确定】按钮，将模型视图插入工程图，如图11-67所示。

04＿添加中心线到视图中。单击【注解】选项卡中的【中心线】按钮，为插入中心线选择圆柱面生成中心线，如图11-68所示。

 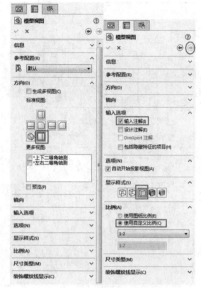

图11-65　在【模型视图】属性面板中设定选项　　　　图11-66　设定额外选项

 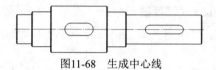

图11-67　插入工程图中模型视图　　　　　　图11-68　生成中心线

3.生成剖面视图

01__ 单击【视图布局】选项卡中的【剖面视图】按钮，在弹出的【剖面视图】属性面板中进行设置，如图11-69所示。

02__ 在主视图中选取点放置切割线，单击以放置视图。生成的剖面视图如图11-70所示。

03__ 编辑视图标号或字体样式，更改视图对齐关系，如图11-71所示。

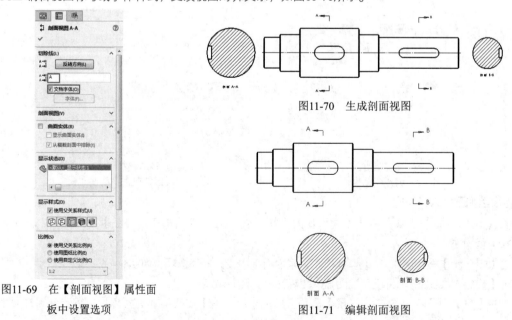

图11-69　在【剖面视图】属性面
板中设置选项

图11-70　生成剖面视图

图11-71　编辑剖面视图

04__ 在剖面视图中添加中心符号线。单击【注解】选项卡中的【中心符号线】按钮，在弹出的【中心符号线】属性面板中进行设置，接着在剖面视图中生成中心符号线，如图11-72所示。

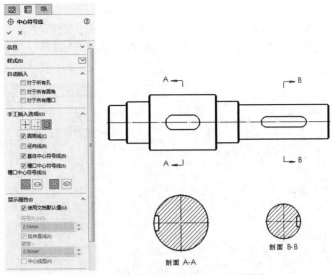

图11-72　在剖面视图中生成中心符号线

4.尺寸的标注

01_ 使用智能标注基本尺寸。单击选项卡中的【智能尺寸】按钮，在【智能尺寸】属性面板中设定选项，标注的工程图尺寸如图11-73所示。

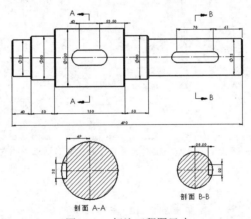

图11-73　标注工程图尺寸

02_ 标注尺寸公差。单击需要标注公差的尺寸，进行尺寸公差标注，如图11-74所示。

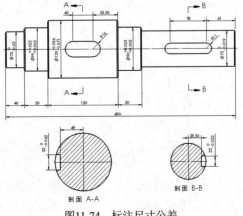

图11-74　标注尺寸公差

5.标注基准特征

01_ 单击【注解】选项卡中的【基准特征】按钮 ，在【基准特征】属性面板中设定选项。

02_ 在图形区域中单击以放置附加项然后放置该符号，根据需要继续插入基准特征符号，如图11-75所示。

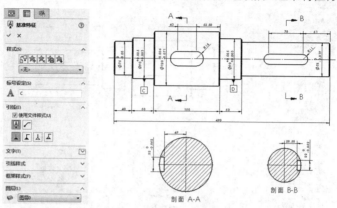

图11-75　基准特征符号的标注

6.标注形位公差

03_ 在【注解】选项卡中单击【形位公差】按钮 ，在【属性】对话框和【形位公差】属性面板中设定选项，如图11-76所示。

图11-76　在【形位公差】属性面板和【属性】对话框中的选项设定

04_ 单击以放置符号。工程图中标注形位公差如图11-77所示。

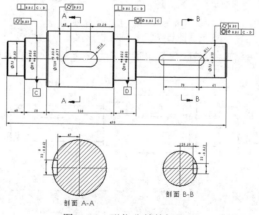

图11-77　形位公差的标注

7.标注表面粗糙度

01_ 单击【注解】选项卡中的【表面粗糙度】按钮 √，在属性面板中设定属性。

02_ 在图形区域中单击以放置符号。工程图中标注的表面粗糙度如图11-78所示。

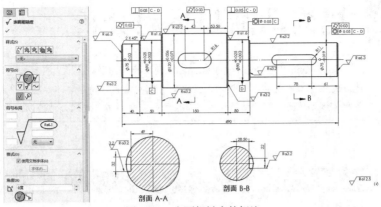

图11-78　表面粗糙度的标注

8.文本注释

01__ 单击【注解】选项卡中的【注释】按钮 **A**，在【注释】属性面板中设定选项，如图11-79所示。

02__ 单击并拖动注释边界框，如图11-80所示。

03__ 在注释边界框中输入文字，如图11-81所示。

技术要求：
1 零件调质后硬度为40～45HRC。
2 零件加工后去毛刺处理。

图11-79　在【注释】属性面板中设定选择　　图11-80　单击并拖动生成的边界框　　图11-81　在注释边界框中输入文字

04__ 在【文字格式】选项区中设置相关的文字选项，使文本符合工程图制图要求，最后在【注释】属性面板中单击【确定】按钮 ✓ 完成文本注释。

05__ 进一步完善阶梯轴的工程图，如图11-82所示。

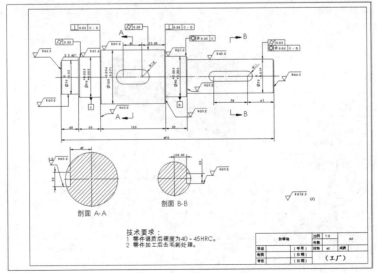

图11-82　阶梯轴的工程图

第12章 机构动画与运动分析

SolidWorks利用自带插件Motion可以制作产品的动画演示，并可作运动分析。动画是用连续的图片来表述物体的运动，给人的感觉更直观和清晰。本章主要介绍运动算例简介、装配体爆炸动画、旋转动画、视像属性动画、距离和角度配合动画以及物理模拟动画。

12.1 SolidWorks 运动算例

SolidWorks将动态装配体运动、物理模拟、动画和COSMOSMotion整合到了一个易于使用的用户界面。运动算例是对装配体模型运动的动画模拟。可以将诸如光源和相机透视图之类的视觉属性融合到运动算例中。运动算例与配置类似，并不更改装配体模型或其属性。

SolidWorks运动算例可以生成的动画种类如下。

- 旋转零件或装配体模型动画。
- 爆炸装配体动画。
- 解除爆炸动画。
- 视象属性动画：装配体零部件的视象属性包括隐藏和显示、透明度、外观（颜色、纹理）等。
- "视向及相机视图"动画。
- 应用模拟单元实现动画。

12.1.1 运动算例界面

要从模型生成或编辑运动算例，可单击图形区域左下方的运动算例标签。图形区域被水平分割，模型"窗口"和动画"运动算例"特征管理器将同时在图形区域显示，顶部区域显示模型，底部区域被分割成3个部分，如图12-1所示。

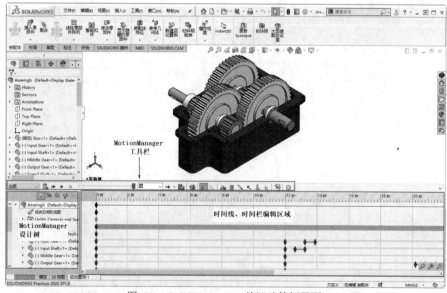

图12-1 SolidWorks 2022的运动算例界面

提示　　需要在软件窗口的底部选择【运动算例1】窗口命令，才会在模型窗口下面显示运动算例界面窗口。

1.MotionManager 工具栏

MotionManager 工具栏中各按钮的功能如下。

- 【计算】📰：计算当前模拟。如果模拟被更改，则再次播放之前必须重新计算。
- 【从头播放】▶：重设定部件并播放模拟，在计算模拟后使用。
- 【播放】▶：从当前时间栏位置播放模拟。
- 【停止】■：停止播放。
- 【播放模式：正常】➡：一次性从头到尾播放。
- 【播放模式：循环】🔁：多次从头到尾连续播放。
- 【播放模式：往复】↔：从头到尾播放，然后从尾到头回放，往复播放。
- 【保存动画】📷：将动画保存为AVI或其他文件类型。
- 【动画向导】📷：向导生成简单的动画。
- 【自动键码】✏：当此按钮按下时，会自动为拖动的部件在当前时间栏生成键码。再次单击可关闭该选项。
- 【添加/更新键码】◆：单击该按钮可以添加新键码或更新现有键码的属性。
- 【结果和图解】📊：计算结果并生成图表。
- 【运动算例属性】⚙：设置运动算例的属性。

在运动算例中使用模拟单元可以接近实际地模拟装配体中零部件的运动。模拟单元种类有【马达】📷、【弹簧】📷、【阻尼】📷、【力】📷、【接触】📷和【引力】📷。

2.MotionManager 设计树

在设计树的上端有5个过滤按钮，其功能如下。

- 【无过滤】▽：显示所有项。
- 【过滤动画】📷：只显示在动画过程中移动或更改的项目。
- 【过滤驱动】📷：只显示引发运动或其他更改的项目。
- 【过滤选定】📷：只显示选中项。
- 【过滤结果】📷：只显示模拟结果项目。

MotionManager 设计树包括如下几种。

- 视向及相机视图📷。
- 光源、相机与布景📷。
- 出现在 SolidWorks FeatureManager 设计树中的零部件实体。
- 所添加的马达、力或弹簧之类的任何模拟单元。

选择零件时，可以从装配体的设计树、"运动算例"设计树中选择或在图形区域直接选择。

12.1.2　时间线与时间栏

1.时间线

时间线是动画的时间界面，位于MotionManager 设计树的右方。时间线显示运动算例中动画事件的时间和类型。时间线被竖直网格线均分，这些网格线对应表示时间的数字标记。数字标记从 00:00:00 开始，其间距取决于窗口大小和缩放等级。例如，沿时间线可能每隔一秒、两秒或五秒就会有一个标记。其间隔大小可以通过时间线编辑区域右下角的🔍、🔍按钮来调整。

2.时间栏

时间线上的纯黑灰色竖直线即为时间栏，表示动画当前的时间。沿时间线拖动时间栏到任意位置或单击时间线上的任意位置（关键点除外），都可以移动时间栏。移动时间栏会更改动画的当前时间并更新模型。时间线和时间栏如图12-2所示。

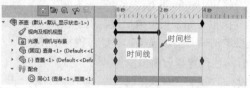

图12-2　时间线与时间栏

12.1.3　键码点、关键帧、更改栏、选项

SolidWorks运动算例是基于键码画面（关键点）的动画，先设定装配体在各个时间点的外观，然后SolidWorks运动算例的应用程序会计算从一个位置移动到下一个位置中间所需的过程。其使用的基本用户界面元素有键码点、时间线、时间栏和更改栏。

1.键码点与键码属性

时间线上的◆符号被称为"键码点"。可使用键码点设定动画位置更改的开始、结束或某特定时间的其他特性。无论何时定位一个新的键码点，都会对应于运动或视象特性的更改。

键码属性：当在任一键码点上移动光标时，零件序号将会显示此键码点时间的键码属性。如果零部件在 MotionManager 设计树中折叠，则所有的键码属性都会包含在零件序号中。键码属性中各项的含义如表12-1所示。

表12-1　键码属性中各项的含义

	钳口板<1> 4.600 秒 🔄 🔩 ⚫= ☒ 📦 该键只在 Animation 算例中才受支持。		
		键码属性	说明
钳口板<1> 4.600 秒		零部件	MotionManager 设计树中时间线内某点处的零部件"钳口板<1>"
🔄		移动零部件	是否移动零部件
🔩		分解（X）	爆炸表示某种类型的重新定位
⚫=☒		外观	指定应用到零部件的颜色
📦		零部件显示	线架图或上色

可在动画中键码点处定义相机和光源属性。通过在键码点处定义相机位置，生成完整动画。

要在键码点处设定相机或光源属性需执行下列操作。

（1）在MotionManager 设计树中右击 🖼 光源、相机与布景 。

（2）在弹出的快捷菜单中选择如图12-3所示的框选选项。

（3）若选择【添加相机】选项，然后在【相机】属性面板中设定以下属性，如图12-4所示。

● 相机类型。

● 目标点。

● 相机位置。

● 相机旋转。

● 视野。

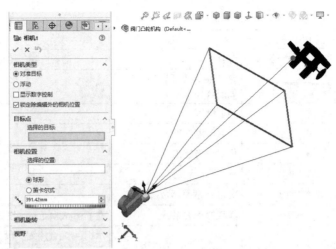

图12-3 选择快捷菜单选项　　　　　　　　　图12-4 设置相机属性

2.关键帧

"关键帧"是两个键码点之间可以为任何时间长度的区域。此定义表示装配体零部件运动或视觉属性更改所发生的时间，如图12-5所示。

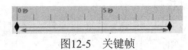

图12-5 关键帧

3.更改栏

"更改栏"是连接键码点的水平栏，表示键码点之间的更改。可以更改的内容包括动画时间长度、零部件运动、模拟单元属性更改、视图定向（如旋转）、视象属性（如颜色或视图隐藏、显示等）。

对于不同的实体，更改栏使用不同的颜色来直观地识别零部件和类型的更改，如表12-2所示。除颜色外还可以通过"运动算例设计树"中的图标来识别实体。当生成动画时，键码点在时间线上随动画进程增加。水平更改栏以不同颜色显示，以识别动画顺序过程中变更的每个零部件或视觉属性所发生的活动类型，例如，可以使用默认颜色。

● 绿色：驱动运动。

● 黄色：从动运动。

● 橙色：爆炸运动。

表12-2 更改栏及功能

图标和更改栏	功能	注释
	总动画持续时间	
	视向及相机视图	视图定向的时间长度
	选取了禁用观阅键码播放	
	模拟单元	
	外观	●包括所有的视象属性（颜色和透明度等） ●可能存在独立的零部件运动
	驱动运动	驱动运动和从动运动更改栏可在相同键码点之间，包括外观更改栏
	从动运动	从动运动零部件可以是运动的，也可以是固定的 ●运动 ●无运动

325

图标和更改栏	功能	注释
	分解（X）	使用"动画向导"生成
	零部件或特征属性更改，如配合尺寸	键码点
◆	特征键码	
◆	任何压缩的键码	
◆	位置还未解出	
◆	位置不能到达	
	Motion 解算器故障	
	隐藏的子关系	在 FeatureManager 设计树中生成的文件夹折叠项目
活动特征		示例：配合压缩一段时间

12.1.4　算例类型

SolidWorks提供了3种装配体运动模拟。

- 动画：一种简单的运动模拟，其忽略了零部件的惯性、接触位置、力以及类似的特性。例如，这种模拟很适合用来验证正确的配件。
- 基本运动：会将零部件惯性之类的属性考虑在内，能够一定程度地反映真实情况。但这种模拟不会识别外部施加的力。
- Motion运动分析：最高级的运动分析工具，反映了所有必需的分析特性，例如惯性、外力、接触位置、配件摩擦力等。

12.2　动画

用动画来生成使用插值以在装配体中指定零件点到点运动的简单动画，也可使用动画将基于马达的动画应用到装配体零部件。

12.2.1　创建基本动画

1.创建关键帧动画

关键帧动画是最基本的动画。方法是沿时间线拖动时间栏到某一时间关键点，然后移动零部件到目标位置。MotionManager将零部件从其初始位置移动到以特定时间指定的位置。

★ 动手操作——制作关键帧动画

01　打开本例素材源文件"茶壶.SLDASM"，如图12-6所示。

图12-6　茶壶装配体

02__ 在 ✎ 视向及相机视图 时间栏的0秒键码点右击，然后在弹出的快捷菜单中选择【替换键码】选项，如图12-7所示。

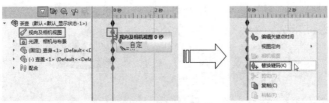

图12-7 替换键码

03__ 将键码拖动到2秒处，然后在模型窗口中将茶壶的视图进行旋转，状态如图12-8所示。

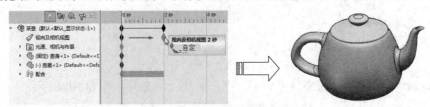

图12-8 旋转视图并设置动画时间

> **技术要点** 也可以在2秒的时间线上右击，然后在弹出的快捷菜单中选择【放置键码】选项来创建键码点。

04__ 在2秒位置的键码点右击，在弹出的快捷菜单中选择【替换键码】选项，以此完成创建动态旋转的时间线，如图12-9所示。

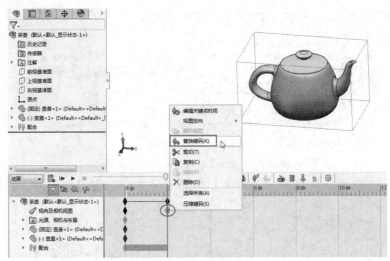

图12-9 替换键码

05__ 在MotionManager工具栏中单击【计算】按钮 🎞，创建动画帧，如图12-10所示。

图12-10 计算并创建动画

06__ 单击【从头播放】按钮 ▶，播放茶壶旋转动画，如图12-11所示为动画播放状态中。

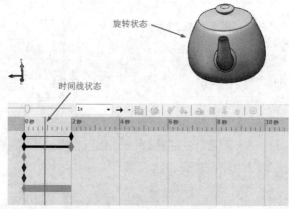

图12-11　播放动画时的茶壶状态

07__ 在MotionManager 设计树中删除【配合】节点下的"重合"约束，如图12-12所示。

图12-12　删除"重合"约束

08__ 然后在茶壶壶盖的时间栏上4秒位置处放置键码，或者直接将0秒处的键码拖动到4秒位置，如图12-13所示。

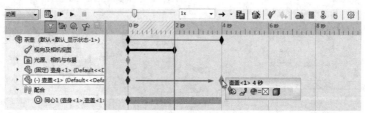

图12-13　在壶盖时间栏4秒处放置键码

09__ 利用【模型】窗口中功能区中的【装配体】选项卡的【移动零部件】工具 ，将壶盖向上移动一定的距离，如图12-14所示。

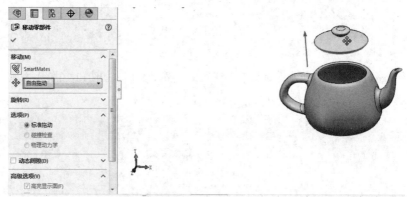

图12-14　移动壶盖

10__ 移动后在4秒处的键码点上右击，在弹出的快捷菜单中选择【替换键码】选项，创建壶盖的时间线，如图12-15所示。

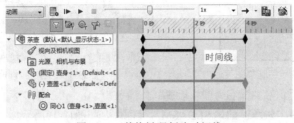

图12-15 替换键码创建时间线

11__ 最后再单击【计算】按钮 ▣，完成茶壶动画的创建，如图12-16所示为茶壶壶盖在动画过程中的状态。

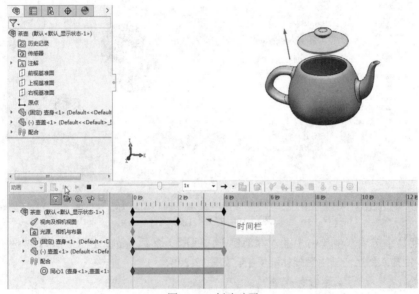

图12-16 创建动画

2.创建基于相机的动画

通过更改相机视图或其他属性可以在运动算例中生成基于相机的动画，可以使用以下方法来生成基于相机的动画。

- 键码点：使用键码点动画相机属性，如位置、景深及光源。
- 相机撬：附加一草图实体到相机，并为相机撬定义运动路径。
- 使用或不使用相机的动画比较。
- 当为动画使用相机时，可设定通过相机的视图，并生成绕模型移动相机的键码点。设定视图通过相机与移动相机组合产生一个相机绕模型移动的动画。
- 当没为动画使用相机时，必须为模型在每个视图方向点处定义键码点。当添加键码点而将视图设定到不同位置时，可生成视图方向绕模型移动的动画。

▣ 动手操作——创建相机撬动画

01__ 首先要创建出相机撬，新建零件文件。

02__ 选择上视基准面为草图平面，绘制如图12-17所示的草图。

03__ 使用【拉伸凸台/基体】工具，创建拉伸深度为15的拉伸凸台，如图12-18所示。

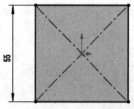
图12-17 绘制草图

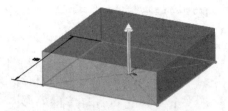
图12-18 创建拉伸凸台

04_ 创建凸台后将模型另保存并命名为"相机撬"。

05_ 打开本例素材源文件"轴承装配体.SLDASM"装配体，如图12-19所示。

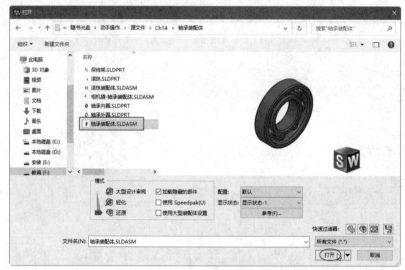
图12-19 打开装配体文件

06_ 在【装配体】选项卡中单击【插入零部件】按钮📂，然后通过单击【浏览】按钮将前面保存的"相机撬"零件插入到当前轴承装配体环境中，如图12-20所示。

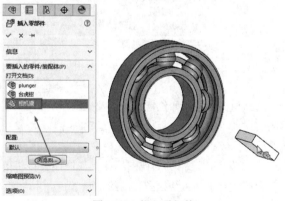
图12-20 插入零部件

07_ 使用【配合】工具✎，将轴承端面与相机撬模型表面进行距离约束，约束的距离为"300mm"，如图12-21所示。

08_ 切换到右视图，然后利用【移动零部件】工具🔧，调整相机撬零件的位置，如图12-22所示。

09_ 保存新的装配体文件为"相机撬-轴承装配体"。

10_ 在软件窗口底部单击【运动算例】按钮，展开运动算例界面窗口。然后在MotionManager设计树中右击 🎥 光源、相机与布景 ，在弹出的快捷菜单中选择【添加相机】选项，如图12-23所示。

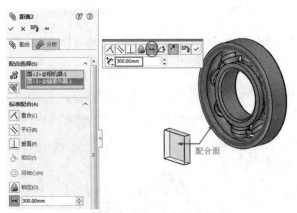

图12-21 添加配合约束

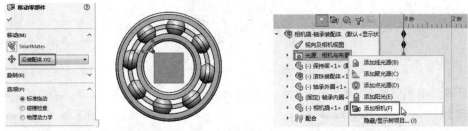

图12-22 移动零部件 图12-23 添加相机操作

11__ 随后在软件窗口中显示模型轴侧视图视口和相机1视口，属性管理器中显示【相机】属性面板，如图12-24所示。

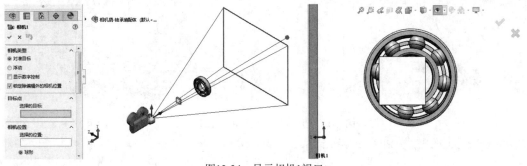

图12-24 显示相机1视口

12__ 通过【相机】属性面板，选择相机撬顶面前边线的中点作为目标点，如图12-25所示。

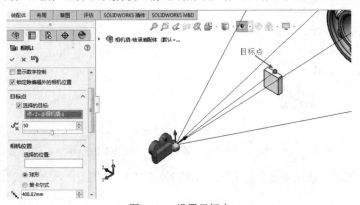

图12-25 设置目标点

13__ 接着再选择相机撬顶面后边线的中点作为相机位置，如图12-26所示。

  在【相机】属性面板中必须勾选【选择的目标】选项和【选择的位置】复选框，不然在移动相机视野时相机的位置会产生变化。

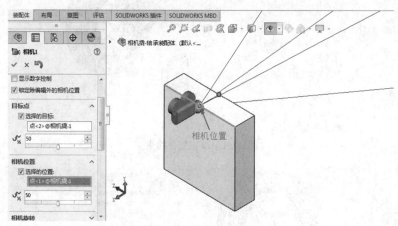

图12-26　选择相机位置

14__ 拖动视野至合适位置改变相机视口大小，便于相机拍照，如图12-27所示。单击【相机】属性面板中的【确定】按钮 ✔ 。

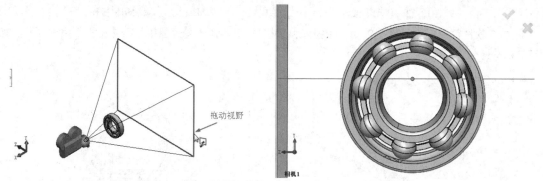

图12-27　拖动视野改变相机视口大小

15__ 设置视图为上视视图，如图12-28所示。

图12-28　上视视图

16__ 在时间线区域中，在 📷 视向及相机视图 的8秒位置放置键码，如图12-29所示。

  放置键码后，视图会发生变化，须再次设置视图为上视图。

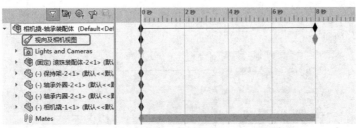

图12-29 放置键码

17__ 在MotionManager 设计树中删除相机撬与轴承之间的距离约束，如图12-30所示。

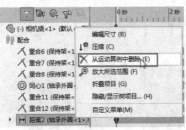

图12-30 删除距离约束

18__ 将时间栏移动到8秒处，如图12-31所示。

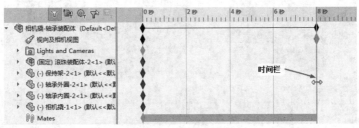

图12-31 移动时间栏

19__ 拖动相机撬0秒处的键码点到8秒处，再通过【移动零部件】工具 将相机撬模型平移至如图12-32所示位置。

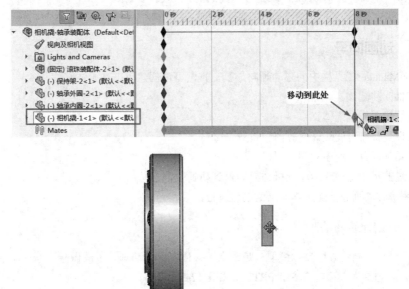

图12-32 移动相机撬

20__ 分别在 ✏️ 视向及相机视图 的0秒位置及8秒位置右击键码点，然后在弹出的快捷菜单中选择【相机视图】选项，如图12-33所示。

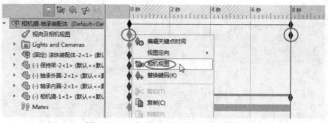

图12-33 在键码点添加相机视图

21__ 单击MotionManager工具栏中的【从头播放】按钮 ▶，开始播放创建的相机动画，如图12-34所示。最后保存动画文件。

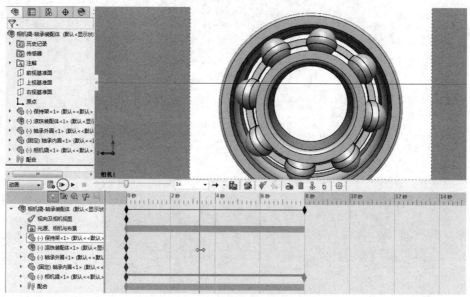

图12-34 播放相机动画

12.2.2 动画向导

借助MotionManager工具栏中的【动画向导】工具，可以创建以下动画：

● 旋转零件或装配体。
● 爆炸或解除爆炸装配体。
● 为动画设置持续时间和开始时间。
● 添加动画到现有运动序列中。
● 将计算过的基本运动或运动分析结果输入到动画中。

下面仅介绍旋转动画、装配爆炸动画的创建过程。

🔳 动手操作——创建旋转动画

旋转动画可以从不同的方位显示模型，是最常用、最简单的动画。下面做一个摩托车的展示动画。

01__ 打开本例素材源文件"摩托车.SLDPRT"，如图12-35所示。

02__ 打开运动算例界面窗口。在MotionManager工具栏中单击【动画向导】按钮 📷，打开【选择动画类型】对话框，如图12-36所示。

图12-35 摩托车模型

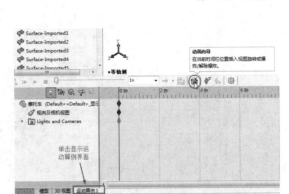

图12-36 进入运动算例界面

03 在【选择动画类型】对话框中保留默认的【旋转模型】动画类型，单击【下一步】按钮，如图12-37所示。

04 在【选择-旋转轴】页面中选择"Y-轴"作为旋转轴，并输入旋转次数为10，其他选项不变，并单击【下一步】按钮，如图12-38所示。

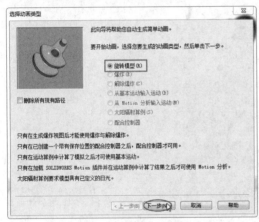

图12-37 选择动画类型

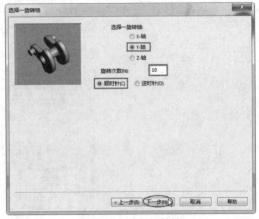

图12-38 选择旋转轴

05 在【动画控制选项】页面中设置时间长度为60秒，再单击【完成】按钮，完成整个旋转动画的创建，如图12-39所示。

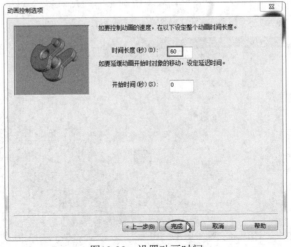

图12-39 设置动画时间

06 在MotionManager工具栏单击【从头播放】按钮▶，播放旋转动画展示效果，如图12-40所示。

335

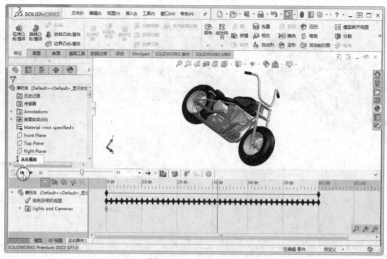

图12-40　播放动画

07__ 将动画输出进行保存，如图12-41所示。

图12-41　保存动画

动手操作——创建爆炸动画

要想创建装配体的爆炸动画，首先在装配体环境中制作出装配体爆炸视图。

01__ 首先打开本例的素材源文件"台虎钳.SLDASM"，如图12-42所示。

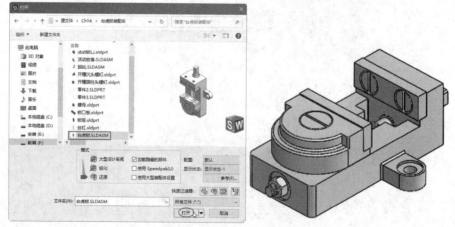

图12-42　打开台虎钳装配体

02__ 在【装配体】选项卡中单击【爆炸视图】按钮 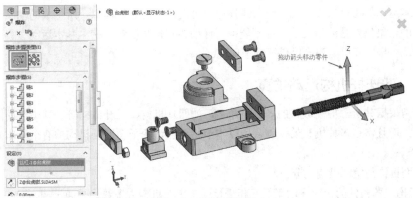，然后通过【爆炸】属性面板选择台虎钳装配体中的各个零部件，在装配体的XYZ方向上平移，完成爆炸视图的创建，如图12-43所示。

图12-43 创建爆炸视图

03__ 在MotionManager工具栏中单击【动画向导】按钮 ，打开【选择动画类型】对话框。

04__ 在【选择动画类型】对话框中选择【爆炸】动画类型，单击【下一步】按钮，如图12-44所示。

05__ 在【动画控制选项】页面中设置时间长度为30秒，再单击【完成】按钮，完成整个爆炸动画的创建，如图12-45所示。

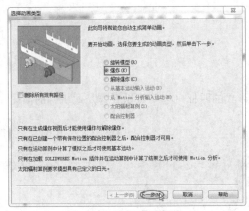

图12-44 选择动画类型

图12-45 设置动画时间长度

06__ 在MotionManager工具栏中单击【从头播放】按钮 ，播放爆炸动画，如图12-46所示。

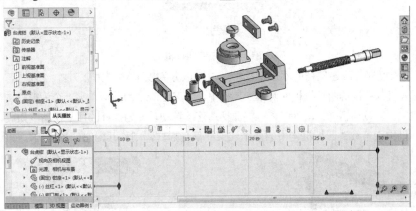

图12-46 播放爆炸动画

07__ 将动画输出进行保存。

12.3 基本运动

使用"基本运动"可以生成考虑质量、碰撞或引力的运动的近似模拟。所生成的动画更接近真实的情形，但求得的结果仍然是演示性的，并不能得到详细的数据和图解。在"基本运动"界面可以为模型添加马达、弹簧、接触和引力等，以模拟物理环境。

12.3.1 四连杆机构运动仿真

连杆机构常根据其所含构件数目的多少而命名，如四杆机构、五杆机构等。其中平面四杆机构不仅应用特别广泛，而且常是多杆机构的基础，所以本节将重点讨论平面四杆机构的有关基本知识，并对其进行运动仿真研究。

机构有平面机构与空间机构之分。

● 平面机构：各构件的相对运动平面互相平行（常用的机构大多数为平面机构）。

● 空间机构：至少有两个构件能在三维空间中相对运动。

1. 平面连杆机构

平面连杆机构就是用低副连接而成的平面机构。特点如下：

● 运动副为低副，面接触；

● 承载能力大；

● 便于润滑，寿命长；

● 几何形状简单，便于加工，成本低。

下面介绍几种常见的连杆机构。

（1）铰链四杆机构。

铰链四杆机构是平面四杆机构的基本形式，其他形式的四杆机构均可以看作是此机构的演化。如图12-47所示为铰链四杆机构示意图。

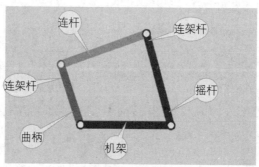

图12-47 铰链四杆机构

铰链四杆机构根据其两连架杆的不同运动情况，可以分为以下3种类型。

● 曲柄摇杆机构：铰链四杆机构的两个连架杆中，若其中一个为曲柄，另一个为摇杆，则称其为曲柄摇杆机构。当以曲柄为原动件时，可将曲柄的连续转动转变为摇杆的往复摆动，如图12-48所示。

● 双摇杆机构：若铰链四杆机构中的两个连架杆都是摇杆，则称其为双摇杆机构，如图12-49所示。

图12-48 曲柄摇杆机构

图12-49 双摇杆机构

技术要点

铰链四杆机构中，与机架相连的构件能否成为曲柄的条件是：

最短杆长度+最长杆长度≤其他两杆长度之和（杆长条件）

【机架长度—被考察的连架杆长度】≥【连杆长度—另一连架杆长度】

上述的条件表明，如果铰链四杆机构满足杆长条件，则最短杆两端的转动副均为周转副。此时，若取最短杆为机架，则可得到双曲柄机构；若取最短杆相邻的构件为机架，则得到曲柄摇杆机构；取最短杆的对边为机架，则得到双摇杆机构。

如果铰链四杆机构不满足杆长条件，则以任意杆为机架得到的都是双摇杆机构。

● 双曲柄机构：若铰链四杆机构中的两个连架杆均为曲柄，则称其为双曲柄机构。在双曲柄机构中，若相对两杆平行且长度相等，则称其为平行四边形机构。其运动有两个显著特征：一是两曲柄以相同速度同向转动；二是连杆作平动。这两个特性在机械工程上都得到了广泛应用，如图12-50所示。

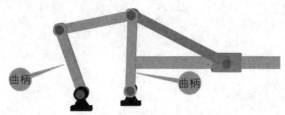

图12-50 双曲柄机构

（2）其他演变机构。

其他由铰链四杆机构演变而来的机构还包括常见的曲柄滑块机构、导杆机构、摇块机构、定块机构、双滑块机构、偏心轮机构、天平机构及牛头刨床机构等。

组成移动副的两活动构件，画成杆状的构件称为导杆，画成块状的构件称为滑块。如图12-51所示为曲面滑块机构。

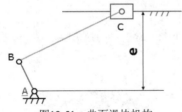

图12-51 曲面滑块机构

导杆机构、摇块机构和定块机构是在曲柄滑块基础上分别固定的对象不同而演变的新机构，如图12-52所示。

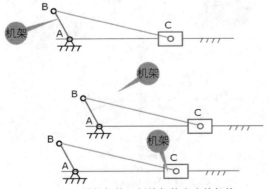

图12-52 导杆机构、摇块机构和定块机构

2. 空间连杆机构

在连杆机构中，若各构件不都在相互平行的平面内运动，则称其为空间连杆机构。

空间连杆机构，从动件的运动可以是空间的任意位置。机构紧凑，运动多样，灵活可靠。

（1）常用运动副。

组成空间连杆机构的运动副除转动副R和移动副P外，还常有球面副S，球销副S'，圆柱副C及螺旋副H等。在科学研究和实际应用中，常以机构中所含运动副的代表符号来命名各种空间连杆机构，如图12-53所示。

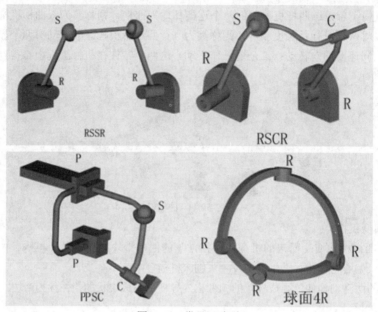

图12-53　常见运动副

（2）万向联轴节。

万向联轴节：传递两相交轴的动力和运动，而且在传动过程中两轴之间的夹角可变，如图12-54所示为万向联轴节的结构示意图。

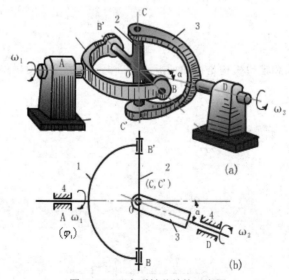

图12-54　万向联轴节结构示意图

万向联轴节分单向和双向。

● 单向万向联轴节：输入输出轴之间的夹角为180-α，特殊的球面四杆机构。主动轴匀速转动，从动轴作变速转动。随着α的增大，从动轴的速度波动也增大，在传动中将引起附加的动载荷，使轴产生振动。为消除这一缺点，通常采用双万向联轴节。

● 双向万向联轴节：1个中间轴和两个单万向联轴节。中间轴采用滑键连接，允许轴向距离有变动，如图12-55所示。

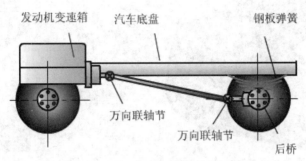

图12-55　双向万向联轴节

📌 动手操作——连杆机构运动仿真

本例的四连杆机构的建模与装配工作已经完成，下面仅介绍其运动仿真过程。

01_ 打开本例网盘素材文件"四连杆.SLDASM"，如图12-56所示。

02_ 在软件窗口底部单击【运动算例1】标签打开运动算例界面。

03_ 在MotionManager工具栏运动算例类型列表中选择【基本运动】算例，如图12-57所示。

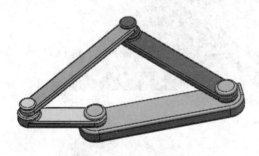

图12-56　四连杆机构

图12-57　选择基本运动算例

04_ 拖动键码点到8秒位置，如图12-58所示。

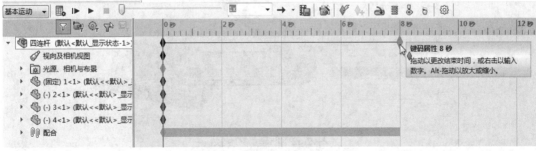

图12-58　设置键码点

05_ 在MotionManager工具栏中单击【马达】按钮，打开【马达】属性面板。选择【旋转马达】马达类型，首先选择马达位置，如图12-59所示。

选择参考可以是边线，也可以是面。放置马达后，注意马达运动的方向箭头，后面的几个
马达运动方向必须与此方向一致。

06__ 接着再选择要运动的对象，选择编号为3的连杆部件（紫色），如图12-60所示。再单击属性面板中
的【确定】按钮✓，完成马达的添加。

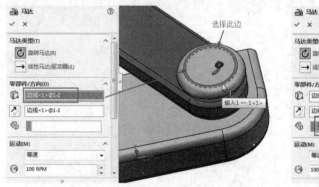
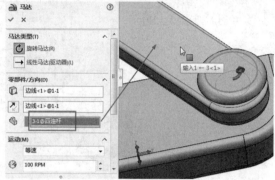

图12-59　指定马达位置（选择圆形边线）　　　　图12-60　选择要运动的部件

07__ 同理，创建第2个马达（在连杆3和连杆4之间），如图12-61所示。

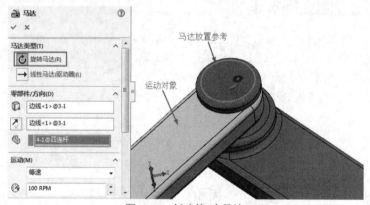

图12-61　创建第2个马达

08__ 在连杆1和连杆2之间创建第3个马达，如图12-62所示。

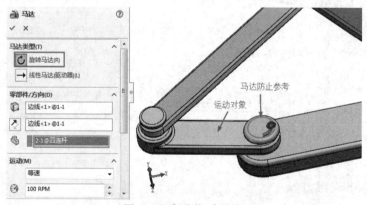

图12-62　创建第3个马达

09__ 在连杆2和连杆4之间创建第4个马达，如图12-63所示。

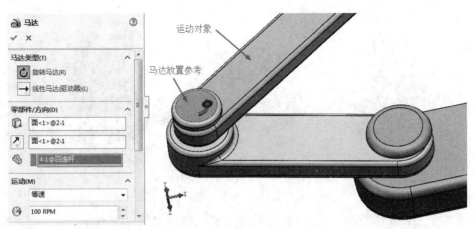

图12-63 创建第4个马达

10_ 单击【计算】按钮🔳，计算运动算例，完成马达运动动画。单击【从头播放】按钮▶️，播放马达运动仿真动画，如图12-64所示。

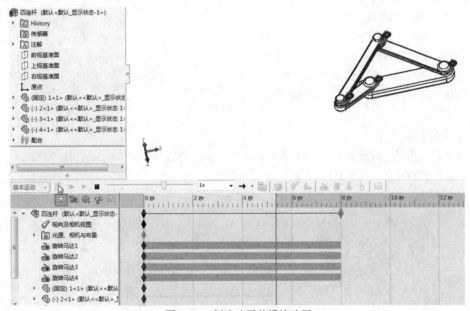

图12-64 创建动画并播放动画

如果添加马达后，发现时间轨上有部分时间红色显示，表示该段时间并没有产生任何运动，可拖动键码点回黄色区域，重新计算后，再播放试试。最后将键码点移动到原时间栏上，再播放就能解决问题了。

12.3.2 齿轮传动机构仿真

"齿轮"是用于机器中传递动力、改变旋向和改变转速的传动件。根据两啮合齿轮轴线在空间的相对位置不同，常见的齿轮传动可分为3种形式，如图12-65所示。其中，图12-65（a）所示的圆柱齿轮用于两平行轴之间的传动；图12-65（b）所示的圆锥齿轮用于垂直相交两轴之间的传动；图12-65（c）所示的蜗杆蜗纶则用于交叉两轴之间的传动。

（a）圆柱齿轮

（b）圆锥齿轮

（c）蜗杆蜗轮

图12-65　常见齿轮的传动形式

1.齿轮机构

"齿轮机构"就是由在圆周上均匀分布着某种轮廓曲面的齿的轮子组成的传动机构。齿轮机构是各种机械设备中应用最广泛、最多的一种机构，因而是最重要的一种传动机构。例如机床中的主轴箱和进给箱，汽车中的变速箱等部件的动力传递和变速功能，都是由齿轮机构实现的。

齿轮机构之所以成为最重要传动机构是因为其具有以下优点。

● 传动比恒定，这是最重要的特点。
● 传动效率高。
● 其圆周速度和所传递功率范围大。
● 使用寿命较长。
● 可以传递空间任意两轴之间的运动。
● 结构紧凑。

2.平面齿轮传动

平面齿轮传动形式一般分3种：平面直齿轮传动、平面斜齿轮传动和平面人字齿轮传动。

其中，平面直齿轮传动又分3种类型，如图12-66所示。

外啮合齿轮传动

内啮合齿轮传动

齿轮齿条传动

图12-66　平面直齿轮传动

平面斜齿轮（轮齿与其轴线倾斜一个角度）传动如图12-67所示。

平面人字齿轮（由两个螺旋角方向相反的斜齿轮组成）传动如图12-68所示。

图12-67　平面斜齿轮传动

图12-68　平面人字齿轮传动

3.空间齿轮传动

常见的空间齿轮传动包括圆锥齿轮传动、交错轴斜齿轮传动和涡轮蜗杆传动。

圆锥齿轮传动（用于两相交轴之间的传动）如图12-69所示。

交错轴斜齿轮传动（用于传递两交错轴之间的运动）如图12-70所示。

涡轮蜗杆传动（用于传递两交错轴之间的运动，其两轴的交错角一般为90°）如图12-71所示。

图12-69　圆锥齿轮传动　　图12-70　交错轴斜齿轮传动　　图12-71　涡轮蜗杆传动

▣ 动手操作——齿轮减速器机构运动仿真

齿轮减速箱的装配工作已经完成，如图12-72所示。下面进行仿真操作。

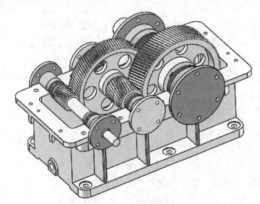

图12-72　减速器总装配体

01 打开本例网盘素材文件"阀门凸轮机构.SLDASM"。

02 单击【运动算例1】标签打开运动算例界面窗口。

03 在MotionManager工具栏运动算例类型列表中选择【基本运动】算例。

04 接下来首先为凸轮机构添加动力马达。单击【马达】按钮，打开【马达】属性面板。本例的齿轮减速箱如果是减速制动，那么马达就要安装在小齿轮上，如果是提速，马达则要安装在打齿轮上。

05 首先作加速动画，创建的马达如图12-73所示。

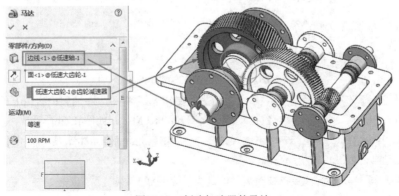

图12-73　创建加速器的马达

345

06__ 单击【计算】按钮 , 计算运动算例, 完成马达加速运动动画。单击【从头播放】按钮 ![], 播放加速运动的仿真动画, 如图12-74所示。

如果没有设置动画时间, 默认的运动时间为5秒。

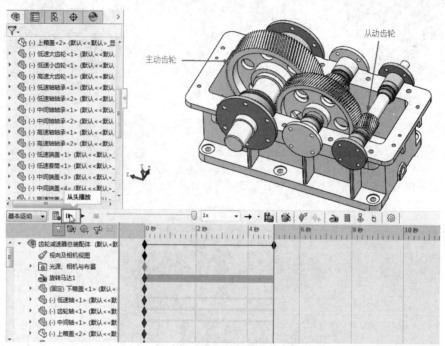

图12-74 创建加速运动动画并播放

07__ 单击【保存动画】按钮 ![], 保存加速运动的动画仿真视频文件。

08__ 接下来创建减速运动。在软件窗口底部【运动算例1】位置右击, 在弹出的快捷菜单中选择【生成新运动算例】选项, 如图12-75所示。

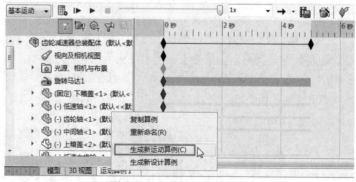

图12-75 创建新的运动算例

09__ 打开新的【运动算例2】界面窗口。单击【马达】按钮 ![], 将马达添加到小齿轮上(将小齿轮作为主动齿轮, 大齿轮作为从动齿轮), 设置运动转速为 "3000 RPM", 如图12-76所示。

10__ 单击【计算】按钮 ![], 计算运动算例, 完成马达减速运动动画。单击【从头播放】按钮 ![], 播放减速运动的仿真动画, 如图12-77所示。

11__ 单击【保存动画】按钮 ![], 保存减速运动的动画仿真视频文件。

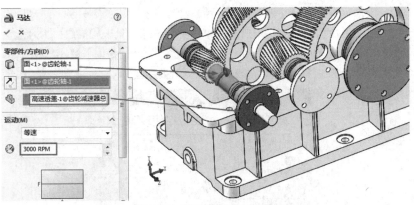

图12-76　创建减速运动的马达

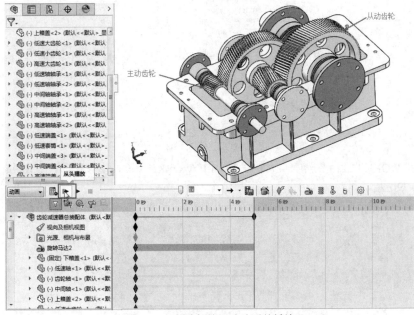

图12-77　创建加速运动动画并播放

12.4　Motion运动分析

前门已经学习了基本动画和基本运动的单项操作，本节来学习Motion插件的运动分析。那么到底动画、基本运动和Motion分析3者之间有什么区别及联系呢？

- "动画"是基于SolidWorks的一般动画操作，对象可以是零件，也可以是装配体，是仿真运动分析的最基本的操作。考虑的因素较少。
- "基本运动"也是基于SolidWorks来使用的，单个零件不能使用此动画功能。主要是在装配体上模仿马达、弹簧、碰撞和引力。"基本运动"在计算运动时考虑到质量。"基本运动"计算相当快，所以可将其用来生成基于物理模拟的演示性动画。
- "Motion分析"是作为SolidWorks Motion 插件的功能在使用，即必须加载SolidWorks Motion插件，此功能才可用，如图12-78所示。利用"Motion分析"功能对装配体进行精确模拟和运动单元的分析（包括力、弹簧、阻尼和摩擦）。"Motion分析"使用计算能力强大的动力学求解器，在计算中考虑到了材料属性和质量及惯性。还可使用"Motion分析"来描绘模拟结果供进一步分析。用户可根据自己的需要决定使用三种算例类型中的哪一种。"动画"可生成不考虑质量或引力的演示性动画。"基本运动"可以生成考虑质量、碰撞或引力且近似实际的演示性模拟动画。"Motion分析"考虑到装配体物理特性，该算例是以上3种类型中计算能力最强的。用户对所需运动的物理特性理解的越深，则计算结果越佳。

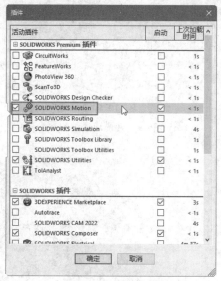

图12-78　载入插件

在【SOLIDWORKS 插件】选项卡中单击【SOLIDWORKS Motion】按钮 🎯，启用Motion运动分析算例，如图12-79所示。

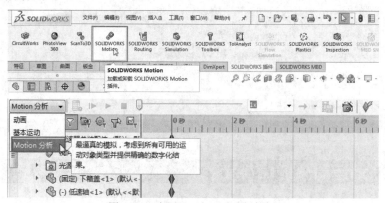

图12-79　启用Motion运动分析算例

12.4.1　Motion 分析的基本概念

掌握并了解以下基本名词的概念。

● 质量与惯性：惯性定律是经典物理学的基本定律之一。在动力学和运动学系统的仿真过程中，质量和惯性有着非常重要的作用，几乎所有的仿真过程都需要真实的质量和惯性数据。

● 自由度：一个不被约束的刚性物体在空间坐标系中具有沿3个坐标轴的移动和绕3个坐标轴转动，共6个独立运动的可能。

● 约束自由度：减少自由度将限制构件的独立运动，这种限制称为"约束"。配合连接两个构件，并限制两个构件之间的相对运动。

● 刚体：在Motion中，所有构件被看作为理想刚体。在仿真的过程中，机构内部和构件之间都不会出现变形。

● 固定零件：一个刚性物体可以是固定零件或浮动零件。固定零件绝对静止的，每个固定的刚体自由度为0。在其他刚体运动时，固定零件作为这些刚体的参考坐标系统。当创建一个新的机构并映射装配体约束时，SolidWorks中固定的部件会自动转换为固定零件。

● 浮动零件：浮动零件被定义为机构中的运动部件，每个运动部件有6个自由度。当创建一个新的机构并映射装配体约束时，SolidWorks装配体中浮动部件会自动转换为运动零件。

● 配合：SolidWorks配合定义了刚性物体是如何连接和如何彼此相对运动的。配合移除所连接构件的自由度。

● 马达：马达可以控制一个构件在一段时间的运动状况，其规定了构件的位移、速度和加速度为时间函数。

● 引力：当一个物体的重量对仿真运动有影响时，引力是一个很重要的量，例如自由落体。引力仅在基本运动和Motion分析中设置和应用。

● 引力矢量方向：引力加速度的大小。在【引力属性】对话框中可以设定引力矢量的大小和方向。在对话框中输入x、y和z的值可以指定引力矢量。引力矢量的长度对引力的大小没有影响。引力矢量的默认值为（0,-1,0），大小为385.22inch/s²，即9.81m/s²（或者为当前激活单位的当量值）。

● 约束映射概念：约束映射就是SolidWorks中零件之间的配合（约束）会自动映射为Motion中的配合。

● 力：当在Motion中定义不同的约束和力后，相应的位置和方向将被指定。这些位置和方向源自所选择的SolidWorks实体。这些实体为草图点、顶点、边或面。

12.4.2 凸轮机构运动仿真

"凸轮传动"是通过凸轮与从动件间的接触来传递运动和动力，是一种常见的高副机构，结构简单，只要设计出适当的凸轮轮廓曲线，就可以使从动件实现任何预定的复杂运动规律。

如图12-80所示为常见的凸轮传动机构示意图。

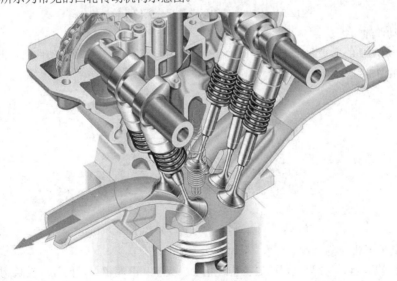

图12-80 凸轮传动机构

1.凸轮机构的组成

凸轮机构是由凸轮、从动件和机架构成的三杆高副机构，如图12-81所示。

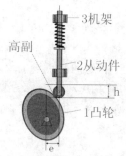

图12-81　凸轮的组成

凸轮机构的优点：只要适当地设计凸轮的轮廓曲线，便可使从动件获得任意预定的运动规律，且机构简单紧凑。

凸轮机构的缺点：凸轮与从动件是高副接触，比压较大，易于磨损，故这种机构一般仅用于传递动力不大的场合。

3. 凸轮机构的分类

凸轮机构的分类方法大致有4种，介绍如下。

（1）按从动件的运动分类。

凸轮机构按从动件的运动进行分类，可以分为直动从动件凸轮机构和摆动从动件凹槽凸轮机构，如图12-82所示。

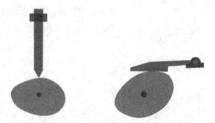

直动从动件凸轮机构　　摆动从动件凹槽凸轮机构

图12-82　按从动件的运动进行分类的凸轮机构

（2）按从动件的形状分类。

凸轮机构按从动件的形状进行分类，可分为滚子从动件凸轮机构、尖顶从动件凸轮机构和平底从动件凸轮机构，如图12-83所示。

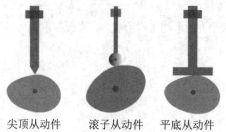

尖顶从动件　　滚子从动件　　平底从动件

图12-83　按从动件的形状进行分类的凸轮机构

（3）按凸轮的形状分类。

凸轮机构按其形状可以分为盘形凸轮机构、移动（板状）凸轮机构、圆柱凸轮机构和圆锥凸轮机构，如图12-84所示。

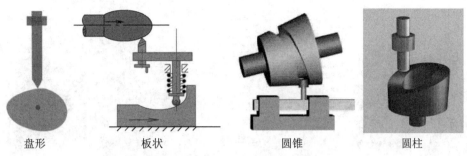

盘形　　　　　板状　　　　　圆锥　　　　　圆柱

图12-84　按凸轮进行分类的凸轮机构

（4）按高副维持接触的方法分类。

按高副维持接触的方法可以分成力封闭的凸轮机构和形封闭的凸轮机构。

力封闭的凸轮机构利用重力、弹簧力或其他外力使从动件始终与凸轮保持接触，如图12-85所示。

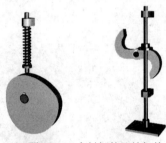

图12-85　力封闭的凸轮机构

形封闭的凸轮机构利用凸轮与从动件构成高副的特殊几何结构使凸轮与推杆始终保持接触。如图12-86所示为常见的几种形封闭的凸轮机构。

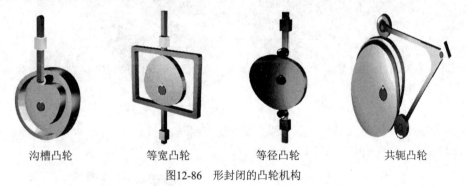

沟槽凸轮　　　　等宽凸轮　　　　等径凸轮　　　　共轭凸轮

图12-86　形封闭的凸轮机构

■ 动手操作——阀门凸轮机构运动仿真

阀门凸轮机构的装配工作已经完成。下面进行仿真操作。

01_ 打开本例网盘素材文件"阀门凸轮机构.SLDASM"，如图12-87所示。

02_ 单击【运动算例1】标签打开运动算例界面窗口。

03_ 在MotionManager工具栏运动算例类型列表中选择【Motion分析】算例。

04_ 接下来为阀门凸轮机构添加动力马达。在动画时间设置在1秒处，单击【马达】按钮，为凸轮添加旋转马达，如图12-88所示。

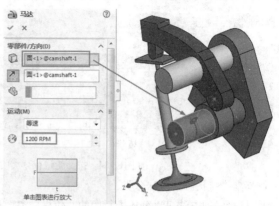

图12-87 阀门凸轮机构

图12-88 添加凸轮的旋转马达

05__ 在凸轮接触的另一机构中需要添加压缩弹簧，以保证凸轮运动过程中实时接触。单击【弹簧】按钮 目，弹出【弹簧】属性面板，然后设置弹簧参数，如图12-89所示。

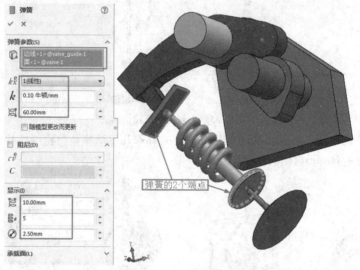

图12-89 添加线性弹簧

06__ 接下来再设置两个实体接触：一是凸轮接触，二是打杆与弹簧位置接触。单击【接触】按钮 ，在凸轮位置添加第一个实体接触，如图12-90所示。

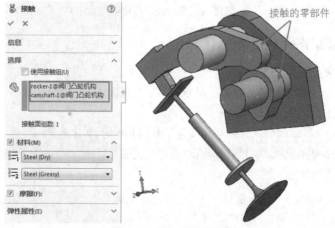

图12-90 添加凸轮接触

07__ 同理，再添加弹簧端的实体接触，如图12-91所示。

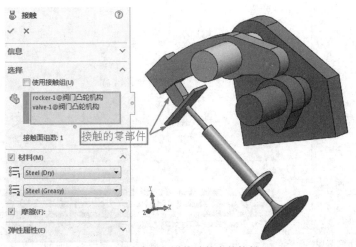

图12-91　添加弹簧端的实体接触

08__ 单击【计算】按钮🖩，计算运动算例，完成马达减速运动动画。单击【从头播放】按钮▶️，播放减速运动的仿真动画，如图12-92所示。

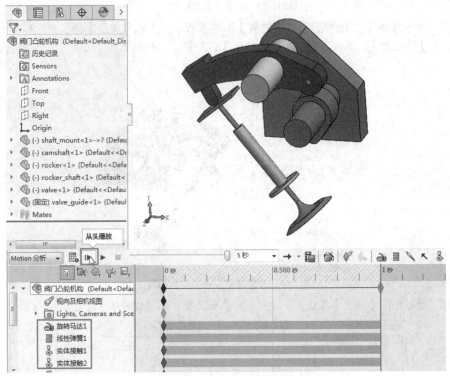

图12-92　创建运动动画并播放

09__ 单击【保存动画】按钮🖩，保存减速运动的动画仿真视频文件。

10__ 当完成模型动力学的参数设置后，就可以进行仿真分析了。单击MotionManager 工具栏的【运动算例属性】按钮⚙️，打开【运输算例属性】属性面板。然后设置运动算例属性参数，如图12-93所示。

11__ 将时间栏拖到0.1秒位置，并单击右下角的【放大】按钮🔍，如图12-94所示，然后从头播放动画。

图12-93 设置运动算例属性

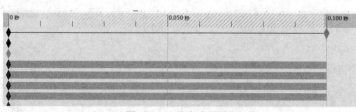

图12-94 更改动画时间

12_ 修改播放时间为5秒，并重新单击【计算】按钮 ，生成新的动画，如图12-95所示。

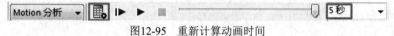

图12-95 重新计算动画时间

13_ 单击【结果和图解】按钮 ，打开【结果】属性面板。在【选取类型】列表中选择【力】类型，选择子类型为【接触力】，选择结果分量为【幅值】，然后选择凸轮接触部位的两个面作为接触面，如图12-96所示。

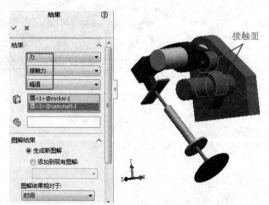

图12-96 设置【结果和图解】的属性

14_ 单击属性面板中的【确定】按钮 ，生成运动算例图解，如图12-97所示。

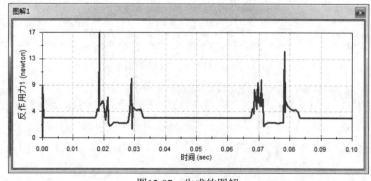

图12-97 生成的图解

15　通过图解表，可以看出0.02秒、0.08秒位置的曲线振荡幅度较大，如果不调整，长久使用会对凸轮机构的使用寿命造成破坏，需要重新对运动仿真的参数进行修改。

16　在软件窗口底部的【运动算例1】标签右击，在弹出的快捷菜单中选择【复制】选项，将运动算例整个项目复制，如图12-98所示。

17　在复制的运动算例中，编辑旋转马达2，如图12-99所示。

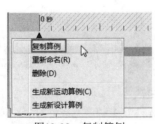

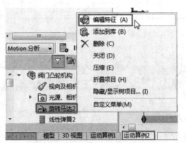

图12-98　复制算例　　　　　　　　　　图12-99　编辑旋转马达2

18　更改马达的转速为"2000 RPM"，如图12-100所示。

19　更改弹簧。鉴于弹簧的强度不够会导致运动过程中接触力不足，所以按照修改马达参数的方法修改弹簧常数为"10牛顿/mm"，如图12-101所示。

图12-100　修改马达转速　　　　　　　　图12-101　更改弹簧常数

20　更改马达转速和弹簧常数后再单击【计算】按钮，重新仿真分析计算。

21　在MotionManager 设计树中的【结果】项目下右击【图解2<反作用力2>】，再在弹出的快捷菜单中选择【显示图解】选项，查看新的运动仿真图解，如图12-102所示。

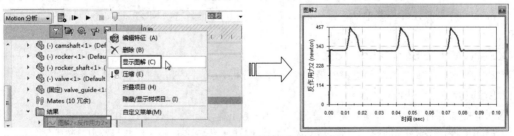

图12-102　显示新的运动仿真图解

22　从新的图解表中可以看到，运动曲线的振动幅度不再那么大，显示较为平缓了，说明运动过程中的力度比较稳定。

23　最后保存动画，并保存结果文件。

第13章 Simulation有限元分析

在CAE技术中，有限元分析（Finite Element Analysis，FEA）是应用最为广泛、最为成功的一种数值分析方法。SolidWorks Simulation即是一款基于有限元（即FEA数值）技术的分析软件，通过与SolidWorks的无缝集成，在工程实践中发挥了愈来愈大的作用。

13.1 Simulation有限元分析概述

有限元分析的基本概念是用较简单的问题代替复杂问题后再求解。有限元法的基本思路可以归结为"化整为零，积零为整"。其将求解域看成是由有限个称为单元的互连子域组成，对每个单元假定一个合适的近似解，然后推导出求解这个总域的满足条件（如结构的平衡条件），从而得到问题的解。这个解不是准确解而是近似解，因为实际问题被较简单的问题所代替。由于大多数实际问题难以得到准确解，而有限元不仅计算精度高，而且能够适应各种复杂形状，因而成为行之有效的工程分析手段，甚至成为CAE的代名词。

13.1.1 SolidWorks Simulation 有限元简介

Simulation是SRAC（Structural Research & Analysis Corporation）公司推出的一套功能强大的有限元分析软件。SRAC成立于1982年，是将有限元分析带入微型计算机的典范。1995年，SRAC公司与SolidWorks公司合作开发了COSMOSWorks软件，从而进入工程界主流有限元分析软件的市场，并成为SolidWorks公司的金牌产品之一。其作为嵌入式分析软件与SolidWorks无缝集成，成为了顶级销量产品。2001年，整合了SolidWorks和CAD软件的COSMOSWorks在商业上取得巨大成功，使其获得了Dassault Systems（达索公司，SolidWorks的母公司）的认可。2003年，SRAC与SolidWorks公司合并。COSMOSWorks的09版更名为SolidWorks Simulation。

Simulation与SolidWorks全面集成，从一开始，就是专为Windows操作系统开发的，因而具有许多与SolidWorks一样的优点，如功能强大，易学易用。运用Simulation，普通的工程师就可以进行工程分析，并可以迅速得到分析结果，从而最大限度地缩短产品设计周期，降低测试成本，提高产品质量，加大利润空间。其基本模块能够提供广泛的分析工具来检验和分析复杂零件和装配体，能够进行应力分析、应变分析、热分析、设计优化、线性和非线性分析等。

Simulation有不同的软件包以适应不同用户的需求。除了SolidWorks SimulationXpress程序包是SolidWorks的集成部分外，其他所有的Simulation软件程序包都是插件形式的。不同程序包的主要功能如下。

1.SolidWorks SimulationXpress

此功能能对带有简单载荷和支撑的零件进行静态分析，只有在Simulation插件未启动时才能使用。

2.SolidWorks Simulation

此功能能对零件和装配体进行静力分析。Simulation是专门为那些非设计验证领域专业人士的设计师和工程师量身定做的，该软件可以在SolidWorks模型制造之前指明其运行特性，从而保证产品质量。

Simulation完全嵌入在SolidWorks界面中，因此任何能够运用SolidWorks设计零件的人都可以对零件进行分析。使用Simulation可以实现以下功能。

● 轻松快速地比较备选设计方案，从而选择最佳方案。

● 研究不同装配体零件之间的交互作用。

● 模拟真实运行条件，以查看模型如何处理应力、应变和位移。

● 使用简化验证过程的自动化工具，节省在细节方面所花费的时间。

● 使用功能强大且直观的可视化工具来解释结果。

● 与参与产品开发过程的所有人员协作并分享结果。

3.SolidWorks Simulation Professional

此功能能进行零件和装配体的静态、热力、扭曲、频率、掉落测试、优化和疲劳分析。使用
Simulation Professional可以实现以下功能。

● 分析运动零件和接触零件在装配体内的行为。

● 执行掉落测试分析。

● 优化模型以满足预先指定的设计指标。

● 确定设计是否会因扭曲或振动而出现故障。

● 减少因制造物理原型而造成的成本和时间延误。

● 找出潜在的设计缺陷，并在设计过程中尽早纠正。

● 解决复杂的热力模拟问题。

● 分析设计中因循环载荷产生的疲劳而导致的故障。

4.SolidWorks Simulation Premium

此功能除包含Simulation Professional的全部功能外，还能进行非线性和动力学分析。其为经验丰
富的分析员提供了多种设计验证功能，以应对棘手的工程问题，例如非线性分析等。使用Simulation
Premium可以实现以下功能。

● 对塑料、橡胶、聚合物和泡沫执行非线性分析。

● 对非线性材料间的接触进行分析。

● 研究设计在动态载荷下的性能。

● 了解复合材料的特性。

13.1.2　SolidWorks Simulation 分析类型

1.线性静态分析

当载荷作用于物体表面上时，物体发生变形，载荷的作用将传到整个物体。外部载荷会引起内力和
反作用力，使物体进入平衡状态。如图13-1所示为某托架零件的静态应力分析效果。

线性静态分析有两个假设。

● 静态假设。所有载荷被缓慢且逐渐应用，直到其达到完全量值。在达到完全量值后，载荷保持
不变（不随时间变化）。

● 线性假设。载荷和所引起的反应力之间的关系是线性的。例如，将载荷加倍，模型的反应（位
移、应变及应力）也将加倍。

2.频率分析

每个结构都有以特定频率振动的趋势，这一频率也称作"自然频率"或"共振频率"。每个自然频
率都与模型以该频率振动时趋向于呈现的特定形状相关，称为"模式形状"。

当结构被频率与其自然频率一致的动态载荷正常刺激时，会承受较大的位移和应力。这种现象就称
为"共振"。对于无阻尼的系统，共振在理论上会导致无穷的运动。但阻尼会限制结构因共振载荷而产
生的反应。如图13-2所示为某轴装配体的频率分析。

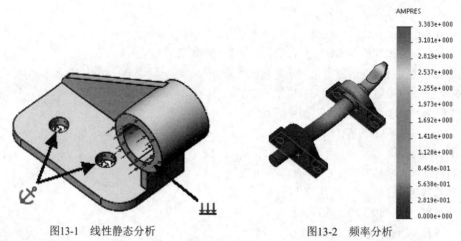

图13-1 线性静态分析   图13-2 频率分析

3.线性动力分析

静态算例假设载荷是常量或者在达到其全值之前按非常慢的速度应用。由于这一假设，模型中每个微粒的速度和加速度均假设为0。其结果是，静态算例将忽略惯性力和阻尼力。

但在很多实际情形中载荷并不会缓慢应用，而且可能会随时间或频率而变化。在这样的情况下，可使用动态算例。一般而言，如果载荷频率比最低（基本）频率高1/3，就应使用动态算例。

线性动态算例以频率算例为基础。本软件将通过累积每种模式对负载环境的贡献来计算模型的作用。在大多数情况下，只有较低的模式会对模型的响应发挥主要作用。模式的作用取决于载荷的频率内容、量、方向、持续时间和位置。

动态分析的目标包括以下两种。

● 设计要在动态环境中始终正常工作的结构体系和机械体系。

● 修改系统的特性（几何体、阻尼装置、材料属性等），以削弱振动效应。

如图13-3所示为篮圈对灌篮动作产生冲击载荷的响应波谱分析。响应图表清晰地描述了篮圈在灌篮过程中的振动情况。

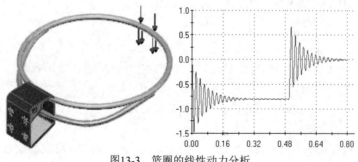

图13-3 篮圈的线性动力分析

4.热分析

热传递包括传导、对流和辐射3种传热方式。热分析计算物体中由于以上部分或全部机制所引起的温度分布。在所有3种机制中，热能从具有较高温度的介质流向具有较低温度的介质。传导和对流传热需要有中间介质，而辐射传热则不需要。

传热分析根据与时间的相关程度分为两种类型。

● 稳态热力分析：在这种分析中，只关心物体达到热平衡状态时的热力条件，而不关心达到这种状态所用的时间。达到热平衡时，进入模型中每个点的热能与离开该点的热能相等。一般稳态分析所需的唯一材料属性是热导率，如图13-4所示为某零件的稳态热力分析结果图解。

● 瞬态热力分析：在这种分析中，只关心模型的热力状态与时间的函数关系。例如，热水瓶设计师知道里面的流体温度最终将与室温相等（稳态），但设计师感兴趣的是找出流体的温度与时间的函数关系。在指定瞬态热力分析的材料属性时，需要指定热导率、密度和比热。此外，还需要指定初始温度、求解时间和时间增量。如图13-5所示为某零件的瞬态热力分析结果图解。

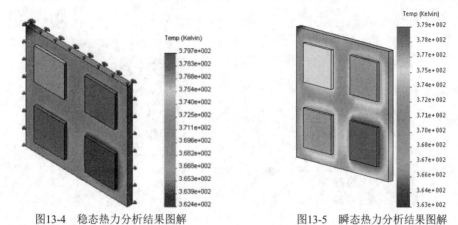

图13-4 稳态热力分析结果图解　　　　　　图13-5 瞬态热力分析结果图解

5.线性扭曲分析

细长模型在轴载荷下趋向于扭曲。"扭曲"是指当存储的膜片（轴）能量转换为折弯能量，而外部应用的载荷没有变化时，所发生的突然变形。从数学上讲，发生扭曲时，刚度矩阵变成奇异矩阵。此处使用的线性化扭曲方法可解决特征值问题，以估计关键性扭曲因子和相关的扭曲模式形状。

模型在不同级别的载荷下可扭曲为不同的形状。模型扭曲的形状称为"扭曲模式形状"，载荷则称为"临界"或"扭曲载荷"。扭曲分析会计算"扭曲"对话框中所要求的模式数。设计师通常对最低模式（模式 1）感兴趣，因为其与最低的临界载荷相关。当扭曲是临界设计因子时，计算多个扭曲模式有助于找到模型的脆弱区域。模式形状可帮助用户修改模型或支持系统，以防止特定模式下的扭曲。

如图13-6所示为3块尺寸均为10×2英寸的矩形板按图中方式连接。中间的板厚度为"0.4英寸"，其他两块板的厚度为"0.2英寸"。

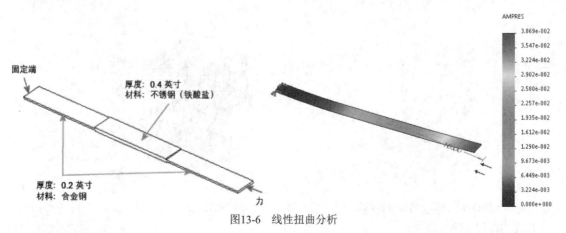

图13-6 线性扭曲分析

6.非线性静态分析

线性静态分析假设载荷和所引发的反应之间的关系是线性的。例如，将载荷量加倍，反应（位移、应变、应力及反作用力等）也将加倍。

如图13-7所示为线性静态分析和非线性静态分析的反应图解。

所有实际结构在某个水平的载荷作用下都会以某种方式发生非线性变化。在某些情况下，线性分析可能已经足够。在其他许多情况下，由于违背了所依据的假设条件，因此线性求解会产生错误结果。造成非线性的原因有材料行为、大型位移和接触条件。

如图13-8所示为平板的几何体非线性分析结果图解。

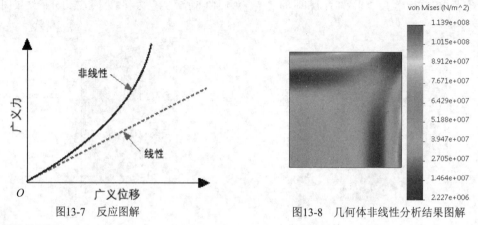

图13-7　反应图解　　　　　　　图13-8　几何体非线性分析结果图解

7.疲劳分析

即使引发的应力比所允许的应力极限要小很多，反复加载和卸载在过一段时间后也会削弱物体，这种现象称为"疲劳"。每个应力波动周期都会在一定程度上削弱物体。在数个周期之后，物体会因为太疲劳而失效。疲劳是许多物体失效的主要原因，特别是那些金属物体。因疲劳而失效的典型示例包括旋转机械、螺栓、机翼、消费产品、海上平台、船舶、车轴、桥梁和骨架。

如图13-9所示为小型飞机的起落架疲劳分析结果图解。

8.跌落测试分析

跌落测试算例会评估对具有硬或软平面的零件或装配体的冲击效应。跌落物体到地板上是一种典型的应用，该算例也由此而得名。程序会自动计算冲击和引力载荷。不允许其他载荷或约束。如图13-10所示为硬盘跌落测试结果图解。

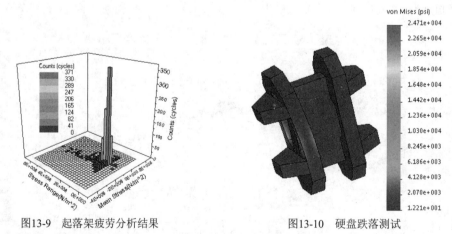

图13-9　起落架疲劳分析结果　　　　　图13-10　硬盘跌落测试

9.压力容器设计

在压力容器设计算例中，将静态算例的结果与所需因素组合。每个静态算例都具有不同的一组可以创建相应结果的载荷。这些载荷可以是恒载、动载（接近于静态载荷）、热载、震载等。压力容器设计算例会使用线性组合或平方和平方根法（SRSS），以代数方法合并静态算例的结果。如图13-11所示为压力容器设计算例分析案例。

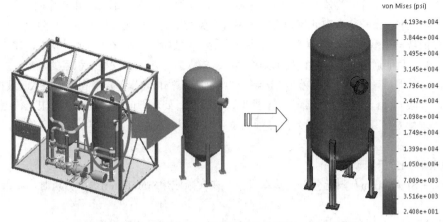

图13-11　压力容器设计算例

13.1.3　Simulation有限元分析的一般步骤

不管项目多复杂或应用领域多广，无论是结构、热传导还是声学分析，对于不同物理性质和数学模型的问题，有限元求解法的基本步骤是相同的，只是具体公式推导和运算求解不同。

1.有限元求解问题的基本思想

（1）建立数学模型。

Simulation对来自SolidWorks的零件或装配体的几何模型进行分析。该几何模型必须能够用正确的、适度小的有限单元进行网格划分。对于小的概念，并不是指其单元尺寸，而是表示网格中单元的数量。对网格的这种要求，有着极其重要的含义。必须保证CAD几何模型的网格划分，并且通过所产生的网格能得到正确的数据，如位移、应力、温度分布等。

通常情况下，需要修改CAD几何模型以满足网格划分的要求。这种修改可以采取特征消隐、理想化或清除等方法。

- 特征消隐：特征消隐指合并或消除分析中认为不重要的几何特征，如外倒角、圆边、标志等。
- 理想化：理想化是更具有积极意义的工作，其也许偏离了CAD几何模型的原貌，如将一个薄壁模型用一个面来代替。
- 清除：清除有时是必须的，因为可划分网格的几何模型必须满足比实体建模更高的要求。可以使用CAD质量控制工具来检查问题所在。例如，CAD模型中的细长面（即长比宽大得很多的面，好像是一条线的面）或多重实体（即多个实体），会造成网格划分困难甚至无法划分网格。通常情况下，对能够进行正确网格划分的模型采取简化，是为了避免由于网格过多而导致分析过程太慢。修改几何模型是为了简化网格从而缩短计算时间。成功的网格划分不仅依赖于几何模型的质量，而且还依赖于用户对FEA软件网格划分技术的熟练使用。

（2）建立有限元模型。

通过离散化过程，将数学模型剖分成有限单元，这一过程称为"网格划分"。离散化在视觉上是将几何模型划分为网格。然而，载荷和支撑在网格完成后也需要离散化，离散化的载荷和支撑将施加到有限元网格的节点上。

（3）求解有限元模型。

创建了有限元模型后，使用Simulation的求解器来得出一些感兴趣的数据。

（4）结果分析。

总的来说，结果分析是最困难的一步。有限元分析提供了非常详细的数据，这些数据可以用各种格式表达。对结果的正确解释需要熟悉和理解各种假设、简化约定以及在前面3步中产生的误差。

创建数学模型和离散化成有限元模型会产生不可避免的误差：形成数学模型会导致建模误差，即理想化误差；离散数学模型会带来离散误差；求解过程会产生数值误差。在这3种误差中，建模误差是在FEA之前引入的，只能通过正确的建模技术来控制；求解误差是在计算过程中积累的，难以控制，所幸的是误差通常都很小；只有离散化误差是FEA特有的，即只有离散化误差能够在使用FEA时被控制。

简言之，有限元分析可分为3个阶段：前处理、求解和后处理。前处理是建立有限元模型，完成单元网格划分；求解是计算基本未知量；后处理则是采集处理分析结果，方便用户提取信息，了解计算结果。

2.Simulation分析步骤

前面介绍了Simulation有限元分析的基本思想，在实际应用Simulation进行分析时，一般遵循以下步骤。

（1）创建算例。对模型的每次分析都是一个算例，一个模型可以有多个算例。

（2）应用材料。向模型添加包含物理信息（如屈服强度）的材料。

（3）添加约束。模拟真实的模型装夹方式，对模型添加夹具（约束）。

（4）施加载荷。载荷反映了作用在模型上的力。

（5）划分网格。模型被细分为有限个单元。

（6）运行分析。求解计算模型中的位移、应变和应力。

（7）分析结果。分析解释计算所得数据。

13.1.4　Simulation 使用指导

1.启动Simulation插件

如果已正确安装Simulation，但在SolidWorks的菜单栏中没有Simulation菜单，可执行菜单栏中的【工具】|【插件】命令或单击【选项】按钮右边的倒三角并选择【插件】选项。系统弹出【插件】对话框，在对话框中勾选【SOLIDWORKS Simulation】选项，如图13-12所示。

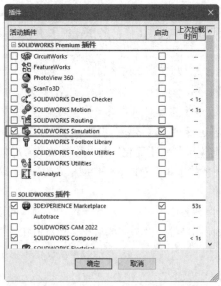

图13-12　启动SolidWorks Simulation插件

或者进入建模环境、装配体环境以后，在功能区【SOLIDWORKS 插件】选项卡中单击【SOLIDWORKS Simulation】按钮，也可启用Simulation有限元分析插件，如图13-13所示。

图13-13　在功能区选项卡启动Simulation有限元分析插件

功能区中新增【Simulation】选项卡，SolidWorks Simulation的工作界面如图13-14所示。

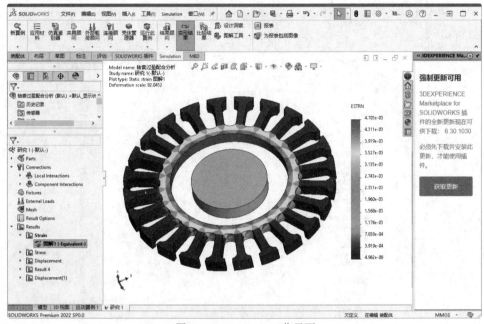

图13-14　Simulation工作界面

2.SolidWorks Simulation选项设置

执行菜单栏【Simulation】|【选项】命令，系统弹出【系统选项·一般】对话框。用户可以在此定义分析中使用的标准。该对话框有两个选项卡，即【系统选项】和【默认选项】，如图13-15所示。

图13-15　Simulation系统选项

（1）【系统选项】选项卡。

系统选项面向所有算例，包含出错信息、夹具符号、网格颜色、结果图解、字体设置和默认数据库的存放位置等。

（2）【默认选项】选项卡。

默认选项只针对当前建立的算例。在此，可以设置单位、载荷/夹具、网格、结果、图解和报告等。以【图解】设置为例，静态分析之后，Simulation会自动生成3个结果图解：应力1、位移1和应变1。用户可以通过【图解】设置自动生成哪些结果图解及显示格式，并且可以通过右击算例结果项添加新图解，如图13-16所示。

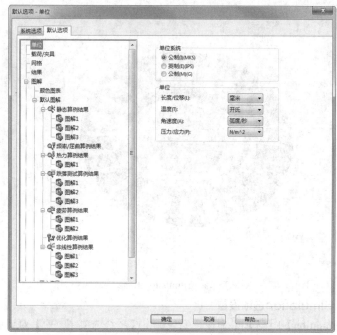

图13-16　【默认选项】选项卡

13.2 Simulation分析工具介绍

本节中按照Simulation分析步骤对涉及的分析工具进行简要介绍。

13.2.1 分析算例

分析算例是由一系列参数定义的，这些参数完整地表述了物理问题的有限元分析。当对一个零件或装配体进行分析时，想得到其在不同工作条件下的反应就要求运行不同类型的分析。一个算例的完整定义包括分析类型、材料、负荷、约束、网格。

要创建一个新算例，需要先载入要进行有限元分析的模型。

1.新建算例

如果用户能熟练操作Simulation，可以直接单击 🔍 新算例 按钮，弹出【算例】属性面板。选择对应的算例类型，单击【确定】按钮 ✓ 完成算例的创建，如图13-17所示。

2.模拟顾问

模拟顾问可以帮助新用户建立一个适当的算例。对于零件和装配体的基本静态算例，顾问可提供信息并驱动界面引导用户完成模拟过程。

技术
要点
要使用模拟顾问，须先创建新算例。

单击【模拟顾问】按钮，图形区右侧的任务窗格中增加【Simulation顾问】窗格，如图13-18所示。模拟顾问可以帮助用户完成正确的有限元分析操作并选择适当的算例。

图13-17 【算例】属性面板　　　图13-18 【Simulation顾问】任务窗格

3.复制已有算例

在图形区底部右击想要复制的算例标签，在弹出的快捷菜单中选择【复制】选项，此时，系统弹出【复制算例】属性面板，将算例重命名并选择所需的配置，如图13-19所示，单击【确定】按钮完成新算例的创建。这种方法在本质上是复制一个完全相同的算例并粘贴到一个空白算例中。

图13-19 复制算例

不仅可以复制算例，还可以从已有的算例中复制材料、夹具、外部载荷等。这要比在新算例中重新定义方便得多，也可以直接将欲复制的参数用鼠标拖动到新算例的标签页中。

13.2.2 应用材料

在运行算例之前，必须定义相关分析类型和指定的材料模型所要求的所有材料属性。材料模型描述了材料的行为并确定所需的材料属性。线性各向同性和正交各向异性材料模型可用于所有结构算例和热力算例。其他材料模型可用于非线性应力算例。材料属性可以指定为温度的函数。

　　在Simulation中，可将材料应用到零件、多体零件中的一个或多个实体，或者装配体中的一个或多个零件零部件。定义材料不会更新已在SolidWorks中为CAD模型分配的材料。在装配体中，每一个零件可以指定不同的材料。

　　单击【应用材料】按钮≡，打开【材料】对话框，如图13-20所示。

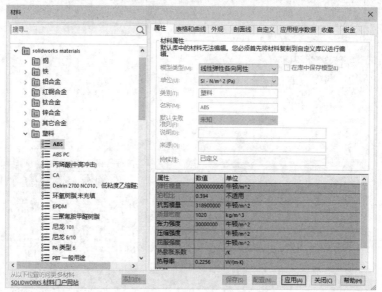

图13-20　【材料】对话框

有3种方法选择材料来源。

● 使用SolidWorks材质：Simulation将使用在SolidWorks中分配给零件的材料。

● 自定义：允许手动输入材料属性。

● 自库文件：库文件可以来自Simulation materials或自定义的材料库。

　　库文件包含了非常丰富的材料，一般可以在库文件中找到所需的材质。但如果材质库中没有所需的材料，用户可以自定义材质。

⊡ 动手操作——创建自定义的新材料

01_ 在【材料】对话框左侧的材料库列表中，右击【自定义材料】节点选项，在弹出的快捷菜单中选择【新类别】选项，创建一个命名为"钢"的材料类别，如图13-21所示。

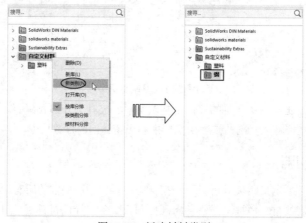

图13-21　新建材料类别

02__ 右击【钢】类别，在弹出的快捷菜单中选择【新材料】选项，新建命名为"45钢"的材料，如图13-22所示。

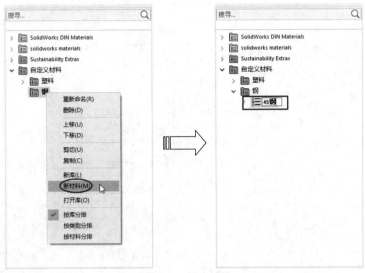

图13-22 新建材料

03__ 接着在【属性】标签下显示新材料的属性选项设置。输入所需的材料属性值，或者先选中一种库文件中的材料，然后编辑材料属性值。

 值得注意的是，我国的GB（标准）45钢在德国DIN（标准）称为C45钢；在日本JIS（标准）称为S45C钢；在美国AISI（标准）称为1045钢、ASTM标准下称为1045或者080M46钢。虽然在不同标准中45钢的叫法不一样，其实材料性能参数也是有细微差别的，如表13-1所示。

表13-1 材料参数比较

	中国GB 45钢	美国AISI 1045钢	德国DIN C45钢
弹性模量	2131193.9kgf/cm^2	2090405.5kgf/cm^2	2141391.032 kgf/cm^2
中泊松比	0.269	0.29	0.28
中抗剪模量	839221.33kgf/cm^2	815768kgf/cm^2	805570.9kgf/cm^2
质量密度	0.00789kg/cm^3	0.00785kg/cm^3	0.0078kg/cm^3
张力强度	6118.26kgf/cm^2	6373.1875kgf/cm^2	7647.825kgf/cm^2
屈服强度	3619.9705kgf/cm^2	5404.463kgf/cm^2	5914.318kgf/cm^2
热膨胀系数	1.17e-005/oC	1.15e-005/oC	1.1e-005/oC
热导率	0.114723cal/（cm·sec·oC）	0.119025cal/（cm·sec·oC）	0.0334608cal/（cm·sec·oC）
比热	107.553cal/（kg·oC）	116.157cal/（kg·oC）	105.163cal/（kg·oC）

04__ 在【材料】对话框右侧的【属性】选项卡中单击 选择... 按钮，在弹出的【匹配Sustainability信息】对话框的【SolidWorks DIN Materials】德国金属材料库中选择【DIN钢（非合金）】下的1.0503（C45）材料，此材料性能参数与GB45钢接近，如图13-23所示。完成后，单击【材料】对话框底部的【保存】按钮即可。

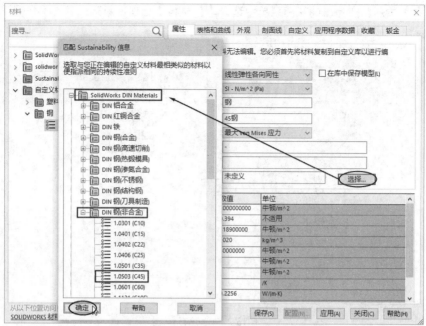

图13-23　为新材料匹配材料数据信息

05__ 本例源文件夹中提供专属GB的SolidWorks GB materials.sldmat材料库文件。将SolidWorks GB materials.sldmat文件放置于电脑"C:\ProgramData\SOLIDWORKS\SOLIDWORKS 2022\自定义材料"路径下。

06__ 在【材料】对话框左侧列表的空白位置处右击，在弹出的快捷菜单中选择【打开库】选项，然后找到存放GB材料库文件的路径，选择并打开SolidWorks GB materials.sldmat库文件，如图13-24所示。

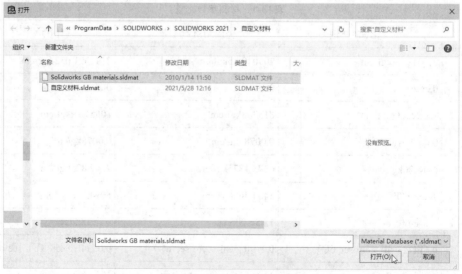

图13-24　打开GB材料库文件

07__ 打开后，可以在【材料】对话框左侧的材料库列表中找到SolidWorks GB materials材料库，如图13-25所示。

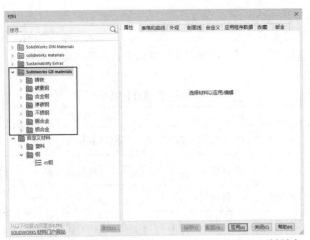

图13-25 材料库列表中显示的SolidWorks GB materials材料库

13.2.3 设定边界条件

为分析模型添加约束、连接状态（装配关系）和外部载荷，称为"设定边界条件"。SolidWorks Simulation中的边界条件类型包括连接和夹具。

1.连接约束

单个零件模型是不需要连接的，"连接"是针对于装配体的各零部件之间的连接状态。连接类型又细分为接触约束和刚性连接约束。

 连接约束是针对要模拟的对象状态而言的，即当分析对象是单个实体模型时，不需要为其假定一个连接状态。若是装配体，那么肯定是存在连接约束的。

（1）接触状态。

接触是描述最初接触或在装载过程中接触的零件边界之间的交互作用。可以在装配体和多实体零件文件中使用接触功能。接触分"相触面组"和"零部件接触"两种。

● 相触面组："相触面组"是针对于面与面之间的接触关系。可以定义实体算例、壳体算例及混合网格中的横梁之间的迭代。为接触组件自动完成横梁到壳体或实体面的粘合。单击【相触面组】按钮 相触面组，打开如图13-26所示的【相触面组】属性面板。

● 零部件接触："零部件接触"是针对装配体中组件与组件之间的接触关系。单击 零部件接触 按钮，将打开【零部件接触】属性面板，如图13-27所示。

图13-26 【相触面组】属性面板

图13-27 【零部件接触】属性面板

（2）刚性连接约束。

刚性连接是一种用来定义某个实体（顶点、边线、面）与另一个实体的连接装置。使用刚性连接可简化建模，因为在许多情况下，可以直接模拟所需的行为，而不必创建详细的几何体或定义接触条件。刚性连接类型如表13-2所示。

表13-2 刚性连接类型

图标	类型	说明
	刚性	定义两个截然不同的实体中面之间的刚性链接
	弹簧	定义只抗张力（电缆）、只抗压缩或者同时抗张力和压缩的弹簧
	销钉	连接两个零部件的圆柱面
	螺栓	在两个零部件之间或零部件与地之间定义一个螺栓接头
	连杆	通过一个在两端铰接的刚性杆将模型上的任意两个位置捆扎在一起
	边焊缝	估计焊接两个金属零部件所需的适当焊缝大小
	点焊	不使用任何填充材料而在小块区域（点）上连接两个或更多薄壁重叠钣金件
	轴承	在杆和外壳零部件之间应用轴承接头

2.夹具

"夹具"约束就是限制物体自由度的工具。夹具工具包括固定几何体、滚柱/滑杆和固定铰链3种标准模式。

（1）"固定几何体"约束。

"固定几何体"是完全限制物体6个自由度的约束工具，即3个平面的平移自由度和3个绕轴旋转自由度，如图13-28所示。

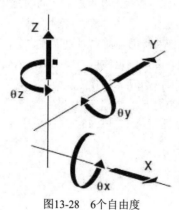

图13-28 6个自由度

（2）"滚柱/滑杆"约束。

"滚柱/滑杆"约束控制物体（针对装配体）在指定平面上进行滚动（圆柱形物体）和滑动。但不能在垂直于指定平面的垂直方向上运动。

（3）"固定铰链"约束。

"固定铰链"约束控制物体（存在圆柱面或者就是圆柱体）绕自身的轴进行旋转。在载荷下，圆柱面的半径和长度保持恒定。

当然，除了上述3种标准约束工具，还可以使用【高级夹具】工具针对复杂对象的约束设定。

3.外部载荷

载荷和约束在定义模型的服务环境时是不可或缺的。分析结果直接取决于指定的载荷和约束。载荷和约束作为特征被应用到几何实体中，其与几何体完全关联，并可自动调整以适应几何体的变化。

SolidWorks Simulation中不同分析类型环境下，可施加的外部载荷也会有所不同。SolidWorks Simulation的载荷主要是结构载荷和热载荷。

结构载荷如图13-29所示。热载荷如图13-30所示。

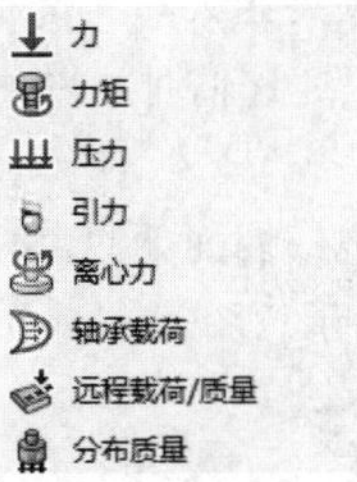

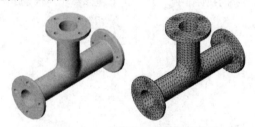

图13-29　结构载荷 　　　　　　　　　　图13-30　热载荷

13.2.4　网格单元

网格是构成有限元分析模型的重要组成元素，也是有限元分析计算的基础。网格的划分是将理想化模型拆分成有限数量的区域，这些区域被称为"单元"，单元之间由节点连接在一起。

1.网格类型

按网格单元的测量方法进行划分，Simulation可以创建的网格类型如下。

● 3D 四面实体单元，如图13-31所示。

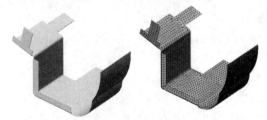

图13-31　CAD模型和3D四面实体单元

● 2D 三角形壳体单元，如图13-32所示。

图13-32　CAD钣金模型和2D三角形壳体单元

● 1D 横梁单元，如图13-33所示。

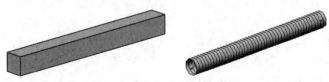

图13-33　横梁CAD和1D横梁单元

按网格单元形状进行划分，Simulation中有4种单元类型：一阶实体四面体单元，二阶实体四面体单元，一阶三角形壳单元和二阶三角形壳单元。在SolidWorks Simulation中，称一阶单元为"草稿品质"单元，二阶单元为"高品质"单元。

 线性单元也称作一阶或低阶单元。抛物线单元也称作二阶或高阶单元。

由于二阶单元具有较好的绘图能力和模拟能力，推荐用户对最终结果和具有曲面几何体的模型使用高品质选项，并且Simulation默认选择即为"高品质"。在进行快速评估时可以使用草稿品质网格化，以缩短运算时间。

线性四面单元由4个通过6条直边线连接的边角节来定义。抛物线四面单元由4个边角节、6个中侧节和6条边线来定义。如图13-34所示为线性和抛物线四面实体单元的示意图。

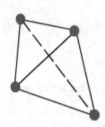 

线性实体单元　　　　　　抛物线实体单元

图13-34　一阶与二阶实体单元

如图13-35所示为一阶、二阶的线性和抛物线三角形壳体单元的示意图。

线性三角形单元　　　　　抛物线三角形单元

图13-35　一阶与二阶的壳体单元

2.网格划分要注意的问题

在划分网格时，需要注意以下几个方面的问题。

（1）网格密度。

有限元方法是数值近似算法，一般情况下，网格密度越大，其计算结果与精确解的近似程度越高。但是，在已获得比较精确计算结果的情况下，再加大网格密度也就没有任何意义了。

一般而言，网格密度（单元数）相同时，抛物线单元产生的结果的精度高于线性单元，原因如下。

● 能更精确地表现曲线边界。

● 可以创建更精确的数学近似结果。不过，与线性单元相比，抛物线单元需要占用更多的计算资源。

对不同的研究对象，其单元格长度的取值是不同的。确定单元格长度可采用3种方法。

● 一是数据实验法，即分别输入不同的单元格相比较，选取计算精度可以达到要求，且计算时间较短，效率较高，是收敛半径的单元格长度最小值，这种方法较复杂，往往用于无同类数据可参考的情况。

- 二是同类项比较法，即借鉴同类产品的分析数据。例如，在对摩托车铝车轮进行网格划分时，可以适当借鉴汽车铝车轮有限元分析时的单元格长度。
- 三是根据研究对象的特点，结合国家标准规定的要求，与实验数据相结合。例如，对车轮有限元分析模型，有许多边界参数可参考QC/ T212- 1996 标准的要求，同时结合铝车轮制造有限公司的实验数据取得。

（2）网格形状。

对于平面网格而言，有三角形网格和抛物线网格可以选择。对于三维网格，可以选择的网格形状有四面体与混合网格。选择网格形状，很大程度上取决于计算所使用的分析类型。例如线性分析和非线性分析对网格形状要求不一样，模态分析和应力分析对网格形状的要求也不同。

（3）网格维数。

在网格维数方面，一般有3种方案可供选择。一是线性单元，有时也称为低阶单元。其形函数是线性形式，表现在单元结构上，可以用是否具有中间节点来判断是否是线性单元，无中间节点的单元即线性单元。在实际应用中，线性单元的求解精度一般不如阶次高的单元，尤其是要求峰值应力结果时，低阶单元往往不能得到比较精确的结果。第二种是二次单元，有时也称为高阶单元。其形函数是线性形式，表现在单元结构上，带有中间节点的单元即二次单元。如果要求得到精确的峰值应力结果时，高阶单元往往更能够满足要求。而且，一般二次单元对于非线性特性的支持比低阶单元要好，如果求解涉及较复杂的非线性状态，则选择二次单元可以得到更好的收敛特性。第三种是选择p单元，其形函数一般是大于二阶的，但阶次一般不会大于八阶。这种单元应用局限性较大，这里不再赘述。

3.网格划分工具

要创建网格，可以在菜单栏执行【Simulation】|【网格】|【生成】命令，或者在Simulation 算例树中，右击【网格】项目并在弹出的快捷菜单中选择【生成网格】选项，即可打开【网格】属性面板，如图13-36所示。

如果需要在模型中创建不同单元大小的网格，可以使用【应用网格控制】工具，打开如图13-37所示的【网格控制】属性面板。可以选择模型上的面、边线、顶点或装配体中的某个零组件，分别设置不同的网格密度。

图13-36 【网格】属性面板

图13-37 【网格控制】属性面板

下面以动手操作来演示如何创建1D横梁单元和2D壳体单元。源模型均采用相同的模型。

◤ 动手操作——创建1D横梁单元

01 打开本例源文件"13-1.sldprt"，如图13-38所示。

02 单击 ◕ 新算例 按钮新建"静应力分析"算例，如图13-39所示。

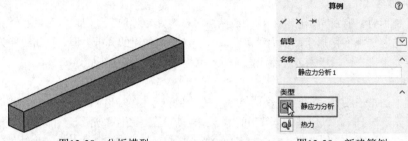

图13-38 分析模型　　　　　　　　　　图13-39 新建算例

03 要创建1D梁单元，必须将模型设为横梁。在Simulation设计树中右击【图中是8-1】零件项目，在弹出的快捷菜单中选择【视为横梁】选项，将3D实体设为1D线性几何，如图13-40所示。

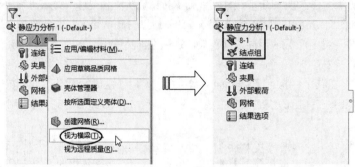

图13-40 设为横梁

04 1D线性横梁单元需要建立接点（接榫点）。右击【结点组】项目并在弹出的快捷菜单中选择【编辑】选项，然后在弹出的【编辑接点】属性面板上单击【计算】按钮，计算模型中是否存在接点，如果存在将显示在接榫上，如图13-41所示。

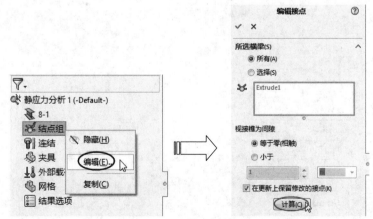

图13-41 编辑并计算接点

05 稍后会把计算结果显示在【结果】列表中，同时在模型两端显示接点，如图13-42所示。单击【确定】按钮☑结束操作。

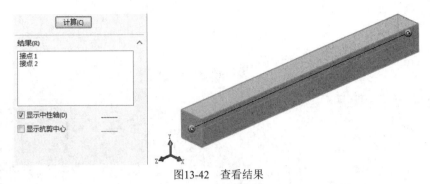

图13-42　查看结果

06__ 执行【生成网格】命令，Simulation自动生成1D横梁单元，如图13-43所示。

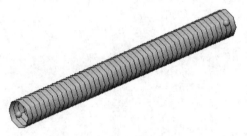

图13-43　自动生成1D横梁单元

📭 动手操作——创建2D壳体单元

有些机构比较简单的零件，完全可以建立2D壳体单元来替代3D实体单元，以此减少分析计算的时间。

01__ 继续前面的案例。右击【图中8-1】零件项目并在弹出的快捷菜单中选择【视为实体】选项，将横梁线性几何转换成实体几何，如图13-44所示。

02__ 转换成实体几何后，原先的1D网格也不复存在。接下来需要创建中性层面。在【曲面】选项卡单击【中面】按钮 中面 ，选择两个面创建中面，如图13-45所示。

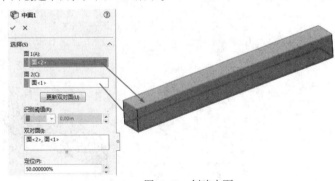

图13-44　转为实体　　　　　　　　　图13-45　创建中面

03__ 创建中面特征后，在Simulation设计树中可以找到此特征，如图13-46所示。

04__ 右击创建的中面，再在弹出的快捷菜单中选择【按所选面定义壳体】选项，弹出【壳体定义】属性面板。选择中面，接着设置壳体厚度为"0.05mm"，单击【确定】按钮✔完成壳体定义，如图13-47所示。

如果不方便选择中面，可将实体模型隐藏后再选择。

375

图13-46　查看生成的中面

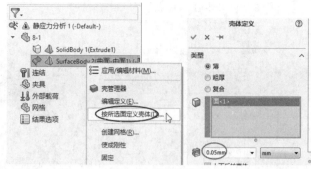

图13-47　定义壳体

05__ 右击【网格】项目，在弹出的快捷菜单中选择【生成网格】选项，在弹出的【网格】属性面板中单击【确定】按钮，系统自动创建网格，如图13-48所示。

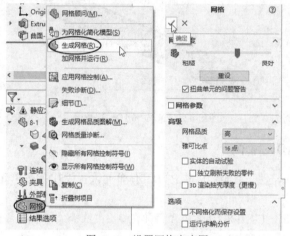

图13-48　设置网格密度图

06__ 事实上，由于源模型与中面曲面属于两个实体特征，那么建立的网格也是两种：实体网格和壳体网格，合称为"混合网格"，如图13-49所示。

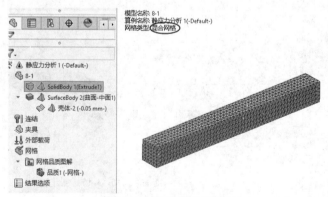

图13-49　创建的混合网格

07__ 此时，需要对实体网格和壳体网格进行取舍。如果要用实体网格，需在Simulation设计树中右击壳体网格，并在弹出的快捷菜单中选择【不包括在分析中】选项，那么壳体网格就被压缩，不再用于有限元分析，而只保留实体网格数据，如图13-50所示。

08__ 反之，如果要用壳体网格，需将实体网格设置成【不包括在分析中】，如图13-51所示。

图13-50　压缩实体网格数据

图13-51　压缩壳体网格数据

13.3 综合实战：静应力分析

本节将通过一个"夹钳"装配体的静态分析，帮助用户熟悉装配体静态分析的一般步骤和方法。

"夹钳"装配体模型由4部分组成：两只相同的钳臂、一个销钉和夹钳夹住的螺钉，如图13-52所示。

本例的目的是计算当一个300N的压力作用在夹钳臂末端时钳臂上的应力分布。分析时，将零部件"螺钉"压缩，钳口处用【平行】配合，并添加【固定几何体】的夹具约束来模拟平板被夹住时的情形，如图13-53所示。本例中"夹钳"材料为45号钢，屈服强度355MPa，设计强度150MPa，大约为材料屈服强度的42%。

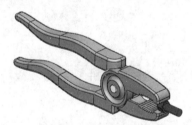

图13-52　夹钳装配体

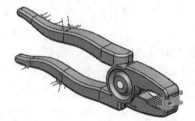

图13-53　添加载荷与约束后的"夹钳"

1.建立算例

01＿ 打开"pliers.sldasm"夹钳装配体文件，然后将零部件"bolt.sldprt"压缩，如图13-54所示。

02＿ 单击【新算例】按钮 新算例，创建名为【静应力分析1】的静态算例，如图13-55所示。

图13-54　压缩零件

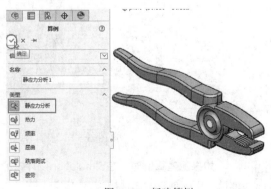

图13-55　新建算例

2.应用材料

本例给"夹钳"的所有零件指定相同的材料。

01__ 在Simulation设计树右击【零件】项目图标 🔩 零件，在弹出的快捷菜单中选择【应用材料到所有】选项，弹出【材料】对话框。

02__ 在【SolidWorks GB materials】材料库中选择【碳素钢】的【45】碳钢材料，将其应用给当前装配体模型，如图13-56所示。

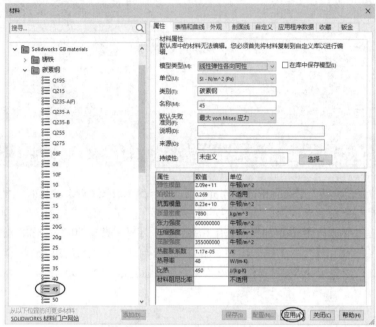

图13-56 指定材料

3.添加约束和接触

01__ 在夹钳的两个钳口表面上添加"固定几何体"的约束条件，该约束条件能模拟出平板零件的作用，假定夹钳夹紧时平板无滑移，如图13-57所示。

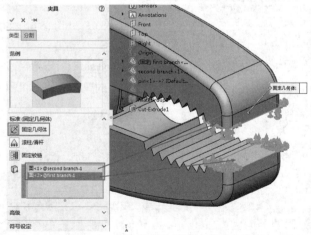

图13-57 为钳口添加"固定几何体"约束

技术要点　　如果新建算例时，在Simulation设计树的【连结】项目下就自动生成了零部件接触，需将其删除，重新创建零部件接触。如果不删除，会影响到分析的成功。

02 为了允许模型因加载而产生变形时钳臂有相对的移动，应该设定全局接触条件为【无穿透】。右击【连结】图标，在弹出的快捷菜单中选择【零部件接触】选项，弹出【零部件接触】属性面板。选择装配体模型作为接触对象，在【零部件接触】属性面板中设置如图13-58所示的参数。

4.添加载荷

01 右击Simulation设计树中的【外部载荷】图标 🌡️ 外部载荷，在弹出的快捷菜单中选择【力】选项，弹出【力/扭矩】属性面板。勾选【法向】选项，力的大小为300N，如图13-59所示。

图13-58 设置参数

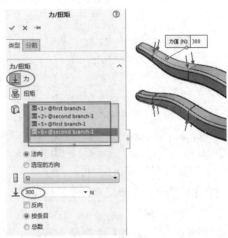

图13-59 添加载荷

5.划分网格

由于装配体中零件几何尺寸差别很大，因此装配体分析时需要对个别零部件使用网格控制。本例中需要对"销"进行网格控制。

01 在Simulation 设计树中右击【网格】项目 🕸️网格，在弹出的快捷菜单中选择【生成网格】选项，弹出【网格】属性面板。

02 设置网格大小为"2.5mm"，单击【确定】按钮完成网格划分，如图13-60所示。

03 从生成的网格看，网格划分不均匀，如图13-61所示。需要将模型进行简化，再重新生成网格。

图13-60 设置网格参数

图13-61 生成的网格

04 在Simulation 设计树中右击【网格】项目 🕸️网格，在弹出的快捷菜单中选择【为网格化简化模型】选项，弹出【简化】任务窗格，如图13-62所示。

05 在【简化】任务窗格的【特征】列表中选择【圆角】和【倒角】选项，输入简化因子为1，单击【现在查找】按钮，查找装配体中所有的圆角和倒角特征，并将结果列出，如图13-63所示。

图13-62　【简化】窗格　　　　　　　　图13-63　查找装配体中圆角和倒角

06__ 勾选【所有】复选框，选择所有列出的结果，单击【压缩】按钮，将这些圆角和倒角特征压缩，得到如图13-64所示的新装配体。

07__ 编辑外部载荷的"力"，重新选择受力面，但是受力面太大会影响到分析效果，因为不可能在钳子前端施加作用力，因此需要将面重新进行分割，如图13-65所示。

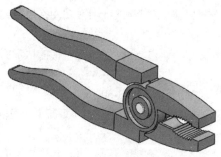

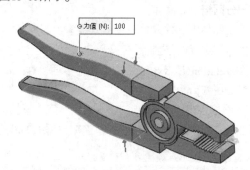

图13-64　简化的模型　　　　　　　　图13-65　需要分割的面

08__ 在特征管理器设计树中，依次将第一个零部件和第二个零部件分别进行编辑，绘制草图曲线，创建分割线，得到如图13-66所示的效果。

09__ 编辑外部载荷，重新选择受力面，如图13-67所示。

10__ 最后重新生成网格，得到比较理想的网格密度，如图13-68所示。

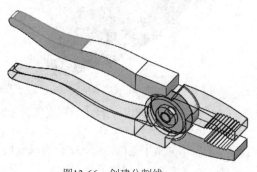

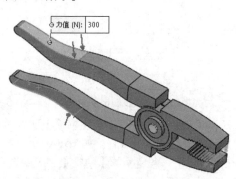

图13-66　创建分割线　　　　　　　　图13-67　重新编辑外部载荷

图13-68　重新生成网格

6.运行分析与结果查看

01__ 右击Simulation 设计树的【静应力分析1】图标，在弹出的快捷菜单中选择【运行】 运行(R) 选项，运行算例，如图13-69所示。

图13-69　运行算例

02__ 经过一段时间的分析后，在Simulation 设计树【结果】节点项目下列出了应力、位移和应变分析结果。双击【应力1】结果 应力1 (-vonMises-)，绘图区会显示von Mises应力图解，如图13-70所示。

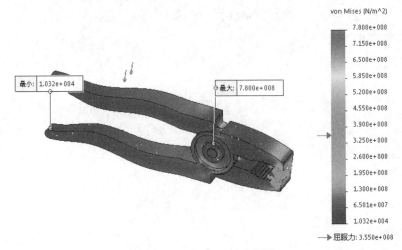

图13-70　von Mises应力图解

03__ 更改图解。右击【应力1】图标，在弹出的快捷菜单中选择【图表选项】选项，弹出【应力图解】属性面板。在【图表选项】标签下勾选部分复选框选项，单击【确定】按钮 完成操作，如图13-71所示。

04__ 随后在图解中可以清楚地看到变形比例及变形效果，如图13-72所示。施加了300N的力，变形还是比较小的，说明钳子本身的强度及刚度还是符合设计要求的。

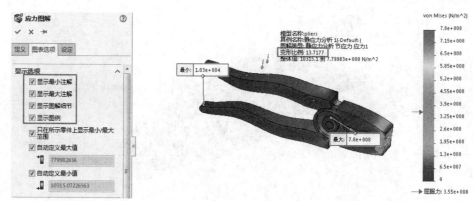

图13-71　设置【图表选项】选项　　　　　　图13-72　查看变形

05— 从【位移1】图解中可以看出，钳子手柄末端的位移量最大为1.133mm，如图13-73所示。

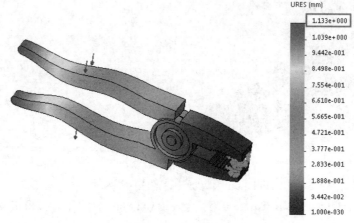

图13-73　位移图解

06— 最后保存分析结果。

第14章

SolidWorks机械设计案例

零件的形状虽然千差万别，但根据其在机器（或部件）中的作用和形状特征，通过比较、归纳，可大体划分为轴套类、盘盖类、叉架类和箱体类几种类型。

本章将主要介绍利用SolidWorks来设计具有代表性的零件类型，让读者了解机械零件的一般设计步骤与方法。

• • • •

14.1 草图绘制案例

参照如图14-1所示的图纸来绘制草图，注意其中的水平、竖直、同心、相切等几何关系，其中绿色线条上的圆弧半径都是3。

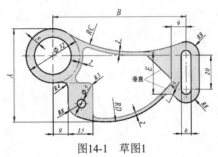

图14-1 草图1

14.1.1 绘图分析

（1）参数：A=54，B=80，C=77，D=48，E=25。

（2）此图形结构比较特殊，许多尺寸都不是直接给出的，需要经过分析得到，否则容易出错。

（3）由于图形的内部有一个完整的封闭环，这部分图形也是一个完整图形，但这个内部图形的定位尺寸参考均来自于外部图形中的"连接线段"和"中间线段"。所以绘图顺序是先绘制外部图形，再绘制内部图形。

（4）此图形很轻易地就可以确定绘制的参考基准中心位于直径为32的圆的圆心，从标注的定位尺寸就可以看出。作图顺序的图解如图14-2所示。

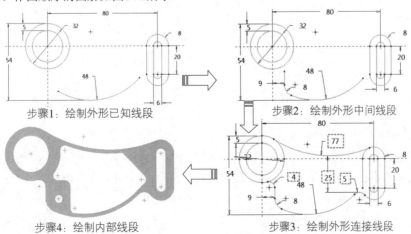

图14-2 作图顺序图解

14.1.2　绘图步骤

01__ 新建SolidWorks零件文件。在【草图】选项卡中单击【草图绘制】按钮□，选择上视基准面作为草图平面，进入草绘环境中，如图14-3所示。

02__ 绘制图形基准中心线。本例以坐标系原点作为直径为32的圆的圆心。绘制的基准中心线如图14-4所示。

图14-3　选择草图平面　　　　　　　　　　　图14-4　绘制基准中心线

03__ 首先绘制外部轮廓的已知线段（既有定位尺寸也有定形尺寸的线段）。

● 单击【圆】按钮⊙，在坐标系原点绘制两个同心圆，进行尺寸约束，如图14-5所示。

● 再单击【直线】按钮╱、【圆】按钮⊙、【等距实体】按钮□、【剪裁实体】按钮╲，绘制出右侧部分（虚线框内部分）的已知线段，然后单击 ╱ 删除段 按钮修剪，如图14-6所示。

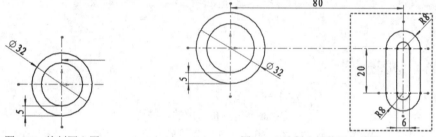

图14-5　绘制同心圆　　　　　　　　　　图14-6　绘制右侧的已知线段

● 单击 ⌒ 3 点圆弧(T) 按钮，绘制下方的已知线段（半径为48）的圆弧，如图14-7所示。

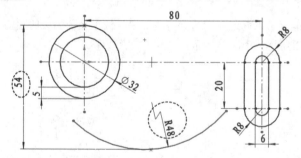

图14-7　绘制下方的已知线段

04__ 接着绘制外部轮廓的中间线段（只有定位尺寸的线段）。

● 单击【直线】按钮╱，绘制标注距离为9的竖直直线，如图14-8所示。

● 单击【圆角】按钮╮，在竖直线与圆弧（半径为48）交点处创建圆角（半径为8），如图14-9所示。

技术要点 　本来这个圆角曲线（直径为8）属于连接线段类型，但其圆心同时也是里面直径为5的圆的圆心，起到定位作用，所以这段圆角曲线又变成了"中间线段"。

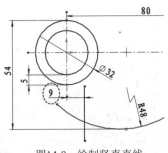

图14-8　绘制竖直直线

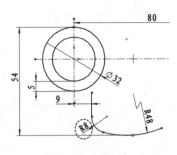

图14-9　创建圆角

05__ 绘制外部轮廓的连接线段。

● 绘制一水平线，如图14-10所示。

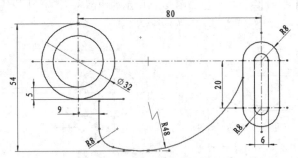

图14-10　绘制水平直线

● 单击【圆角】按钮 ，创建第一段连接线段曲线（圆角半径为4）。

● 单击【三点圆弧】按钮 ，创建第二段连接线段圆弧曲线（圆半径为77），两端与相接圆分别相切，如图14-11所示。

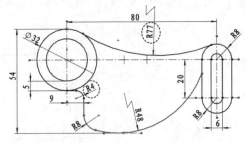

图14-11　绘制圆角与圆弧

● 单击【圆】按钮 ，绘制直径为10的圆，作水平辅助构造线，先将上水平构造线与半径为77的圆弧进行相切约束，接着设置两水平构造线之间的尺寸约束（尺寸为25），最后将直径为10的圆分别与半径为48的圆弧、水平构造线和半径为8的圆弧进行相切约束，如图14-12所示。

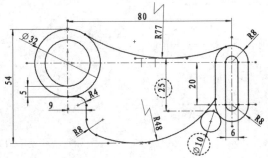

图14-12　绘制构造线、圆并进行尺寸和几何约束

385

● 修剪直径为10的圆，并重新尺寸约束修剪后的圆弧，如图14-13所示。

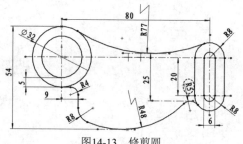

图14-13　修剪圆

06＿ 最后绘制内部图形轮廓。

● 单击【等距实体】按钮⊑，偏移出如图14-14所示的内部轮廓中的中间线段。

● 单击【直线】按钮∕，绘制3条直线，如图14-15所示。

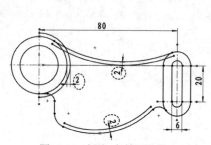

图14-14　创建3条等距曲线

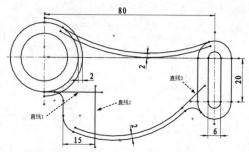

图14-15　绘制3条直线

● 单击【直线】按钮∕，绘制第4条直线，利用垂直约束使直线4与直线3垂直约束，如图14-16所示。

● 最后单击【圆角】按钮⌐，创建内部轮廓中相同半径（半径为3）的圆角，如图14-17所示。

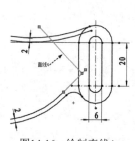

图14-16　绘制直线4

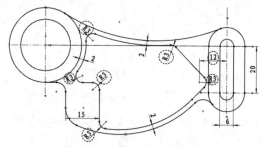

图14-17　创建内部轮廓的圆角

● 单击【剪裁实体】按钮⊁修剪图形，结果如图14-18所示。

● 单击 ⊙ 圆心和点 按钮，在左下角圆角半径为8的圆心位置上绘制直径为5的圆，如图14-19所示。

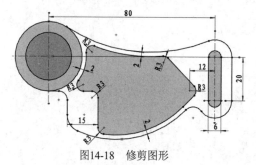

图14-18　修剪图形

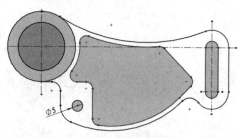

图14-19　绘制圆

07＿ 至此，完成了本例草图的绘制。

14.2　机械零件设计综合案例

本节以比较常见的机械零件建模来介绍一些建模技巧，希望用户能够熟练掌握相关的工具指令，为以后的学习和工作提供切实的帮助。

14.2.1　案例一

参照如图14-20所示的三视图构建底座零件模型。本例需要注意模型中的对称、阵列、相切、同心等几何关系。

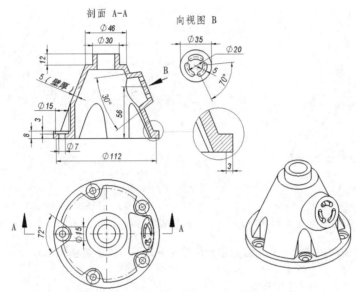

图14-20　底座零件模型与三视图

1.建模分析

（1）首先观察剖面图中所显示的壁厚是否均匀，如果均匀，则建模相对比较简单，通常会采用"凸台→壳体"一次性完成主体建模。如果不均匀，则要采取分段建模方式。从本例图形看，底座部分与上半部分薄厚不相同，需要分段建模。

（2）建模的起始点在图中标注为"建模原点"。

（3）建模的顺序为：主体→侧面拔模结构→底座→底座沉头孔。

建模流程的图解如图14-21所示。

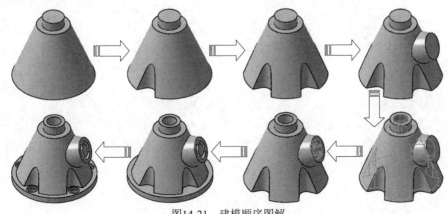

图14-21　建模顺序图解

2.建模步骤

01 新建SolidWorks零件文件进入零件建模环境。

02 首先创建主体部分结构。

- 单击【草图】按钮 □·，选择前视基准面作为草图平面进入到草图环境。
- 绘制图14-22所示的草图截面（草图中要绘制旋转轴）。
- 单击【旋转凸台/基体】按钮 ⚙，选择绘制的草图作为旋转轮廓，随后打开【旋转】属性面板。单击【确定】按钮完成旋转凸台基体的创建，如图14-23所示。

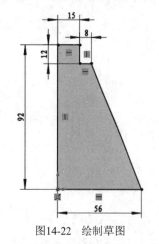

图14-22 绘制草图

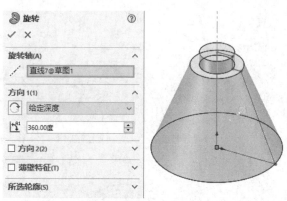

图14-23 创建旋转凸台基体

- 选择旋转体底部平面作为草图平面，进入草图环境，绘制如图14-24所示的草图。

> **技术要点** 绘制草图时要注意，首先建立旋转体轮廓的偏移曲线（偏移尺寸为3），这是直径为19的圆弧的重要参考。

- 单击【拉伸切除】按钮 ▣，选择上步骤绘制的草图作为轮廓，打开【切除-拉伸】属性面板。输入拉伸切除深度为"70mm"，单击【确定】按钮完成拉伸切除的创建，如图14-25所示。

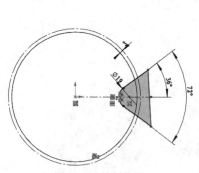

图14-24 绘制草图

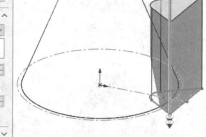

图14-25 创建拉伸切除特征

- 选中拉伸切除特征，在【特征】选项卡中单击【圆周阵列】按钮 ❀，选取主体（旋转特征）的临时轴作为阵列轴，设置阵列角度为"72度"，设置阵列数量为5，最后单击【确定】按钮 ✓，创建如图14-26所示的圆周阵列。

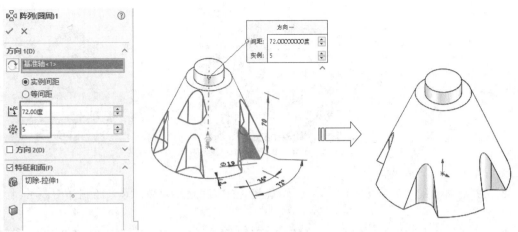

图14-26　创建圆周阵列

03＿ 接下来创建侧面斜向的结构。

● 选择前视基准面为草图平面，绘制如图14-27所示的草图。

● 单击【旋转凸台/基体】按钮，打开【旋转】属性面板，选择轮廓曲线和旋转轴，单击【确定】按钮完成旋转体的创建，如图14-28所示。

图14-27　选择平面绘制草图　　　　图14-28　创建旋转体特征

● 在【特征】选项卡中单击【抽壳】按钮，打开【抽壳】属性面板。选取第一个旋转体的上下两个端面为"要移除的面"，设置壳厚度为"5mm"，单击【确定】按钮完成壳体特征的创建，如图14-29所示。

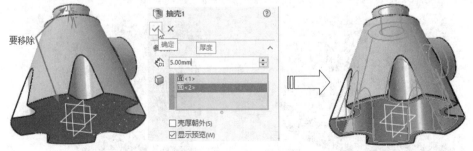

图14-29　创建壳体特征

● 单击【拉伸切除】按钮，选择侧面结构的端面为草图平面，进入草图环境，绘制图14-30所示的草图。退出草图环境后打开【切除-拉伸】属性面板。设置拉伸切除深度为10，最后单击【确定】按钮完成拉伸切除的创建。

389

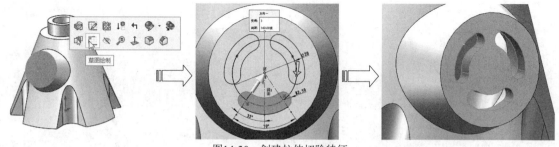

图14-30　创建拉伸切除特征

04— 最后创建底座部分结构。

● 选择上视基准面为草图平面，单击【草图】按钮 C· 进入草图环境，绘制如图14-31所示的草图。

● 单击【拉伸凸台/基体】按钮 ⓐ，选择上步骤绘制的草图为拉伸轮廓后，打开【凸台-拉伸】属性面板，设置深度为"10mm"，单击【确定】按钮完成拉伸凸台的创建，如图14-32所示。

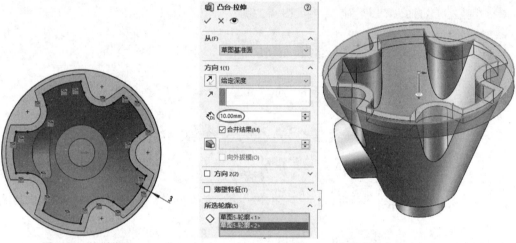

图14-31　绘制草图　　　　　　　　　　　　　　图14-32　创建拉伸凸台

● 在【特征】选项卡中单击【异性孔向导】按钮 ⓐ·，弹出【孔规格】属性面板。在【位置】选项卡选项中，选择底座的上表面为孔放置面，光标选取位置为孔位置参考点，如图14-33所示。

● 随后自动进入3D草图环境，对放置参考点进行重新定位，如图14-34所示。

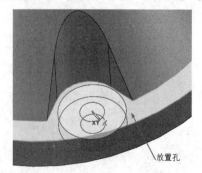
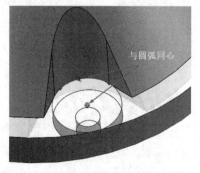

图14-33　选择放置面　　　　　　　　　　　图14-34　设置圆弧边和位置点同心度约束

● 退出3D草图环境后，在【孔规格】属性面板的【类型】选项卡中设置孔类型及孔参数，其余参数为默认。最后单击【确定】按钮 ✓ 完成孔的创建，如图14-35所示。

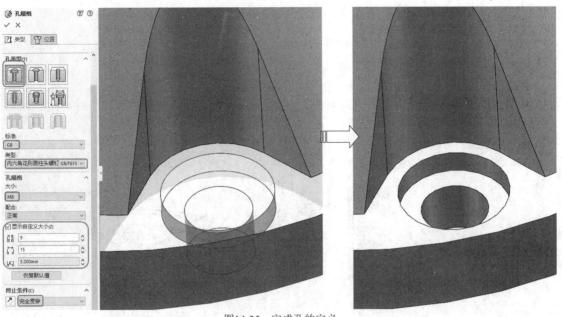

图14-35　完成孔的定义

05__ 将沉头孔进行圆形阵列。选中孔特征，单击【圆周阵列】按钮，打开【阵列（圆周）2】属性面板。设置旋转轴为旋转凸台（第一个特征）的临时轴，设置实例数为5，角度间距为"72度"，单击【确定】按钮完成孔的圆周阵列，如图14-36所示。

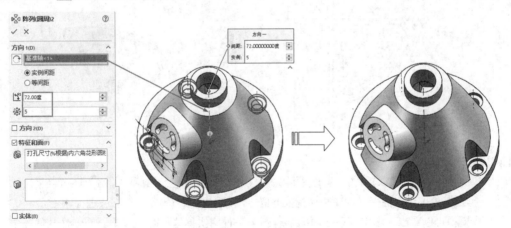

图14-36　完成孔的圆形阵列

06__ 至此，完成了本例机械零件的建模过程，最终效果如图14-37所示。

图14-37　底座零件完成效果

391

14.2.2　案例二

本例机械零件的多视图表达和零件模型如图14-38所示。

构建本例的零件模型，构建时须注意以下几点。

● 模型厚度以及红色筋板厚度均为1.9（等距或偏移关系）。

● 图中同色表示的区域，其形状大小或者尺寸相同。其中底侧部分的黄色和绿色圆角面为偏移距离为T的等距面。

● 凹陷区域周边拔模角度相同，均为33°。

● 开槽阵列的中心线沿凹陷斜面平直区域均匀分布，开槽端部为完全圆角。

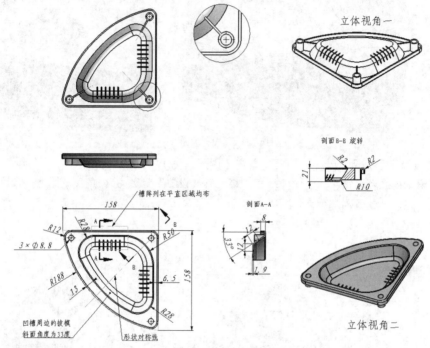

图14-38　机械零件二

1.建模分析

（1）本例零件的壁厚是均匀的。可以采用先建立外形曲面再进行加厚的方法，还可以采用先创建实体特征，再在其内部进行抽壳（创建壳体特征）的方法。本例将采取后一种方法进行建模。

（2）从模型可以看出，本例模型在两面都有凹陷，说明实体建模时须在不同的零件几何体中分别创建形状，然后进行布尔运算，所以以上视基准面为界限，+Y方向和-Y方向各自建模。

（3）建模的起始平面为前视基准面。

（4）建模时须注意先后顺序。

建模流程的图解如图14-39所示。

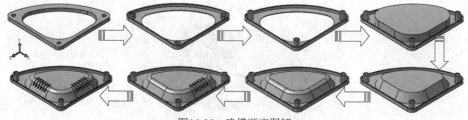

图14-39　建模顺序图解

2.建模步骤

01＿ 新建SolidWorks零件文件进入零件建模环境。

02＿ 创建+Y方向的主体结构。首先创建拉伸凸台特征。

● 单击【草图】按钮 ，选择上视基准面作为草图平面进入草图环境。

● 绘制如图14-40所示的草图截面。

● 单击【拉伸凸台/基体】按钮 ，然后选择草图创建深度为"10mm"的凸台特征，如图14-41
所示。

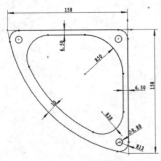

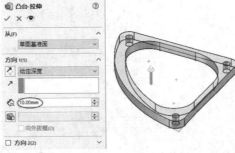

图14-40　绘制草图

图14-41　创建凸台特征

03＿ 接下来在凸台特征的内部创建拔模特征。

● 单击【拔模】按钮 ，打开【拔模】属性面板。

● 选取要拔模的面（内部侧壁立面），选择上视基准面为中性面。选择Y轴为拔模方向，单击【反
向】按钮 ，使箭头向下。最后单击【确定】按钮 完成拔模的创建，如图14-42所示。

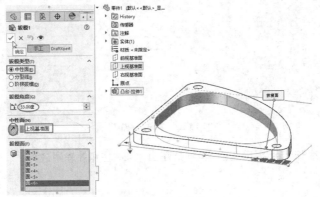

图14-42　创建拔模

04＿ 创建壳体特征。

● 单击【抽壳】按钮 ，打开【抽壳】属性面板。

● 选择要移除的面，单击【确定】按钮完成壳体特征的创建，如图14-43所示。

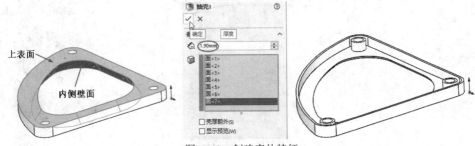

图14-43　创建壳体特征

05__ 创建加强筋。

● 选中3个立柱的顶面，右击并执行右键菜单中的【移动】命令。

● 在弹出的【移动面】属性面板中设置Y方向的平移值为"10mm"，单击【确定】按钮 ✓ ，对3个立柱顶面进行平移加厚，如图14-44所示。

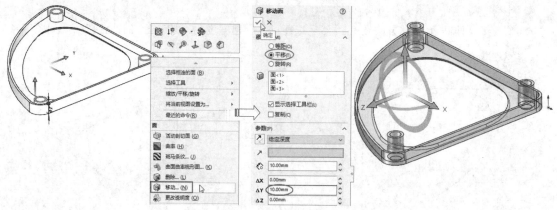

图14-44　移动所选的面

● 单击【筋】按钮 🥄 ，选择如图14-45所示的面作为草图平面，进入草图环境绘制加强筋的截面草图。

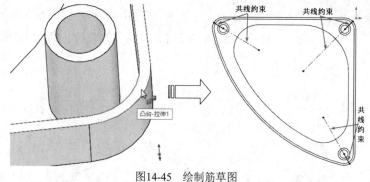

图14-45　绘制筋草图

　绘制的实线长度可以不确定，但不能超出BOSS柱和外轮廓边界。

● 退出草图环境后打开【筋】属性面板。在【筋】属性面板中单击【两侧】按钮 ☰ ，设置厚度值为"1.9mm"，单击【确定】按钮 ✓ 完成加强筋的创建，如图14-46所示。

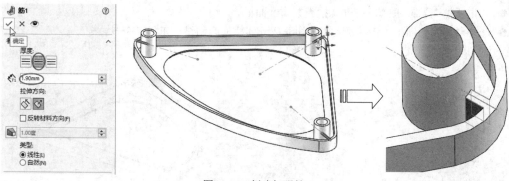

图14-46　创建加强筋

06__ 接下来创建-Y方向的抽壳特征。首先创建带有拔模斜度的凸台。

● 单击【拉伸凸台/基体】按钮 ，选择上视基准面作为草图平面后进入草图环境，如图14-47所示。

● 单击【转换实体应用】按钮 ，然后选取拔模特征的边线作为转换参考，绘制如图14-48所示的草图。

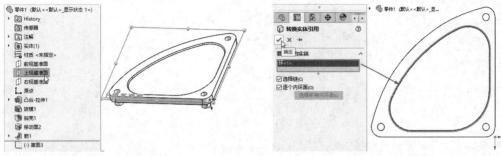

图14-47　选择草图平面　　　　　　　　　　　图14-48　绘制草图

● 完成草图后在弹出的【凸台-拉伸】属性面板中设置深度为"21mm"，单击【拔模开/关】按钮 ，设置拔模角度为"33度"，最后单击【确定】按钮 完成凸台的创建，如图14-49所示。

提示　　在【凸台-拉伸】属性面板中一定要取消【合并结果】复选框的勾选，否则不能对齐进行正确的抽壳操作。

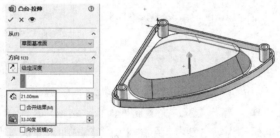

图14-49　创建拔模凸台

07__ 创建圆角特征和壳体特征。

● 单击【圆角】按钮 ，打开【圆角】属性面板。选择凸台边，设置圆角半径为"10mm"，最后单击【确定】按钮 完成倒圆特征的创建，如图14-50所示。

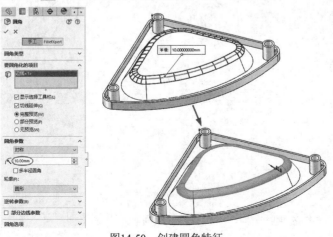

图14-50　创建圆角特征

395

● 翻转模型，选中凸台底部面，再单击【抽壳】按钮🔲，在打开的【抽壳】属性面板中设置默认
内侧厚度值为"1.9mm"，单击【确定】按钮✓完成抽壳特征的创建，如图14-51所示。

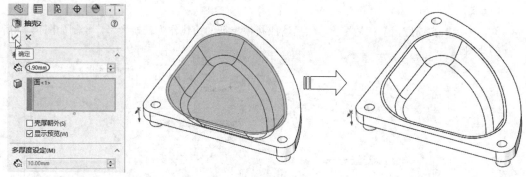

图14-51　创建抽壳特征

● 单击【组合】按钮🔲，将图形区中的两个实体进行组合。

08 创建拉伸切除。

● 单击【草图】按钮🔲，选择如图14-52所示的拔模斜面为草图平面，利用【线段】工具🔲绘制
等距点。

图14-52　绘制等距点

● 单击【基准面】按钮🔲，打开【基准面】属性面板。选取草图中的第一个等距点作为第一参
考，再选择右视基准面作为第二参考，单击【确定】按钮✓完成基准平面的创建，如图14-53
所示。

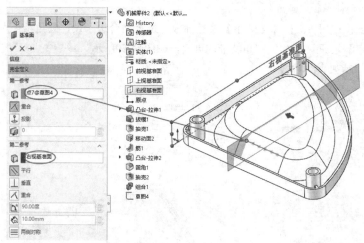

图14-53　创建基准平面

● 单击【拉伸切除】按钮🔲，选择上步骤创建的平面为草图平面，进入草图环境，绘制图14-54所
示的草图。

● 退出草图环境后弹出【切除-拉伸】属性面板。在【切除-拉伸】属性面板中设置深度为"1.5mm"，并勾选【镜向范围】复选框，单击【确定】按钮完成拉伸切除的创建，如图14-55所示。

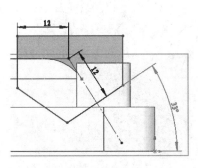

图14-54　绘制草图

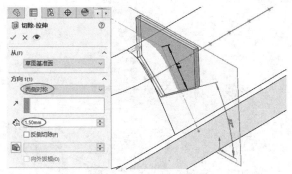

图14-55　创建拉伸切除

09__ 创建拉伸切除特征的矩形阵列。

● 单击【圆角】按钮，在拉伸切除特征的3个侧面来创建完整圆角，如图14-56所示。同理创建拉伸切除特征另一端的完整圆角。

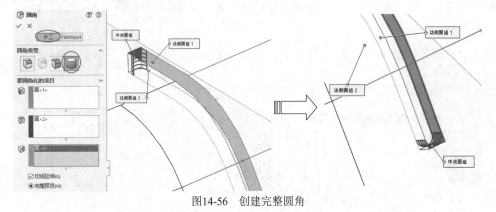

图14-56　创建完整圆角

● 在【参考几何体】下拉列表中单击【点】按钮，然后选取最后一个草图等距点作为参考来创建基准点，如图14-57所示。

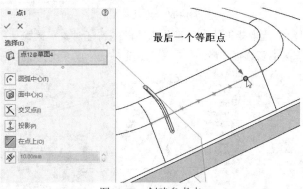

图14-57　创建参考点

● 在特征树中按住Ctrl键选中拉伸切除特征、圆角2和圆角3特征，然后再单击【线性阵列】按钮，打开【阵列（圆周）1】属性面板。

● 设置阵列选项及参数，选取上步骤创建的基准点作为"到参考"的参考点，最后单击【确定】按钮完成拉伸切除的矩形阵列，如图14-58所示。

397

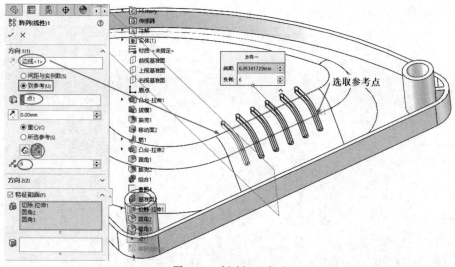

图14-58　创建矩形阵列

10_ 创建矩形阵列特征的镜向。

- 单击【基准面】按钮 ![img],选取加强筋草图的一条曲线和一条临时轴,创建如图14-59所示的基准面。

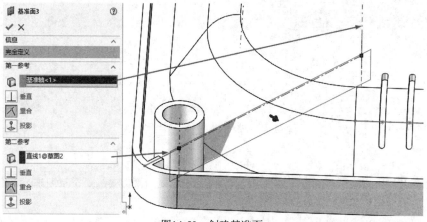

图14-59　创建基准面

11_ 单击【镜向】按钮 ![img],选取矩形阵列特征作为镜向的特征对象,选择上步骤创建的基准面作为镜向平面,勾选【几何体阵列】复选框,最后单击【确定】按钮 ![img],完成镜向操作,如图14-60所示。

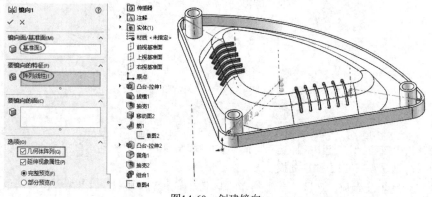

图14-60　创建镜向

12—至此完成了本例机械零件的建模，完成的零件效果如图14-61所示。

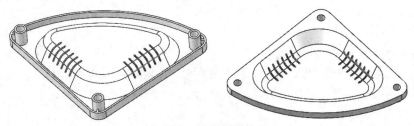

图14-61 机械零件

14.2.3 案例三

参照如图14-62所示的三视图构建摇柄零件模型，注意其中的对称、相切、同心、阵列等几何关系。

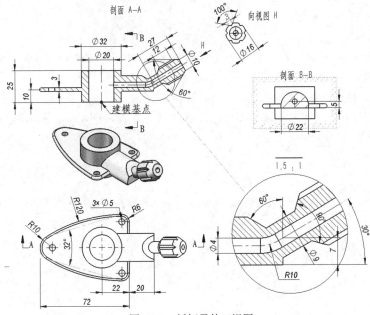

图14-62 摇柄零件三视图

1.建模分析

（1）参照三视图，确定建模起点在"剖面K-K"主视图直径为32的圆柱体底端平面的圆心上。

（2）基于"从下往上""由内向外"的建模原则。

（3）所有特征的截面曲线均来自于各个视图的轮廓。

（4）建模流程的图解如图14-63所示。

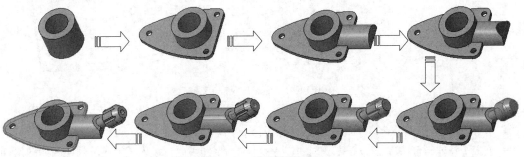

图14-63 建模流程图解

2.建模步骤

01__ 新建SolidWorks零件文件。

02__ 创建第1个主特征——拉伸特征。

● 单击【拉伸凸台/基体】按钮🔩。

● 选择上视基准面为草图平面，进入草绘环境绘制如图14-64所示的草图曲线。

● 退出草绘环境后，在拉伸属性面板设置拉伸深度为"25mm"，最后单击【应用】按钮✔完成创建，如图14-65所示。

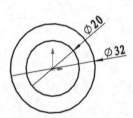

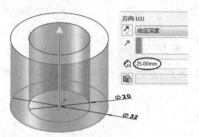

图14-64　绘制草图　　　　　　　　图14-65　创建拉伸特征1

03__ 创建第2个主特征。

● 单击🔩 **基准面** 按钮，新建一个基准面1，如图14-66所示。

● 单击【拉伸凸台/基体】按钮🔩，选择基准面1为草图平面，进入草绘环境，绘制如图14-67所示的草图曲线。

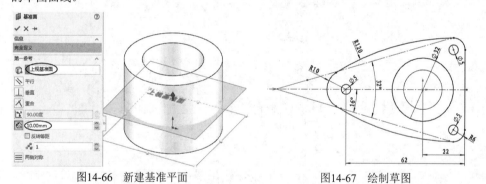

图14-66　新建基准平面　　　　　　　图14-67　绘制草图

● 退出草绘环境后在【凸台-拉伸】属性面板中设置拉伸方向为【两侧对称】，深度为"3mm"，最后单击【应用】按钮✔完成创建，如图14-68所示。

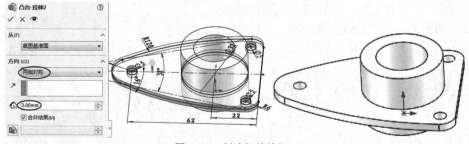

图14-68　创建拉伸特征2

04__ 创建第3个特征。

● 单击🔩 **基准面** 按钮，新建一个基准面2，如图14-69所示。

● 单击【拉伸凸台/基体】按钮🔩。选择新基准面2为草图平面，进入草绘环境，绘制如图14-70所示的草图曲线。

● 退出草绘环境后，在【凸台-拉伸】属性面板中设置拉伸方向为【成形到下一面】，更改拉伸方向，最后单击【应用】按钮✓完成创建，如图14-71所示。

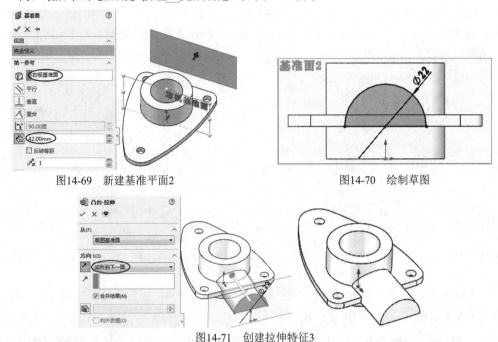

图14-69 新建基准平面2　　　　　　　　图14-70 绘制草图

图14-71 创建拉伸特征3

05 创建第4个特征（拉伸切除特征）。此特征是第3个特征的子特征，需要先创建。

● 单击【拉伸切除】按钮▣，选择前视基准面平面为草图平面，进入草绘环境，绘制如图14-72所示的草图曲线。

● 退出草绘环境后，在【凸台-拉伸】属性面板中设置拉伸方向为【两侧对称】，最后单击【应用】按钮✓完成拉伸切除，如图14-73所示。

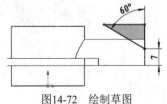

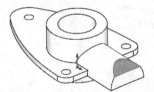

图14-72 绘制草图　　　　　　　　图14-73 创建拉伸切除特征

06 创建第5个特征。该特征由【旋转凸台/基体】工具创建。

● 单击【旋转凸台/基体】按钮 旋转，选择前视基准面平面为草图平面，进入草绘环境，绘制如图14-74所示的草图曲线。

● 退出草绘环境后，在【旋转】属性面板中单击【应用】按钮✓完成创建，如图14-75所示。

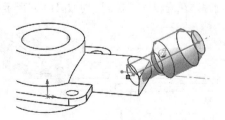

图14-74 绘制草图　　　　　　　　图14-75 创建旋转特征1

07 创建子特征——拉伸切除。

- 单击【拉伸切除】按钮 🖾 。
- 选择上步骤绘制的旋转特征外端面作为草图平面,进入草绘环境,绘制如图14-75所示的草图曲线。
- 退出草绘环境后,在【凸台-拉伸】属性面板中设置拉伸深度类型,最后单击【应用】按钮 ✔ 完成拉伸减除操作,如图14-77所示。

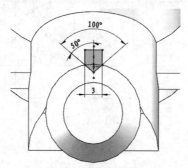

图14-76 绘制草图

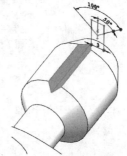

图14-77 创建拉伸减除特征

- 选中上步骤创建的拉伸减除特征,然后单击【圆周阵列】按钮 ⚙️ 圆周阵列,打开【阵列(圆周)1】属性面板。
- 拾取旋转特征1的轴作为阵列参考,输入阵列个数为6,成员之间的角度为"60度",最后单击【确定】按钮 ✔ 完成阵列操作,如图14-78所示。

> **技术要点**
>
> 要显示旋转特征1的临时轴,请在前导视图选项卡中【隐藏/显示项目】列表中单击【观阅临时轴】按钮 ╱ 。

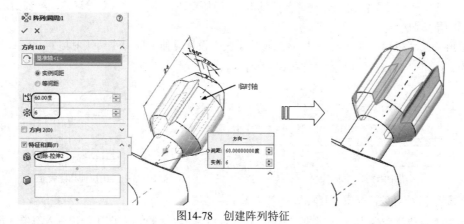

图14-78 创建阵列特征

08 创建子特征——扫描切除特征。

- 在【草图】选项卡单击【草图绘制】按钮 ⌐ ,选择前视基准面平面为草图平面,绘制如图14-79所示的草图曲线。
- 同理,在旋转特征端面绘制如图14-80所示的草图曲线。

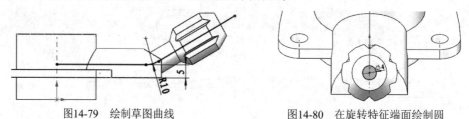

图14-79 绘制草图曲线

图14-80 在旋转特征端面绘制圆

- 单击【扫描切除】按钮 ![扫描切除]，打开【扫描】属性面板。选取上步骤绘制的圆曲线作为轮廓，再选择扫描路径曲线，如图14-81所示。
- 单击【方向2】按钮 ![0] 改变切除侧，最后单击【确定】按钮 ![✓]，完成扫描切除特征的创建，如图14-82所示。

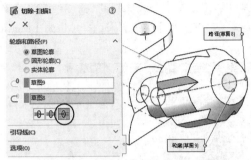 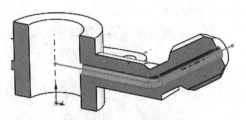

图14-81　选择扫描轮廓和路径曲线　　　　图14-82　创建扫描切除特征

09__ 最后在拉伸特征2上创建倒圆角特征。

- 单击【圆角】按钮 ![圆角]，打开【圆角】属性面板。
- 单击【恒定大小圆角】按钮。按下Ctrl键选取拉伸特征2的上下两条模型边作为圆角化项目，如图14-83所示。
- 设置圆角半径为"1.5mm"，最后单击【确定】按钮 ![✓]，完成整个摇柄零件的创建，如图14-84所示。

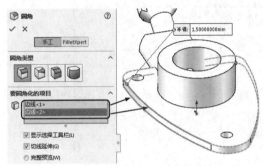 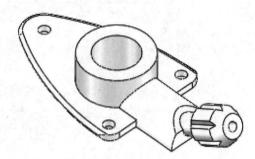

图14-83　选取要圆角化的边　　　　　　图14-84　摇柄零件

14.3　SolidWorks插件应用综合案例

在前面章节所介绍的Toolbox插件应用中，诸如一些齿轮、螺钉、螺母、销钉及轴承等标准件，均可直接从库中拖放到图形区中，操作非常简便。尽管如此，由于其提供的标准类型不够丰富（如要设计皮带轮、蜗轮蜗杆、链轮、弹簧等标准件就没有提供），所以本节将使用GearTrax（齿轮插件）、弹簧宏程序这样的外部插件来帮助用户完成诸多系列传动件、常用件的设计。

14.3.1　案例一：利用 GearTrax 齿轮插件设计外啮合齿轮

GearTrax 2022需要安装，其是一个独立的插件，暂不能从SolidWorks中启动，在设置好齿轮参数准备创建模型时，必须先启动SolidWorks软件。

提示　GearTrax 2022目前没有简体中文版，只有繁体中文版。初次打开GearTrax 2022为英文，需要单击【选项】按钮 ![]，选择界面语言。

　　GearTrax 2022齿轮插件可以设计各型齿轮、带轮及蜗轮蜗杆、花键等标准件，当然也可以自定义非标准件。利用GearTrax设计齿轮非常简单，要设置的参数不多，有机械设计基础的用户理解这些参数的定义是没有问题。

01__ 启动SolidWorks软件。

02__ 再启动GearTrax-2022.exe插件程序，在标准件类型列表中选择【Spur/Helical（直/斜齿轮）】选项，首选齿轮标准为【Coarse Pitch Involute 20deg（大节距渐开线20°）】类型，再选择单位为【Metric（公制）】，其余参数保留默认，如图14-85所示。

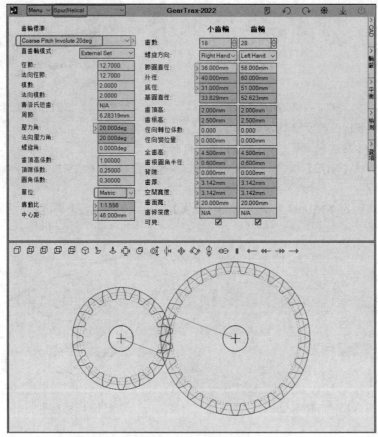

图14-85　设置直齿轮参数

 技术要点　　如要创建内啮合齿轮，可在【直齿轮模式】列表中选择【Internal Set（内齿轮）】选项，即可创建内啮合齿轮组，如图14-86所示。

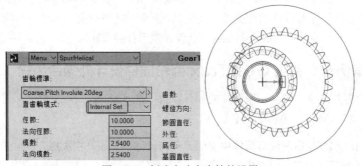

图14-86　创建内啮合齿轮的设置

03 在GearTrax窗口右侧选择【轮毂】选项卡，弹出【轮毂安装】属性面板选项设置。接着设置轮毂的参数，如图14-87所示。

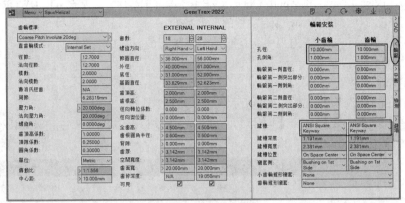

图14-87　设置轮毂参数

04 在【CAD】选项卡中设置两个输出选项，【Greate in SOLIDWORKS】按钮 ，如图14-88所示。

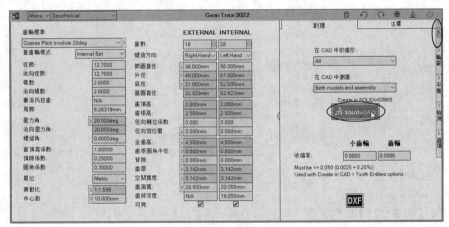

图14-88　设置输出选项

05 随后自动在SolidWorks 2022软件中依次创建外啮合齿轮组的两个零件模型和装配体，如图14-89所示。

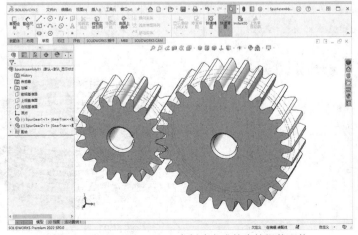

图14-89　SolidWorks 2022中创建完成的齿轮组装配体

14.3.2 案例二：利用弹簧宏程序设计弹簧

宏程序是运用Visual Basic for Applications （VBA） 编写的程序，也是在SOLIDWORKS中录制、执行或编辑宏的引擎。录制的宏以 .swp项目文件的形式保存。

下面介绍的SolidWorks弹簧宏程序就是通过VBA编写的弹簧标准件设计的程序代码。操作步骤如下。

01__ 新建SolidWorks文件。

02__ 在前视基准面上绘制草图，如图14-90所示。

03__ 在菜单栏执行【工具】|【宏】|【运行】命令，然后打开本例源文件"SolidWorks弹簧宏程序.swp"，如图14-91所示。

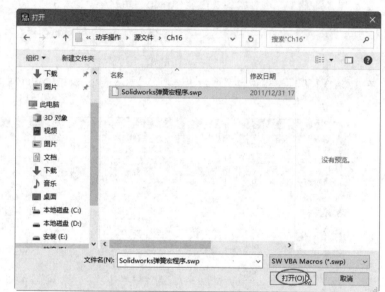

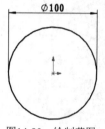

图14-90 绘制草图 　　　　　　　　　　　　　　图14-91 打开宏程序

04__ 随后弹出【弹簧参数】属性面板，如图14-92所示，可以创建4种弹簧类型。

05__ 选择草图，随后可以看见弹簧预览，默认的是"压力弹簧"，如图14-93所示。

图14-92 【弹簧参数】属性面板 　　　　　　　　图14-93 压力弹簧的预览

06 选择【拉力弹簧】类型，可以保留弹簧参数直接单击【确定】按钮☑完成创建，也可以修改弹簧参数，如图14-94所示。

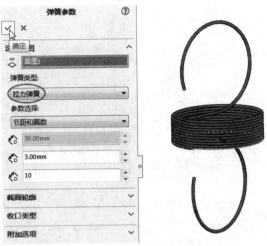

图14-94 创建拉力弹簧

14.3.3 案例三：利用 Toolbox 插件设计凸轮

本节将使用Toolbox插件的凸轮设计工具进行凸轮零件建模。

01 新建SolidWorks零件文件。

02 在【SOLIDWORKS插件】选项卡单击【拉伸凸台/基体】按钮◎，打开【凸轮】属性面板。

03 首先设置第一页，如图14-95所示。

04 接着设置第二页。单击【添加】按钮，弹出【运动生成细节】属性面板。选择运动类型为"匀速位移"，设置结束半径为65，度运动为110，如图14-96所示。

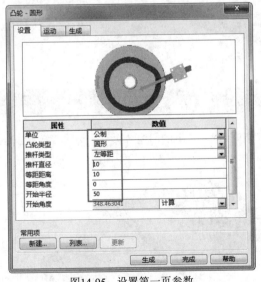

图14-95 设置第一页参数

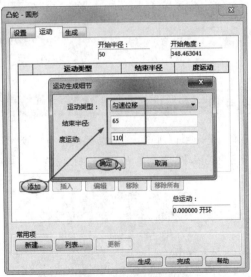

图14-96 添加运动

05 同理，继续添加其余3个运动，如图14-97所示。

06 最后在【生成】选项卡中设置属性和数值，完成并单击【生成】按钮，如图14-98所示。

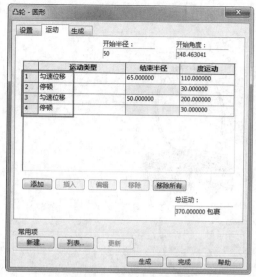

图14-97　设置运动细节

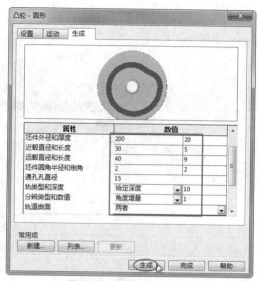

图14-98　设置属性和数值

07— 最终自动创建的凸轮零件如图14-99所示。

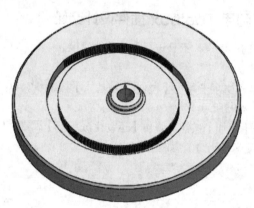

图14-99　自动生成的凸轮

14.4　自顶向下装配设计案例

本例是采用自顶向下进行装配设计的实战案例，案例模型为常见的门窗合页，俗称"铰链"，一种用于连接或转动的装置。合页由销钉连接的一对金属叶片组成。合页装配体模型如图14-100所示。

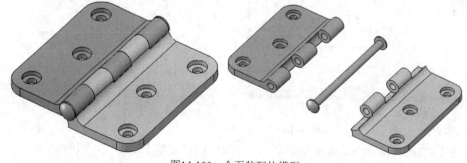

图14-100　合页装配体模型

14.4.1　装配设计分析

针对合页的装配设计做出如下分析。

- 合页的装配设计将采用"自上而下"的装配设计方法。
- 使用装配环境下的布局草图功能，绘制合页的布局草图。
- 新建3个零件文件。
- 然后利用布局草图，分别在各零件文件中创建合页零部件模型。
- 使用【爆炸实体】工具，创建合页装配体模型的爆炸视图。

14.4.2　造型与装配步骤

01__ 新建装配体文件，进入装配环境，再关闭属性管理器中的【开始装配体】属性面板。

02__ 在【装配体】选项卡中单击【插入零部件】命令下方的下三角按钮 ▼ ，然后选择【插入新零件】选项，随后建立一个新零件文件，并将该零件文件重命名为"叶片1"。

> **技术要点**　要重命名零件文件，执行【新零件】命令后，须先在图形区中单击，否则不能激活【装配体】选项卡中的工具命令。

03__ 同理，再新建两个零件文件，并分别命名为"叶片2"和"销钉"，如图14-101所示。

04__ 在【布局】选项卡上单击【创建布局】按钮 ，程序自动进入3D草图模式，并显示3D基准面，如图14-102所示。

图14-101　新建3个零部件文件

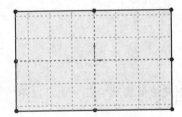

图14-102　显示3D基准面

05__ 在布局中默认的XY基准面上绘制如图14-103所示的3D草图。完成草图后退出3D草图模式。

06__ 在特征管理器设计树中选择"叶片1"零部件进行编辑（右击"叶片1"零部件，再选择右键菜单中的【编辑零件】 选项）。在零件设计环境中，使用"拉伸凸台/基体"工具，选择右视基准面作为草绘平面，进入草图模式绘制出如图14-104所示的草图。

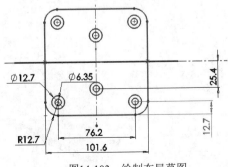

图14-103　绘制布局草图

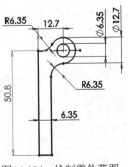

图14-104　绘制零件草图

07__ 退出草图模式后，在【凸台-拉伸】属性面板中设置如图14-105所示的选项及参数后，完成拉伸实体的创建。

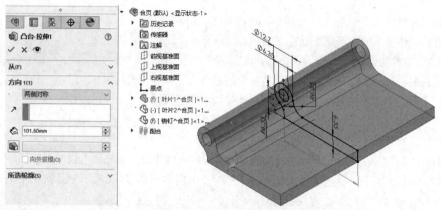

图14-105　创建拉伸实体

08__ 使用【拉伸切除】工具，选择右视基准面为草绘平面，绘制草图后再创建出如图14-106所示的拉伸切除特征。

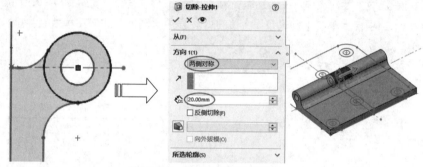

图14-106　创建拉伸切除特征

技术要点　　创建拉伸切除特征，也可以不绘制草图；可以直接选择实体中的小孔边线作为草图来创建。

09__ 同理，再使用【拉伸切除】工具，选择上图中的草图，创建出如图14-107所示的拉伸切除特征。在另一侧也创建出同样参数的切除特征。

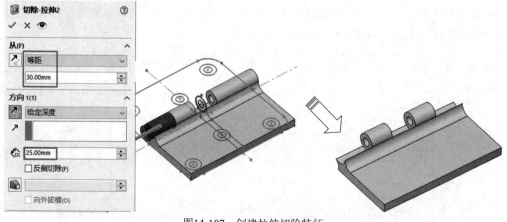

图14-107　创建拉伸切除特征

10＿ 使用【拉伸切除】工具，选择如图14-108所示的实体面作为草绘平面，根据布局草图然后绘制2D
草图。

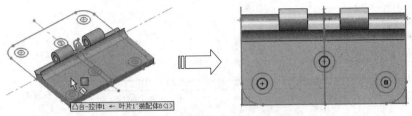

图14-108　选择草绘平面并绘制草图

11＿ 退出草图模式，以默认的参数创建出如图14-109所示的拉伸切除特征。

12＿ 同理，按此操作方法创建出拉伸深度为"3mm"的切除特征，如图14-110所示。

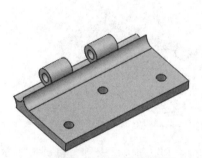

图14-109　创建拉伸切除特征

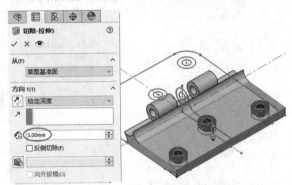

图14-110　创建拉伸切除特征

13＿ 使用【圆角】工具，选择如图14-111所示的边线来创建半径为"12.7mm"的圆角特征。

14＿ 同理，再选择如图14-112所示的边线来创建半径为"0.25mm"的圆角特征。

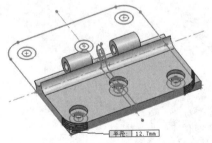

图14-111　创建半径为"12.7mm"的圆角

图14-112　创建半径为"0.25mm"的圆角

15＿ 单击【编辑装配体】按钮，完成"叶片1"零部件的模型创建。

16＿ 在特征管理器设计树中选择"叶片2"零部件进行编辑。该零部件的模型创建方法与"叶片1"零部件
模型的创建方法是完全相同的，其过程不再赘述。创建的"叶片2"零部件模型如图14-113所示。

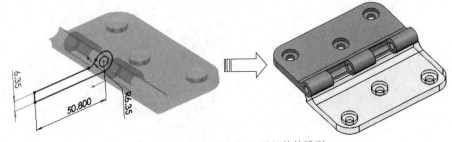

图14-113　创建"叶片2"零部件的模型

17— 在特征管理器设计树中选择"销钉"零部件进行编辑。进入零件设计环境后,使用【旋转凸台/基体】工具,选择上视基准面作为草绘平面,绘制出如图14-114所示旋转草图。

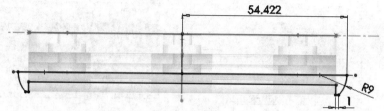

图14-114 绘制旋转草图

18— 退出草图模式后,完成旋转实体的创建,如图14-115所示。

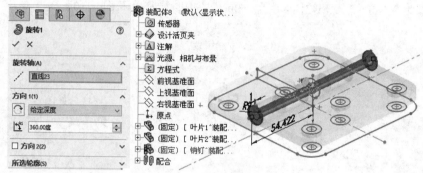

图14-115 创建旋转实体

19— 单击【编辑零部件】按钮 ,完成销钉零部件的创建。

20— 使用【爆炸视图】工具,创建合页装配体的爆炸视图,如图14-116所示。

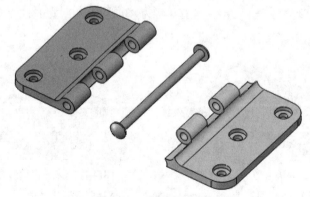

图14-116 创建扫描特征

21— 最后将合页装配体保存。